2018

国际农业科技动态

◎ 王爱玲　串丽敏　张晓静　编译

中国农业科学技术出版社

图书在版编目（CIP）数据

2018 国际农业科技动态 / 王爱玲，串丽敏，张晓静编译. —北京：中国农业科学技术出版社，2019.9

ISBN 978-7-5116-3962-2

Ⅰ.①2… Ⅱ.①王…②串…③张… Ⅲ.①农业技术–概况–世界–2018 Ⅳ.①S-11

中国版本图书馆 CIP 数据核字（2018）第 289027 号

责任编辑　　徐　毅
责任校对　　马广洋

出 版 者　中国农业科学技术出版社
　　　　　北京市中关村南大街 12 号　邮编：100081
电　　话　(010)82106631(编辑室)　　(010)82109702(发行部)
　　　　　(010)82109709(读者服务部)
传　　真　(010)82106650
网　　址　http://www.castp.cn
经 销 者　各地新华书店
印 刷 者　北京建宏印刷有限公司
开　　本　710mm×1 000mm　1/16
印　　张　20
字　　数　380 千字
版　　次　2019 年 9 月第 1 版　2019 年 9 月第 1 次印刷
定　　价　80.00 元

《2018 国际农业科技动态》

编译人员

王爱玲　　串丽敏　　张晓静

龚　晶　　赵静娟　　郑怀国

颜志辉　　贾　倩　　秦晓婧

张　辉

前　言

　　农业是人类赖以生存的产业。科技是推动农业发展的决定性力量。当今全球人口不断增长，对粮食需求持续增加，但同时也面临着全球水资源短缺、气候变化等不利因素的挑战。应对这些挑战，在很大程度上需要依靠科技进步。

　　为持续跟踪国际农业科技动态，本书作者单位北京市农林科学院推出了微信公众号"农科智库"，实时跟踪监测国外知名农业网站的最新科技新闻报道，从海量资讯中挑选价值较大的资讯，经研究人员编译之后，通过"农科智库"微信公众号面向科技人员进行推送，以期为科技人员了解相关农业学科或领域的研究动态提供及时、有效的帮助。为了扩大"农科智库"平台的影响，进一步发挥资讯的科研参考价值，现将2018年"农科智库"平台发布的218条资讯进行归类整理，以飨读者。

　　这些资讯既包括了遗传育种学、植物保护学、植物生理学等学科内容，也涵盖了基因编辑、基因发现、资源与环境、智慧农业、可持续发展等领域。为方便读者查阅，本书本着实用性对资讯进行了简单归类。归类的原则有二：一是学科与领域相结合的原则，即尽可能按照学科进行分类；二是学科或领域靠近原则，即资讯内容若涉及多个学科或领域，则归类到最靠近的学科或领域；本书共设2级分类，针对有的1级分类下资讯条目较多的情况，又进行了2级简单分类，以方便读者查阅。

　　将资讯归类整理后，大致可以发现2018年国际农业科技研究热点主要集中在"植物生理""基因发现""基因编辑""生物育种""资源与环境""植物保护""智慧农业""可持续发展"等8个方面。此外，还为读者提供了美英等农业科技强国的农业科研项目与计划，从中也可以捕捉和了解其农业领域的科研动向。

在植物生理研究方面，近几年国外的科研热点集中在植物发育、植物通信、植物根系、植物防御、光合作用和植物生理生化上。其中，在对植物发育的研究中，多国（如日本、瑞士等国）开展了对开花机理研究；在植物通信研究方面，研究人员在控制作物生长的干细胞通路中发现了独特的通信策略，提出了植物细胞通信的新模型。

在基因组研究方面，开展了植物基因组的测序研究，如小麦基因组、水果和蔬菜基因组、番茄基因组等；研究发现了一些新基因，如触发植物防御机制的新基因、控制小麦小穗形状和大小的基因、调控番茄生物和非生物胁迫耐受性的基因、抗条锈病基因等。

在基因编辑研究方面，表现出两个方向：一是 CRISPR 技术在育种上的应用，如土樱桃驯化、变性淀粉木薯的选育、高油酸油菜育种、番茄育种等；二是 CRISPR 技术的进一步改进。研究发现 CRISPR-Cas12a 可以提高 CRISPR 技术的精准度。

在生物育种研究方面，大量的是植物育种，研究热点集中于全球主要粮食作物（水稻、小麦、玉米等）和蔬菜的增产育种、抗病育种、抗逆育种（如耐盐、耐寒、耐涝、抗热、抗旱、抗虫）和营养育种。动物育种研究相对较少。另外，对生物育种工具与方法的研发与改进也是生物育种的一个重点方向。

在资源与环境研究方面，热点仍然集中于肥料与农药利用率的提高以及减少其环境排放；同时，还开展了免耕、覆土、有机和无机肥等的长期试验研究。

在植物保护研究方面，更注重植物本身的抗病防御研究，如植物如何保护自己免受致命真菌侵害，植物利用化合物组合有效防御害虫，麦类作物如何"根"除全蚀病真菌等。

在智慧农业研究方面，重点是农业机器人的研究，开发了诸如除草机器人、黄瓜收获机器人、农作物数据收集与分析机器人等，另外，还开发了土壤和作物健康变化检测工具，促进农田精准管理。

在可持续发展研究方面，主要集中于气候变化与农业的相互影响以及农业如何应对气候变化的研究上，另外，生物多样性、有益微生物也是研究热点之一。

　　需要说明的是，由于采用了学科与领域相结合的分类原则，因此，不论 1 级分类还是 2 级分类，都可能存在范围交叉与重叠之现象。如 1 级分类中"生物育种"实际上涵盖了一部分"基因编辑"的内容，但如果基因编辑用于疾病防治则不被"生物育种"所包含。即本书资讯分类更注重实用性。由于时间和水平有限，错误与疏漏之处在所难免，还请广大读者批评指正。

"敬请扫码关注"

作　者

2019 年 6 月于北京

目　录

植物生理

基因发现

基因编辑

生物育种

资源与环境

植物保护

智慧农业

可持续发展

海外项目与计划

植物生理

植物发育

加拿大研究揭示植物发育的秘密

加拿大不列颠哥伦比亚大学（UBC）的研究人员发现了植物体内的一种内部信息系统，用于调控植物细胞的生长和分裂。这一调控过程对所有有机体都至关重要，如果没有它们，细胞就会疯狂繁殖，失去控制。利用这种信息系统，植物得以在恶劣条件下存活，或在条件有利时赢得竞争优势。这个系统会基于当时的条件向植物发出指令，告诉植物何时开始生长，何时停止生长，何时开花，何时储存资源。了解植物的这一运作方式将有助于农业和林业创新。

UBC植物学教授杰弗里·维斯特尼斯（Geoffrey Wasteneys）研究团队发现，该系统被一种名为CLASP（Cytoplasmic Linker Associated Protein）的蛋白所驱动。该蛋白存在于植物、动物和真菌中，通过协调细胞内微管的组装，在细胞生长和分裂中扮演重要角色。2007年，维斯特尼斯首次发现植物的这一蛋白基因。

维斯特尼斯等人通过将拟南芥暴露于高水平油菜素类固醇的环境中发现：一种被称为油菜素类固醇的植物生长激素会减少CLASP蛋白的产生。这种做法会导致植物发育不良，其表现与完全缺乏CLASP蛋白质的植物突变体非常相似。根据这一观察结果，该团队开展了进一步试验，最终证明CLASP蛋白的确是油菜素类固醇的直接靶标。研究成果近日发表在《当代生物学》（*Current Biology*）杂志上。

然而，让研究人员感到困惑的是，通过暴露于油菜素类固醇来限制植物生长是一个单向的过程，只能让细胞分裂停止。但令人惊讶的是，研究人员发现CLASP可以防止油菜素类固醇受体的降解。当CLASP缺乏时，油菜素类固醇的效果会减弱，这又会导致CLASP水平再次上升。也就是说，CLASP蛋白和油菜素类固醇会相互影响，形成负反馈循环。

这些研究结果首次表明CLASP蛋白可以通过直接维持激素水平来调节自身表达，从而掌控自己的命运。下一步研究人员拟利用这种机制培育出能感知环境并调整自身发展的智能植物，以便在日益恶劣的条件下依然能够保障作物生产。这一新的发现有望帮助农业找到更好应对气候变化的新方法。

（来源：www.agropages.com）

染色体计数解开了有关繁殖的百年谜题

在自然界中，计数至关重要。大多数动物、植物甚至单细胞生物体都需要通过染色体计数来保障生存和繁衍。能够计算特定细胞或生物体中遗传物质的数量是确保每个细胞在每次细胞分裂后获得相同补体基因的主要因素。在植物体中，阻碍染色体数量不平衡的个体进行繁殖的机制被称为"三倍体障碍"。日前，冷泉港实验室（CSHL）的一个遗传学研究团队揭示了植物计算自身染色体的非凡机制，从而解开了这一百年谜题。

该研究源于这样一种认知：即染色体上覆盖着通常被称为跳跃基因（或称转座子）的转位因子（TEs），那么细胞是否有可能通过检测并计算转座子从而计数染色体呢？研究人员认为，有一种方法可能与小 RNA 分子有关。细胞产生小 RNA 分子以防止具有潜在致突变性的转座子变得活跃。

研究团队发现了一种仅见于开花植物花粉中的特殊的小 RNA 分子（miR845）。在《自然—遗传学》杂志报道的一系列试验中，研究小组揭示了 miR845 寻找并靶向植物基因组中的大多数转座子，从而启动合成被称为 easiRNAs（表观活化的小干扰 RNAs）的次级小 RNAs。

花粉粒所具有的染色体越多，转座子就越多，因此，其精子中积累的 easiRNAs 就越多。当精子与正在发育的种子中的雌配子（卵）结合时，就会产生一种计数。如果染色体和 easiRNAs 的"剂量"远远不平衡，就会触发三倍体障碍，导致种子死亡。

研究小组提出了这种障碍的机制，即 easiRNAs 能够使母系和父系被称为印记基因的关键基因沉默，从而导致新的种子不育。这一发现丰富了有关染色体调控的基本生物学认知，可能会成为植物育种者的福音，即如何想办法避开三倍体障碍，进而对生殖隔离的植物进行杂交。

（来源：www.eurekalert.org）

研究发现胆碱可调控植物囊泡运输

《PLOS Biology》2017年12月28日发表了由中国上海生命科学研究院和美国加州大学伯克利分校共同完成的一项研究成果，揭示了拟南芥胆碱转运蛋白CTL1通过调控囊泡运输影响植物的生长发育及离子平衡的新机制，这也是首次有研究发现胆碱在生物体囊泡运输方面发挥重要作用。

胆碱转运蛋白CTL1之前被认为对调节植物韧皮部物质运输通道的筛板形成至关重要，但尚不清楚其功能机制以及是否还有其他作用。研究人员在筛选模式植物拟南芥体内控制离子平衡的基因时发现了CTL1。他们发现，根部的CTL1缺失会引起叶片离子紊乱以及根部细胞间的通道胞间连丝的畸形，CTL1的突变还会改变离子转运蛋白的分布，因此，推测CTL1在囊泡运输中可能有直接作用。经研究，果然发现CTL1的缺失会扰乱多种蛋白质的分布，其中，就包括一种植物生长素的转运蛋白。

研究人员发现拟南芥中CTL1无处不在，且在生长素浓度最高的地方含量最高，如生长锥、维管组织以及幼苗破土而出的"顶点钩"。在细胞内部的反式高尔基体网状结构当中也发现了CTL1，而且它似乎控制着进出细胞质膜的物质运输。如果缺少CTL1，生长素转运蛋白就会失去方向，而植物就会出现生长素缺失的典型症状，如细胞不会伸长。

研究表明胆碱过多会抑制细胞的内吞作用，这和CTL1缺失时的影响相似，暗示CTL1的一个重要作用就是将胆碱汇集至核内体中。在该研究模型当中，CTL1的损失会提高胆碱水平，从而抑制磷脂酶D活性，改变囊泡中脂质的构成，并最终改变囊泡运输的目的地。这也就能解释CTL1变异所造成的后果，包括离子失衡、胞间连丝缺陷和生长素错位分布。

（来源：www.eurekalert.org）

研究发现植物能利用糖分来感知时间

一项由布里斯托大学（University of Bristol）参与的国际性研究表明，植物能通过测量细胞中的糖分含量调节其生理节律与日夜周期同步。

植物、动物、真菌及某些细菌能够通过其生理节律估计朝夕时间。这些生理节律是由内部"生物钟"控制的，而"生物钟"如何运转对农业和医学都是至关重要的问题。例如，生理节律的改变可能会有助作物品种驯化。

在近日出版的《当代生物学》（Current Biology）期刊当中，来自布里斯托大学及剑桥、坎皮纳斯（Campinas）、圣保罗、墨尔本等地的研究人员撰文指出，发现了调节植物生物钟与环境同步的过程机制。

研究发现，植物能感知到光合作用形成的糖，进而进入改变全天能量供给的节律。布里斯托大学生物科学学院（School of Biological Sciences）安东尼·多德（Antony Dodd）博士表示，"我们的研究首次发现了植物调节生理节律与环境同步的机制。"多德称，"植物不断感知着其细胞中糖的含量，并以此为依据作出相应调整"。

植物需要正确调节生理节律，与朝夕时间同步，从而保证其活动的日夜规律。比如，生理节律控制植物的生长、开花、气味释放，让植物能谨慎使用能量储备，保证夜间不缺乏养分。生理节律还能帮助植物感知季节变化，是保证作物按季成熟的重要因素。

多德指出："这意味着发现了植物生物钟与环境时间同步的机制，识别出了可用于未来提升作物表现的新过程"。

（来源：布里斯托大学）

科学家在种子萌芽控制机制研究方面取得突破

根据约克大学（University of York）的一项新研究，MFT 基因会阻止种子在黑暗或阴暗条件下发芽，在这些条件下种子的生存机会较低。

科学家研究了油菜的一个非常近的近亲——拟南芥。该研究提高了人们对植物生命周期中最重要阶段之一的理解，且可能有助于提高未来农作物的种子质量。

一段时间以来，科学家已经知道，两种植物激素在调节种子是否以及何时发芽方面发挥着重要作用——"脱落酸"或者说"ABA"阻断发芽，"赤霉素"或者说"GA"促进发芽。

然而，在这些激素根据光的质量对发芽进行控制的机制方面，我们的研究取得了突破，研究人员发现MFT是整合和翻译来自"ABA"和"GA"的信号的关键要素。

MFT基因受光质量的调节，并接收来自"ABA"和"GA"的信号。在黑暗或阴暗的条件下，它便指导MFT蛋白的产生，而MFT蛋白通过启动阻止生长的基因块并切断促进生长的另一块基因来调节发芽。

这可以防止植物在错误的条件下发芽，例如，光线不够的时候。

论文通讯作者、约克大学生物系新农产品中心教授伊安·格雷汉姆（Ian Graham）教授说："这是植物进化出非常复杂的分子机制来适应环境的又一绝佳例子。这使得种子能够在土壤中存活多年，这样当时间合适时，例如，森林中的一棵树倒了或土壤被翻转时，种子就可以立即行动"。

对于多种植物来说，种子感知光质量的能力可以告诉它是位于阳光直射下，是在其他植物的树冠下（只允许一定质量的光通过），还是在黑暗中（种子埋在土壤里时通常是这种情况）。

在野生植物物种中，即使在允许发芽的条件下种子仍保持休眠的能力对于存活也很重要。对于各种农作物来说，消除这种休眠是植物育种项目必须应对的首要性状之一。

论文主要作者、约克大学生物系的法比安·范斯提吉（Fabian Vaistij）博士补充说："了解控制种子萌发的分子遗传基础将为改善种子质量和幼苗活力提供新的工具，并为未来开发出新的作物品种。"

论文"通过调节拟南芥中植物激素的反应，MFT基因在远红光条件下抑制种子萌发"发表在《美国国家科学院院刊》（*Proceedings of the National Academy of Sciences*）上。

（来源：英国约克大学）

研究人员找到控制叶片生长及形状的蛋白

金秋时节，吸引眼球的不仅有绚丽多彩的颜色，还有大大小小形状各异的叶片。那么，是什么让不同植物叶片的形状大相径庭呢？德国科隆马克斯普朗克植物育种研究所（Max Planck Institute for Plant Breeding Research）的研究人员发现了 LMI1 蛋白质控制植物叶片生长和形状的机制。研究所所长米尔托斯·迪安提斯（Miltos Tsiantis）实验室的佛朗西斯科·沃洛（Francesco Vuolo）及其团队正在研究自然界叶片形态各异背后的机制。目前，研究人员已将研究重点转向鲜为人知的托叶部分。托叶是叶片在发育过程中叶柄基部连接茎与叶的组织，不同植物的托叶大小功能各异。拟南芥（*Arabidopsis thaliana*）的成熟托叶虽然不大，但却是嫩叶的重要组成部分。而豌豆等其他植物的托叶则构成了叶片的主要部分。

研究人员运用了遗传学、显微技术及数学建模等手段，发现 LMI1 蛋白质控制着托叶不变大。发育过程中，叶片的细胞产生 LMI1 蛋白，细胞会继续生长，而不发生分化。这种细胞成熟机制防止细胞发育成其他种类的细胞，从而限制了支持组织进一步生长的细胞数量。这样，细胞早期虽然能够生长，但植物器官最终的大小却得到了控制。沃洛称："尽管单个细胞较大，但叶片却不大"。

同时，LMI1 在其他植物控制叶片形态方面，也起了决定性作用。研究团队发现，LMI1 并不是由豌豆的大叶状托叶所产生的，而是由豌豆叶片上部的丝状攀爬器官卷须组织产生的。沃洛表示："这些卷须细胞也是只增大，少分化。"因此，豌豆叶片的 LMI1 蛋白生成分布也很有可能决定了叶片的典型形状——叶片尖端长有丝状卷须，根部长有大托叶。

这些重要的发现揭示了托叶的发育起源，表明托叶实际上是由 LMI1 控制处于抑制状态的隐生叶片。植物托叶、叶片、卷须等部分的关系问题早在英国自然科学家达尔文 1865 年撰写相关文章时就在困扰着他。因此，本研究不但回答了植物形态学中一些长期悬而未决的问题，同时，也揭示了研究生长在叶片形态进化中作用的新方法。马克斯普朗克研究所所长迪安提斯（Tsiantis）表示，"终有一天，研究团队会为培育叶片或其他器官改良的农作物新品种作出贡献。例如，我们目前正在研究 LMI1 蛋白在番茄果实这一重要农业性状生长中的作用"。

（来源：马克斯-普朗克研究所）

日本研究发现蓝光调控基因表达的机理

日本理化学研究所（RIKEN）的研究人员发现了一种植物基因表达受光照调控的过程，揭示蓝光会触发植物基因表达的区位发生改变。该成果近日发表于《美国国家科学院院刊》（PNAS）。

当幼苗受到阳光特别是蓝光照射时，会经历一系列生理变化，进行光合作用并慢慢长大。之所以这样，是因为蓝光会触发某些沉睡基因的表达。研究小组对两种分子生物新技术进行了改造，用于研究植物这一过程的发生机制。

基因表达由多个步骤构成。当一个基因的 DNA 转录为 RNA 后，就会从RNA 的首端至末端进行解码。首先解码的区域位于稍后解码区域的"上游"。如果在 RNA 的某段区域遇到了起始密码子，这段区域就会被翻译为蛋白质。但其中单个基因可能会包含多个起始密码子，每个起始密码子会触发 RNA 不同区域的翻译。研究小组发现，某些特定基因在蓝光的照射下，其使用的起始密码子区位会发生改变，从而保证主序列能够顺利翻译为蛋白质，并让植物在随后与光照有关的过程中利用这些蛋白质。

研究小组发现，在蓝光照射下，植物体内的许多 mRNA 转录起始区域都会发生位置改变，从上游区域变为下游区域，而且上游区域的起始密码子在得到使用之后，会抑制下游区域起始密码子的使用，甚至还可能导致 RNA 退化。如果没有光照，这些 mRNA 将遭到破坏，而那些与光合作用或光形态建成有关的不必要的蛋白质合成将受到阻断。起始密码子的区域改变表明，当幼苗第一次遇到光照时，RNA 会保持稳定，促进恰当蛋白质的合成，并让蛋白质参与植物的光依赖型过程。

了解植物的这一过程有很多好处。如某些蛋白质在不恰当的生理条件下获得表达可能会损害植物，可以有针对性地设计一些方法，严格控制这些蛋白质的表达。长远来看，可以更加有效地控制植物对有用蛋白质和化学物质的合成生产。

（来源：www.eurekalert.org）

瑞士研究发现一种可阻止植物过早开花的蛋白质

  无论从生态学角度还是农业生产角度来看，开花诱导都具有重要意义。如果植物能够适时开花、授粉，那么种子的生产和成熟也就能在有利的环境条件下进行。环境因素尤其是光照，起着调节开花时间的作用。但是，这些实验通常都在没有 UV-B 射线（阳光的自然组分之一）的生长箱里进行。近日，日内瓦大学的一支研究团队发现 UV-B 可以作为一种有效的开花诱导物，但是一种被称为 RUP2 的蛋白质从中作梗，阻碍植物过早开花。该研究成果刊登于《Genes & Development》杂志上。

  植物能够对光照进行感知、"分析"，包括光照的强度、色调、持续时间，并视日照时间长短的变化及季节变化来决定开花时间，即所谓的光周期现象。有些植物会在日照时间变长时开花，有些则相反。因此，植物对日照时间长短的感知对于开花和繁殖至关重要。

  模式植物拟南芥被用来研究开花过程中的各个机制。研究团队证明了 UV-B 在全年时间里都能诱导植物开花，但这种诱导作用在短日照时会被一种称为 RUP2 的蛋白质所阻碍。

  通过分析在其中起作用的各个分子机制，生物学家们开始理解 RUP2 的关键作用。研究表明，不管在哪个季节，UV-B 都能刺激产生一种开花激素——FT 蛋白质，然后迁移到能够使植物生长的分生组织中去，接着对这种蛋白质进行重新编程，使植物进入开花阶段。然而，RUP2 会间接阻碍这种激素的产生，最终抑制植物开花。但是，如果日照时间变长，即便有 RUP2 存在，植物也会开花。即 RUP2 蛋白质只在短日照时才会抑制开花。

（来源：www.eurekalert.org）

研究揭示了触发植物开花蛋白质的位置

植物怎么"知道"什么时候应该开花？新研究揭示了一种关键蛋白质在触发植物开花前的具体形成位置。

到目前为止，人们还没有确定哪些细胞会产生被称为开花基因座 T（FT）的小蛋白质。该研究还指出，存在一个调节 FT 产生的大范围细胞间信号系统。

研究结果发表在《美国国家科学院院刊》（*Proceedings of the National Academy of Sciences*）上，结果可能对育种人员有用，因为控制开花时间对作物培育至关重要。

"了解 FT 的位置以及它如何与其他开花因子协调，对于育种人员来说非常重要。育种人员可用它来对开花时间进行微调。"论文第一作者、罗伯特·特京（Robert Turgeon）实验室助理研究员陈庆国（Qingguo Chen）说。罗伯特·特京是论文资深作者、康奈尔大学（Cornell University）植物生物学教授。

许多植物的开花始于对日照时间的感知，这种感知活动发生在叶片部位。有的植物在日照时间短的时候开花，有的植物在日照时间长的时候开花。

先前，科学家已知在拟南芥中，如果日照时间长，叶片会合成 FT 并将其传递到被称为韧皮部的植物维管组织中。这种维管组织将糖和养分从叶片运输到植物的其余部分。FT 进入茎尖、新叶顶端和茎，在这些部位促进花的形成。

开花过程的调控很复杂，FT 的释放受到相互作用的级联中的 30 多种蛋白质的控制。"有一个复杂的网络，如果不明白具体这些细胞都发生了什么变化，就无法了解这个网络，所以知道这些细胞在哪很重要。"特京说。

由于叶脉非常小并且被富含绿色叶绿素的光合细胞覆盖，因此很难找出产生 FT 的细胞。在这项研究中，特京和同事使用荧光蛋白来找出产生 FT 的韧皮部（叶脉）细胞。

研究人员发现，马里兰州猛犸象烟草（Mammoth tobacco）韧皮部的同一种伴细胞也产生 FT。此外，当科学家杀死这些伴细胞时，拟南芥和烟草植物的开花过程会被延迟。通过对成花路径更加细致的研究，科学家发现杀死这些伴细胞阻止了 FT 下游的过程，而非上游的过程，从而证实 FT 起源于这些细胞，并且 FT 的合成受到一个大范围细胞间信号系统的控制。

该研究由美国国家科学基金会（National Science Foundation）和普渡大学（Purdue University）资助。

（来源：康奈尔大学）

日本探究成花基因

开花植物由无花植物进化而来。人们已知一些称为 MADS 盒蛋白的基因负责产生花朵特有的组成部分，如雄蕊、雌蕊和花瓣。苔藓、蕨类和绿藻等不开花的植物中也有 MADS 盒蛋白基因，但 MADS 盒蛋白基因是如何在无花植物中起作用的，目前还不得而知。因此，为了弄清楚花朵的进化机制，就必须厘清 MADS 盒蛋白基因在无花植物中的作用机理。

日本国家基础生物学研究所（NIBB）长谷部光泰（Mitsuyasu Hasebe）教授领导的研究团队对小立碗藓（*Physcomitrella patens*）的研究表明，MADS 盒蛋白基因控制配子托茎部的细胞伸长、细胞分裂和精子活力。小立碗藓中有 6 个 MADS 盒蛋白基因，研究团队分解了这 6 个基因，分析它们的功能，发现在失去全部 MADS 盒蛋白基因的苔藓中，精子鞭毛几乎不活动。此外，茎部伸长妨碍水流动到茎尖，而精子需要在水中游动以完成授精。MADS 盒蛋白基因在以下两方面影响授精：一是提供充足的水让精子能够游动；二是产生活动的鞭毛。

研究人员认为，开花植物适应了陆地的干旱环境之后，配子托和精子鞭毛就在进化过程中消失了，而在配子托和精子鞭毛中起作用的 MADS 盒蛋白基因也就无关紧要了，但花朵在进行过程中也许利用了这些基因的其他功能。有趣的是，植物生长发育的基因调控网络在不同谱系中也不相同，而在动物中却相对保守。

该研究结果于 2018 年 1 月 3 日发表在《自然—植物》（*Nature Plants*）杂志上。

（来源：www.eurekalert.org）

研究发现开花植物主宰生态系统的机制

开花植物是如何迅速主宰全世界各个生态系统的呢？近日，科学家们找到了这个问题的答案。该篇文章发表于《PLOS Biology》上，指出已有研究发现开花植物的细胞比其他主要植物类群的细胞要小，而且其细胞体积之小是因为基因组的体积大大减小了。

开花植物是我们食物体系的基础。开花植物的种类之多、生长之茁壮，令人叹为观止，200多年来，科学家一直在思索其中的原因。

在过去30年里，研究人员已经证明，开花植物的光合作用率举世无双。这使得它们能够以更快的速度生长，并胜过曾主宰生态系统达数亿年之久的蕨类植物和松柏科植物。开花植物代谢成功的秘诀是它们特殊的叶子有利于更快进行水分输送和二氧化碳吸收。但是，开花植物又是如何得以构造出能够进行高速蒸腾作用和光合作用的叶子的呢？

这项新研究向我们介绍了一种机制。通过查找数据文献，作者认为开花植物结构上的创新与基因组大小有直接关联。

植物的每个细胞都必须含有这种植物的一套基因组，基因组更小就可以使细胞变得更小，而如果细胞更小，那么一定空间内可以容纳的细胞（比如那些专门负责光合代谢以及水和养分运输的细胞）就更多。此外，通过缩减每个细胞的体积，水和养分的运输就可以变得更加高效。

研究人员对比了数百种物种后发现，基因组变小始于约1.4亿年前，时间上刚好与最早的开花植物在全世界的蔓延重合。研究人员表示，"开花植物是地球上最重要的植物种群，现在我们终于知道它们为什么如此繁盛了"。

尽管研究解决了一个重大问题，但也带来了更多的问题。与其他植物种群相比，为什么开花植物基因组能缩小得更多？开花植物在基因组结构和配置方面有哪些创新？蕨类植物和松柏科植物的基因组和细胞很大，它们又是怎样成功免于灭绝的？这些问题仍然值得深入研究。

（来源：PLOS Biology）

植物通信

在控制作物生长的干细胞通路中发现独特的通信策略

冷泉港实验室（Cold Spring Harbor Laboratory，CSHL）的一个植物遗传学家团队已经在干细胞上发现了一种参与植物发育的蛋白质受体。激活这种受体的肽（蛋白质片段）不同，它发出的生长指令也不同。

这是科学家发现的首个以这种方式控制植物发育的多功能受体。CSHL 的大卫·杰克逊（David Jackson）教授和同事获得的这一新发现可能对提高玉米和水稻等基本粮食作物的产量有重要意义。

植物生长和发育取决于我们称之为分生组织的结构，这是植物体内容纳干细胞的储库。在受到肽信号提示后，分生组织中的干细胞可发育成植物的任一器官——例如，根、叶或花。这些信号通常就像一把钥匙（肽）匹配一把锁（蛋白质受体）一样作用于细胞表面。锁短暂开启，触发细胞内化学信使的释放。信使携带着让细胞进行某种活动的指令，例如，发育成根或花细胞，甚至完全停止生长。通常，一种或多种肽会与一种受体匹配以释放出一类化学信使。

然而，杰克逊和同事最近发现，他们在 2001 年首次发现的一种蛋白质受体 FEA2 可以触发两种不同化学信使 CT2 和 ZmCRN 中任意一种的释放，具体取决于是 ZmCLE7 和 ZmFCP1 两种肽中的哪一种来启动它。释放多种信使的受体很少见。杰克逊说这是科学界发现的首个影响农作物生产的受体。

FEA2 是 CLAVATA 信号通路中的重要受体，科学家已经知道它可以激活干细胞。杰克逊以及同事扎查里·利普曼（Zachary Lippmann）教授以前曾对这一通路进行过修改以对分生组织进行操控，提高包括番茄、玉米和芥末等在内的主要作物品种的产量。

杰克逊和他的团队认为，FEA2 与两个不同的共同受体存在联系，每个共同受体均可充当两个肽"钥匙"之一的"锁"。未来的研究将探索这两种不同的肽信号是如何被 FEA2 翻译成不同的化学信息的。

"我们认为这种干细胞信号传导通路的作用方式对所有植物都很重要"杰

克逊说道，"我们已经证明，从理论上讲，可对控制干细胞的通路进行修改以培育出更大的果实或更多的种子。通过这项研究，我们了解到与这些通路的运行方式相关的新知识，为植物学家提供了另一种提高作物产量的工具"。

项目拨款方：国家粮食和农业研究院（National Institute of Food and Agriculture）、国家科学基金会（National Science Foundation）、下一代生物环保21计划（Next-Generation BioGreen 21 Program），人类前沿科学计划（Human Frontier Science Program）。

（来源：冷泉港实验室）

研究人员提出植物细胞通讯的新模型

植物细胞与动物神经元有着一种奇特而令人惊讶的密切关系：许多植物细胞拥有与谷氨酸受体非常相似的蛋白质。谷氨酸受体有助于将神经信号从一个神经元传递到另一个神经元。虽然植物缺乏真正的神经系统，但之前的研究表明，植物需要这些谷氨酸受体样蛋白（GLR）来完成繁殖、生长，抵御病虫害等重要工作。

由马里兰大学（University of Maryland，UMD）研究人员牵头开展的一项研究提出了GLR在植物细胞中运作的新模型。研究人员利用拟南芥花粉细胞研究发现，GLR是单个植物细胞内复杂通信网络的基础。他们的研究结果还表明，GLR靠另一组称为"酸黄瓜"的蛋白质将其运送到不同的位置并调节每个细胞内GLR的活性。

研究发现，在"酸黄瓜"蛋白的帮助下，GLR充当阀门，可以在细胞内的各种结构内小心控制钙离子浓度，钙离子是许多细胞通讯通道的重要组成部分。这项研究可对许多关于植物和动物细胞间通讯的新研究有所启发。研究发表在2018年5月4日的《科学》（Science）杂志上。葡萄牙古尔本基安科学研究所（Gulbenkian deCiência）和墨西哥国立自治大学（Universidad Nacional de Autónoma de México）的研究人员共同撰写了研究报告。

"钙浓度是所有细胞内最重要的参数之一。由于钙浓度受到了很好的调节，所以可以让细胞编码信息。换句话说，钙是细胞通讯的通用语。"研究资深作者、UMD细胞生物和分子遗传学教授乔塞·费杰（José Feijó）说。他指出，钙对动物神经元的功能也很重要。"我们的研究结果表明，GLR 在植物的这种基础通讯系统中发挥作用，而且我们也提出了关于植物细胞内通讯系统运作的机制"。

GLR 和动物谷氨酸受体之间的相似之处表明，这些蛋白质可以追溯到一个共同的原形———一种产生动物和植物的单细胞有机体。然而，费杰指出了 GLR 和动物神经元中的谷氨酸受体间的几处重要差异。

首先，谷氨酸盐这一人脑中最常见的神经递质在植物系统中不起主要作用。另外，虽然已知谷氨酸受体位于动物神经元的外表面，但费杰早期的一些实验表明，GLR 可能位于植物细胞内的各种结构上。

"这将是能够解释我们所有发现的唯一方式。"费杰说，"我们的研究结果表明，GLR 确实被重新分布到植物细胞内的其他区室，并形成了一个复杂的网络，共同调节钙离子浓度，引发钙信号传导。这种新的观点为理解植物中的钙信号传导提供了全新的途径"。

费杰与 UMD 细胞生物学和分子遗传学博士后研究员兼论文第一作者迈克·伍迪克（Michael Wudick）怀疑植物细胞使用一种特定机制来控制整个细胞中 GLR 的位置。由于有了这样的疑虑，伍迪克对"酸黄瓜"蛋白质进行研究，这一蛋白质与动物谷氨酸受体的活性有关。费杰说，"酸黄瓜"蛋白质最初发现于果蝇上，得名于果蝇胚胎腌菜样的外观，这种外观是因为某个"酸黄瓜"基因突变而形成的。

在用拟南芥花粉细胞进行的实验中，费杰的研究团队发现，"酸黄瓜"蛋白质在积极地将 GLR 从细胞内的一个位置运输到另一个位置，从而使细胞内的各区室维持不同的钙离子浓度。"酸黄瓜"蛋白还担任 GLR 的守门人，根据细胞内部条件的变化，像阀门一样开启和关闭受体分子。

总而言之，研究团队的成果提出了一个不同于在动物中发现的任何模型的植物细胞通讯模型。虽然动物神经元用谷氨酸受体来传导细胞间的信号，但费杰提出，植物依赖在单细胞层面上运作的各种通讯手段。

"为什么植物具有与使神经元发挥功能的受体类似的受体蛋白？我们的研究结果支持这一观点：个体植物细胞具有动物细胞不具备的一定程度的自主性。"费杰说，"例如，每个植物细胞都有自己的免疫系统，虽然这些细胞的所在位置都是固定的，但是它们有更多通讯渠道来解决这个问题。每种开花植物的 GLR 都比动物拥有的谷氨酸受体更多。我们提出的植物细胞通讯模型能够从一方面解释这种 GLR 的大量存在"。

解码植物通讯方面的下一步进展可能会带来能够诊断病害、营养不足和其他问题的可靠检测方法，费杰说。这些措施有助于保障粮食安全，因为气候变化和其他胁迫因素开始对主要农作物造成损害。

费杰还指出，更加深入了解 GLR 后，可以对动物谷氨酸受体及其缺陷有新的认识。这些缺陷可能是引起某些神经组织退化疾病的原因。

"一些研究人员指出，神经组织退化是由过度活跃的谷氨酸受体引起的。这尚未有定论，但人类和狗中都存在与谷氨酸受体基因突变有关的症状，"费杰说，"我们的模型可能有助于研究这些疾病，优点是使用起来很方便"。

（来源：马里兰大学）

母本植物可通过传递季节信息帮助后代繁殖

约翰英纳斯中心（John Innes Centre，JIC）最新开展的研究探讨了遗传记忆系统，植物能够通过该系统将季节信息传递给种子，帮助种子获取繁殖成功的最佳机会。

植物会整合包括温度和昼长在内的季节信号，并利用这些记住的信息，优化关键生命周期阶段的时机选择。

这些生命周期阶段包括开花、种子散布和种子休眠，种子休眠是母本植物为确保种子萌发具有最佳条件而采用的一种及时策略，以获得较高的幼苗成活率。

植物对季节的感知需要两种极富特点的基因参与其中，这两种基因分别为开花位点 C（Flowering Locus C，FLC）和开花位点（FT），前者是温度传感器，充当抑制开花的制动器，后者是昼长传感器。

此前的研究表明，FLC 基因会以线性方式作用于 FT 基因，进而产生季节信息来促进植物开花。如今，这项由 JIC Steven Penfield 教授牵头开展的新研究发现了母本植物向种子传递温度信息的具体机制，就是控制开花时机的基因也会控制种子萌发，但控制顺序恰好相反。

该研究表明，这两种基因会从环境中收集温度信息，并在种子成形过程中与植物后代分享信息。此项研究已发表于《Science》杂志。

研究者指出母本植物用季节信息来控制后代的行为，从而优化后代的适应性。之前研究者发现，母本植物会根据温度的变化情况引导后代产生多样性，因为当温度变化时，植物产生的种子大小和数目也会稍微不同。

基于该原理，英国生物技术与生物科学研究理事会开展了一项研究，发现母本植物会利用环境温度变化情况来加强种子类型和行为的多样性。这是一种生殖上的 bet-hedging 策略，可以使植物利用温度信息来广泛散布多种多样的后代。

该研究作者表示，对拟南芥模式物种的分析得出的结果能够帮助人们培育出更优良的作物。同时指出，如果我们能进一步了解植物如何将季节信息传递给后代，人们培育的作物将能更好地适应气候变化，也就能知道如何让作物产量更加稳定。

（来源：www.sciencedaily.com）

用荧光可揭示植物如何远距离传递危险信号

在一个视频中，您可以看到一只饥肠辘辘的毛虫，它先是在一片叶子的边缘附近爬行，然后靠近叶子的底部，咬上最后一口，让底部和植物的其余部分切断开来。几秒钟之后，一束荧光遍布于其他叶片上，这是植物释放出的一种信号，表明叶片应该为将来毛虫或她们的亲属发出的攻击做好准备。

荧光可以追踪钙质在植物组织中快速穿梭、释放电化学危险信号的过程。在十几个类似的视频中，威斯康星大学麦迪逊分校（University of Wisconsin-Madison，UW-Madison）的植物学教授西蒙·吉尔罗伊（Simon Gilroy）和他的实验室成功揭示出谷氨酸（一种大量存在于动物体内的神经递质）如何在植物受伤时激活钙质的传导。存在于植物体内的沟通系统通常隐匿于人们的视野之外，而这些视频得以让研究人员对其进行了一番仔细观察。

该研究于 2018 年 9 月 14 日发表在《科学》（Science）杂志上。丰田正嗣（Masatsugu Toyota）是该研究的负责人，在吉尔罗伊的实验室担任博士后研究员。目前，吉尔罗伊和丰田在日本埼玉大学（Saitama University）工作，与来自日本科学技术振兴机构（Japan Science and Technology Agency，JST）、密歇根州立大学（Michigan State University，MSU）和密苏里大学（University of Missouri，Mizzou）的研究人员开展合作。

"我们知道植物体内存在一个遍布全身的信号系统，如果植物的某一个部位受伤，其他地方就会触发防御反应，"吉尔罗伊说道，"但我们不知道这个系统背后的机制是什么"。

吉尔罗伊补充道，"我们目前了解到，如果一片叶子受到伤害，就会产生一个电荷，并且该电荷会在植物体内扩散"。但是，研究人员仍不清楚触发电荷产生的物质是什么以及它是如何在整个植物体内移动的。

这种物质可能是钙质，因为细胞中的钙质无处不在，通常能够发出环境变化的信号；并且，由于钙离子带电，它也可以产生电信号。但是，钙离子浓度容易在短时间内出现飙升和骤降，极其不稳定。研究人员需要找到一种办法，来对钙质进行实时观察。

为此，丰田培育出了一种能够用荧光显示体内钙质的植物新品种。这类植物会产生一种只在钙质周围发出荧光的蛋白质，让研究人员得以追踪钙质的位置和浓度。然后，研究人员用不同方法对植物叶片施加伤害，包括毛虫啃咬、用剪刀剪断以及把叶片碾碎。

根据视频显示，植物在受到以上每种伤害时，都会随着钙质从受伤部位流向其他叶片而发亮。这种信号移动得非常迅速，大约每秒 1 毫米。对于动物神经冲动来说，这一速度非常缓慢，但对于植物而言，则犹如闪电一般迅疾，可以让信号在几分钟之内扩散到植物的其他叶片。再过几分钟，远端的叶片就会触发与防御相关的激素水平快速上升。这些防御激素有助于让植物做好准备应对将来的威胁，方法包括提升有毒化学物质的水平来驱赶掠食动物。

瑞士科学家泰德·法莫（Ted Farmer）此前的研究表明，与防御相关的电信号依赖于谷氨酸受体，谷氨酸是一种氨基酸，是动物体内主要的神经递质，也常见于植物中。法莫的研究显示，突变植物如果缺失了谷氨酸受体，就无法在应对威胁时发出电信号。因此，丰田和吉尔罗伊观察了这些突变植物在受伤过程中的钙质流动情况。

"突变植物如果无法发出电信号，也完全无法发出钙信号，"吉尔罗伊说。

正常植物在受伤时会由于荧光钙质流动而发出明亮的光，但视频显示，突变植物几乎不会产生任何荧光。这些结果表明，谷氨酸会从植物伤口部位流出，从而引发钙质在植物体内的扩散。

这项研究汇总了过去数十年的研究结果，揭示了通常被视为惰性的植物如何对威胁作出动态响应，并让远端叶片做好准备应对未来攻击。谷氨酸会导致钙质传递，而钙质传递又会导致防御激素产生，并改变植物生长和生物化学，所有这些变化的发生都无须神经系统。

吉尔罗伊说，这些视频除了帮助研究人员把所有研究成果汇总在一起外，还让他有机会观察到植物中通常无法看见的一系列活动。"要不是有这些视频能让我亲眼见到植物体内发生的各种活动，背后的奥秘将永远无从知晓。它流动得实在是太快了！"

这项研究获得的补助金来自美国国家科学基金会（National Science Foundation，NSF）（MCB-1329273、IOS-1557899、IOS-1456864）、美国能源部（Department of Energy，DOE）（DE-FG02-91ER20021）、美国国家航空航天局（National Aeronautics and Space Administration，NASA）（NNX14AT25G）和JST的胚胎科学先驱研究计划（Precursory Research for Embryonic Science and Technology，PRESTO）（17H05007、18H04775、18H05491）。

（来源：威斯康星大学麦迪逊分校）

植物具有处理竞争环境中复杂信息并作出最优反应的能力

蒂宾根大学的生物学家证明植物可以根据竞争对手的高度和密度在不同竞争应对措施间作出选择。该校进化和生物学学院的研究人员发现植物可以评估相邻植物的竞争力，从而作出最优反应。研究结果发表在《Nature Communications》杂志上。

已有研究证明，处于竞争中的动物可以通过比较对手和自己的竞争力，从不同应对行为中选出最优行为，这些行为包括对抗、躲避和忍耐。例如，如果它们的对手体型更大或力量更强，那么它们会"放弃战斗"，选择躲避或忍耐而非对抗。

植物可以通过许多线索探测到竞争对手的存在，这些线索包括光线减弱，红光和远红光波长比下降，这一比率在光线透过叶片时会下降。研究已经发现，这种竞争线索会诱发两种类型的反应：一是对抗性垂直延伸，即植物比相邻对手长得更高并挡住对手；二是耐阴，这种反应可以促进植物在有限光照下的生长。一些植物，如无性繁殖的植物，可以表现出第三种反应——躲避行为：它们朝远离相邻对手的方向生长。植物对光线争夺的这 3 种不同反应在文献中已有详细记录。目前的研究旨在调查植物能否在不同反应中做选择，并根据竞争对手的大小和密度来作出最优选择。

为了回答这个问题，研究人员在试验中模拟不同的光线争夺场景，研究无性繁殖的匍匐委陵菜的反应。他们使用竖条状的透明绿色滤光镜来模拟竞争植被，既能减少光线量和远红光波长比，也能模拟光线争夺的真实场景。研究人员通过改变模拟植被的高度和密度，向被试植物展现不同的光线争夺场景。

结果显示匍匐委陵菜的确可以选出最优反应。当模拟植被低矮但茂密时，水平方向上难以躲避，但垂直方向上可以超越，于是匍匐委陵菜表现出高度的对抗性垂直生长。然而，在模拟植被高大且茂密时，垂直方向或水平方向上均无法超越，于是匍匐委陵菜表现出高度的耐阴行为。最后，模拟植被高大但稀疏时，水平方向上可以躲避，于是匍匐委陵菜表现出高度的水平躲避行为。

研究结果表明，植物可以评估对手的密度和竞争力，并据此调整自己的反应。这种根据目的从不同反应中作出选择的能力，在具有多种植物的环境中尤其重要，一些植物生长时可能会碰巧被其他不同大小、年龄或密度的周围植物挡住，因此，需要选择最佳应对方式。这项研究以新证据证明了植物具有处理环境中复杂信息并作出最优反应的能力。

（来源：www.sciencedaily.com）

植物根系

作物根系生长和细胞补充的基本机制

了解根系生物学的功能对于了解植物如何受到干旱等不利环境条件的影响或植物如何适应环境条件至关重要。最近有两项研究描述了这些机制。一项研究发表在《分子系统生物学》（*Molecular Systems Biology*）杂志上，描述了细胞由于细胞分化而停止生长的过程；另一项研究发表在《细胞科学杂志》（Journal of Cell Science）上，描述了植物受损后的细胞补充。

农业基因组学研究中心（Center for Research in Agricultural Genomics，CRAG）CSIC 研究员阿娜·卡诺·德加多（Ana Caño Delgado）和来自巴塞罗那大学（University of Barcelona，UBICS）凝聚物质物理学院（Department of Condensed Matter Physics）及复杂系统研究所（Institute of Complex Systems）的物理学家马塔·依巴勒斯（MartaI bañes）组成的研究小组进行了第一项研究。CRAG 的同一团队开展了第二项研究。

细胞如何知道何时停止生长

在这些研究中使用的拟南芥（*Arabidopsis thaliana*）植物根是一个相当简单的器官，其中，具有不同功能的细胞被分隔开。因此，干细胞在尖端，子细胞将其包围并分裂产生根组织。子细胞会伸长、从其他细胞中分化出来，并依此使根部获得运输水和营养物质的典型功能。为了根的发育和适应新的变化的环境，这种分裂、伸长和细胞分化必须完美协调。

依巴勒斯和卡诺·德加多的团队使用了 3 个假设来解释细胞如何知道什么时候停止生长：细胞分裂后经过了一段时间，细胞检测到根的位置，或者说细胞能够检测到它们的大小。为了弄清这些假设中哪一个是正确的，研究的第一作者伊丽娜·帕夫勒斯库（Irina Pavelescu）创造了 3 种根部生长分析和计算模型。研究人员在 CRAG 以共焦显微镜为工具，用拟南芥根细胞长度的实际测量对模型进行了测试。马塔·依巴勒斯（UB，UBICS）说：这项研究的主要结论是，根细胞知道它们达到了适当的大小，然后停止生长并结束分化。因此，它们停止生长是由于尺寸原因。

借助创建的数学模型，研究人员还可以解释类固醇植物激素——布拉松素对根部生长的影响。这一次，他们测量的细胞来自由于缺乏类固醇激素受体而根茎细小的拟南芥植物。通过细胞溶解的分子生物学技术，这一研究证明只有当分裂的细胞中油菜素内酯受体恢复时根才会生长，这说明在生长阶段，荷尔蒙的作用一直存在于细胞内。

植物类固醇对于细胞再生必不可少

同时，由阿娜·卡诺·德加多领导的 CRAG 研究小组在《细胞科学杂志》上发表了关于根部生长及其细胞修复能力的更多细节信息。特别是，已发表的研究指出，当根干细胞因基因组压力死亡时，类固醇激素的信号会传输至储库干细胞，储备干细胞分裂并替换受损的那些细胞。根系的生长和植物的生命由此得以维持。

"和大多数植物激素不同的是，植物类固醇不能长距离运输。但是我们的研究证明这些激素能够在短距离内运输，这对细胞复壮过程中的细胞通讯而言非常重要。"本研究的第一作者、CRAG 在读博士生菲德尔·洛扎罗·艾勒娜（Fidel Lozano Elena）说道。同为第一作者的博士生艾诺阿·普拉纳斯·日维罗纳（Ainoa Planas Riverola）补充说：细胞群之间的这个更复杂的信号系统使植物更具韧性。

阿娜·卡诺·德加多说：如果我们能够在根部调节这些过程，我们就可以使根茎更强壮更固定，从而更好地抵御气候变化带来的挑战。我们不能忘记，现在干旱是农业中最严重的问题。在西班牙，有好几年的降水量低于正常水平。根据最近由小农和牧场联合会（Uniónde Pequeños Agricultores y Ganaderos，UPA）发布的报告，2017 年干旱造成西班牙农业部门损失超过 36 亿欧元，主要是由于农作物的生产力遭受重大损失。这种情况发生在所有大陆，使为不断增长的人口保障粮食安全的能力面临风险。因此，有必要让作物用更少的水生产出足量、安全、优质的食品。

（来源：农业基因组学研究中心）

根系分泌物影响土壤稳定和防水性

随着生长季的推进，我们可能不会过多注意到植物在土壤之下的变化。

大多数人会注意新的芽、茎、叶以及最终想要种出的花和作物。而根在我们看来可能只是作物生长过程中必要的部分，但却没什么意思。

保罗·哈勒特（Paul Hallett）和他的团队不同意这一点。他们主要研究土壤中植物根部的变化。

植物根部四周的土壤区域被称为根际（rhizosphere）。根部是个热闹的地方，各种重要而隐秘的生长过程在这里纷纷进行。

在根际内，植物制造出各种化合物，我们称为分泌液。哈勒特和阿伯丁大学（University of Aberdeen）的同事对分泌液对植物和周围土壤的影响进行了研究。他们工作的独特之处是对根部表面附近的土壤进行小规模的测量。这里土壤的特性可能和其他地方的土壤相差很多。

哈勒特说："根系不断地将化学物质分泌到土壤中，以此来释放附着在土壤颗粒上的营养物质。"人体消化过程中，胃分泌胃液帮助分解食物；而根系的分泌液就相当于植物的胃液。

哈勒特将分泌物的化学成分描述为"根际里所有生物都可享用的营养'鸡尾酒'或'自助餐'"。除了有助于植物获得营养物质外，分泌液也是微生物的食物来源，这些微生物是土壤微生物群的重要组成部分。

分泌液对保持土壤也有重要作用。根系和生活在土壤中的真菌将较大的土块结合在一起，但分泌液在微观层面上发挥作用。像胶水一样，它们将土壤颗粒团聚在重要的机理网络中。土壤科学家称这些土壤网络为土壤团聚体。

根系和真菌网络的结合效应通常是长期的，而分泌液对土壤的影响可能稍纵即逝。哈勒特说："根部分泌液在土壤中不会以原始形态存在很长时间，因为会被微生物消化和转化。"这个过程可以完全破坏分泌液，或创造出更好的化合物来黏合土壤颗粒。

"植物根系分泌液对土壤团聚体的形成有巨大影响。"哈勒特说，"它们通过多种方式来实现这一目标，包括像胶水一样发挥作用，或是改变降水或蒸发后根际变湿或变干的速度"。

哈勒特的团队研究了分泌物对不同类型土壤的影响。他们用沙质壤土与黏质壤土作对比，对分泌液的环境进行了研究。这很重要，因为分泌液和土壤颗粒之间的化学反应随土壤类型而变化。

他们还研究了大麦和玉米的各种植物分泌液。他们发现大麦分泌液增加了土壤颗粒的结合程度，但不如玉米分泌液，还发现大麦分泌液不会影响土壤的防水性，但玉米分泌液却会对此产生影响。

　　哈勒特团队的研究表明，在生长季乃至生长季以外的时间里，每株植物与周围土壤之间都存在着微妙的相互作用。所有相互作用都会影响土壤捕获到并被植物吸收的水量。分泌液的产生也会影响植物从土壤中吸收重要养分的程度，甚至影响根际内的土壤。

　　哈勒特团队未来的研究将包括研究植物根部的分泌液产生。他们还会研究根的年龄以及幼龄根是否会产生具有不同土壤保持和吸水特质的分泌液。

（来源：美国农学会）

根微生物组对植物生长和健康至关重要

　　正如我们越来越觉得肠道中的微生物对人类健康和行为至关重要，多伦多大学密西沙加分校（University of Toronto Mississauga，UTM）的新研究表明，微生物对植物的生长和健康也同样重要。例如，能够将特定细菌吸引到根微生物组里的植物更加耐旱，UTM 在读博士康纳·费兹帕特里克（Connor Fitz-patrick）说。

　　植物的根微生物组是生活在植物根内部和外部的独特微生物群系。和动物肠道微生物组相似，根微生物组是植物和外界接触的媒介。根微生物组负责重要功能，如摄入养分、发出关乎植物生长的重要信号等。

　　费兹帕特里克的研究发表在最新一期《国家科学院院刊》（*Proceedings of the National Academy of Sciences*）上。他探索根微生物组在植物健康方面的作用，这一研究最终可以帮助农民在饱受干旱困扰的地区种植作物。

　　为进行研究，费兹帕特里克种植了 30 种在大多伦多区（Greater Toronto Area）发现的植物。实验室里，他把种子种在和实际生长环境相同的土壤混合物里。研究对象包括麒麟草（goldenrod）、马利筋（milkweed）和紫菀（as-ters）等人们熟悉的植物。植物栽培期是一个完整的生长季（16 周），每种植物都分别在适宜的和模拟干旱的条件下种植。

　　费兹帕特里克的研究探索了不同种宿主植物根微生物组的共性和差异。研究把微生物组分为根内微生物（生活在根内的微生物）和根际微生物（生活在围绕植物根系的土壤中的微生物）。对 30 种植物的研究发现，近缘种微生物组间的相似性比非近缘种更大。

"结果和预期的一致。" 费兹帕特里克说，"人与猿肠道微生物组间的相似性比人与鼠更大，同样，植物物种关系越近，根微生物组越相似。这一点值得记录，因为可以帮助我们更好地理解塑造植物根微生物组的进化过程"。

除了加深我们对植物进化和发展的基础生物学理解外，该研究还提供更多探索空间，包括一些植物如何、为何可以利用影响抗旱性的细菌，而另一些植物不能。

"如果植物可以把放线菌这种特殊细菌加入自己的根微生物组里，那么它们在干旱条件下就能生长得更好。" 费兹帕特里克说，"我们研究的所有植物都能获得这种细菌，但它们也需要有能力从土壤中把这种细菌吸引过来"。

另一项发现呼应了轮作制的理念。费兹帕特里克评估了植物土壤反馈，表明同一片土壤中，植物根微生物的组成和前代植物越相似，第二代生长就越艰难。

"各种相互作用交织成一张复杂的网，很难厘清，需要进一步探究。" 费兹帕特里克说。"从实践角度来说，我们需要理解如何在当今压力因素越来越多的情况下维持植物生长，这些压力因素包括干旱、病原体增加（如导致植物病害）等。目前的措施要么非常昂贵且效力短暂，要么对环境十分有害。如果我们能利用这些自然发生的相互作用达到解决问题的目的，我们的处境就会更好"。

（来源：加拿大多伦多大学）

研究发现植物会精心培育自己的根际微生物

劳伦斯伯克利国家实验室（Lawrence Berkeley National Laboratory）【隶属于美国能源部（Department of Energy，DOE）】和加利福尼亚大学伯克利分校的研究人员发现，植物在生长过程中会精心培育自己的根际微生物，并且偏爱那些消耗特定代谢物的微生物。这一研究能帮助科学家们确定强化土壤微生物的方法，提高碳封存能力和植物生产率。

"一个多世纪以来，我们都知道植物会对土壤微生物的组成施加影响，方法之一是通过把代谢物释放到根系周围的土壤中，" 该研究的首席作者、伯克利国家实验室博士后研究人员卡泰琳娜·扎尼娜（Kateryna Zhalnina）说道，"但是直到现在我们还不知道植物释放出来的代谢物和土壤微生物的取食偏好是否吻合，因为只有吻合植物才能影响其外部微生物的成长"。

该研究成果以《动态根系分泌物组成和微生物层偏好驱动根际微生物群落组成模式》为题，近期发表于期刊《自然—微生物学》（*Nature Microbiology*）上，作者为伯克利国家实验室科学家特伦特·诺森（Trent Northen）和埃·布罗迪（Eoin Brodie）。

土壤中的微生物能使植物加强吸收营养的能力，并抵御干旱、疾病、虫害。这些微生物能促成土壤中的碳转变，影响封存在土壤中的碳含量或以二氧化碳的形式释放到大气中的碳含量。科学家们正在以一种全新的目光审视这些与农业和气候之间的互动功能。

1克土壤中含有数以万计的微生物。很久之前科学家们就知道植物会通过释放化学物质（各种代谢物）来影响其根际土壤微生物的组成。伯克利国家实验室科学家、加利福尼亚大学伯克利分校微生物学教授玛丽·费尔斯通（Mary Firestone）曾经在这一领域进行过研究，结果发现植物会在根系区域持续选择同种微生物并加以抑制，即植物与微生物的成长之间存在某种形式的同步过程。

然而，鲜有研究深入了解过植物释放的特定代谢物和消耗这些代谢物的微生物之间的关系。新的研究集聚了土壤科学、微生物、植物基因组学、代谢物组学的各路专家，研究这些潜在的代谢联系。他们仔细研究了加州一种常见的早熟禾（裂稃燕麦）根际以及其他的地中海生态系统。

伯克利国家实验室的团队认为该研究的时机已经成熟。迫于人口激增的压力，农民需要种植足够的健康作物以满足需求，新的土地管理策略也提高了土壤的碳封存能力，减少大气中二氧化碳含量、培养健康的土壤，这些都为更深入地研究土壤微生物提供了前所未有的契机。

研究人员力图确定早熟禾的根系周围持续出现的微生物和早熟禾释放的代谢物之间的关系。第一步是搜集位于加州北部加利福尼亚大学霍普兰研究和推广中心的土壤（Hopland Research and Extension Center）。伯克利国家实验室气候与生态系统科学部门（Climate and Ecosystem Sciences Division）副主任布罗迪和他的团队一起利用他们已知的有关这些土壤细菌的生活方式，研发了特殊的微生物生长培养基，培育了数百种不同的细菌，然后选取了根系在土壤中生长时或活跃或衰败的细菌亚群。

之后这组微生物被送至隶属于DOE科学使用者设施办公室（Science User Facility）的联合基因组研究所（Joint Genome Institute，JGI）进行基因组测序，研究为什么这些微生物会对根系作出不同的反应。分析显示，微生物在根际中蓬勃生长的关键在于日常取食。

伯克利国家实验室环境基因组学和系统生物学部门（Environmental Genomics and System Biology Division）的资深科学家诺森为微生物的组成深深着迷，他的团队也研发出了基于先进的质谱技术的胞外代谢物组（exometabolomic）方法，来阐明微生物之间的相互作用。扎尼娜和诺森结合了各自的专业，确认早熟禾的根系周围成功生存的微生物的取食偏好。

他们在 JGI 利用水栽方法，把处于不同生长阶段的植物浸入水中以刺激植物释放出代谢物，然后利用质谱技术来测量释放出的代谢物。紧接着，研究人员给培育出的土壤微生物喂养各种根系代谢物，再使用质谱技术来测定哪种微生物偏好哪种代谢物。

他们发现群落里相较于成长不太顺利的微生物，植物根系周围蓬勃成长的微生物的日常取食中含有更多有机酸。

"植物在生长的早期阶段会制造出很多糖分，也就是我们发现很多微生物喜欢吃的'糖果'"诺森说道，"等到成熟阶段，植物会释放出更为丰富的代谢物混合物包括酚酸。我们发现，能在根际中蓬勃生长的是那些能消耗具有芳香气味的代谢物的微生物"。

布罗迪把植物在生长过程中释放的酚酸描述成一种十分特定的混合物。酚酸通常与植物的防御体系或植物与微生物间的相互作用联系在一起。这就让布罗迪明白，植物在根际中建立微生物群落时，可能就在释放酚酸等代谢物帮助其控制根系周围蓬勃生长的微生物类型。

"我们很长时间以来都在思考，植物建立的根际是最适合自身生长的，"布罗迪说道，"因为土壤里的微生物种类太多了，如果植物释放随便什么化学物质，就很可能损害自身的健康"。

"通过控制根系周围蓬勃生长的微生物种类，植物就可以保护自己免受有害病原体的侵害，促进其他有益于营养物质供养的微生物生长"。

研究人员认为他们的发现可能极大地影响其他科学和应用研究。扎尼娜指出，目前政府和业内都在进行大量研究和开发，以利用微生物的作用提升植物产量和土壤的质量，满足社会对于可持续粮食供给的日益增长的需求。

她表示："如果我们能利用植物自身的化学物质帮助供养土壤中有益的微生物，那就真是太棒了。尤其是现在人口增长要求我们拿出更可靠的方式，控制土壤微生物，满足需求"。

（来源：美国能源部劳伦斯伯克利国家实验室）

植物防御

植物自我防御机制新认识

叶绿体是植物细胞的一部分，通过光合作用这个相当知名的过程将阳光转化成植物的食物。叶绿体堪称植物最根本的绿色机器。

但是它们还有另一种功能，对植物的生命至关重要。叶绿体属于植物的信号军团，可警示植物免疫系统应对威胁——无论是来自敌人攻击还是环境胁迫。

现在特拉华大学（University of Delaware）的研究人员与加州大学戴维斯分校（University of California-Davis）的合作研究人员发现了植物遇到困难时叶绿体动向的更多细节。这种根本性的研究信息有助于科学家了解植物生物学机理，并且帮助农民预防庄稼歉收。

这些研究成果发表在《eLife Sciences》上。

利用特拉华生物技术研究所（Delaware Biotechnology Institute）的生物成像技术，由生物成像中心（Bioimaging Center）主任杰弗里·卡普兰（Jeffrey Caplan）领导的团队证实，在危险靠近时，叶绿体会变成各种千奇百怪的形状，作为植物的一种免疫反应，向外发出被称作"基质小管（stromule）"的空心芽状物。这些基质小管随后连接细胞核，并且似乎可以引导叶绿体前往其既定岗位。

研究人员尚不清楚基质小管仅是帮帮忙还是这一输送过程背后的动力，或者二者兼有。但是图像显示出直接的关联。

"这可能催生保护植物免受各种病原体侵害的新方法。"卡普兰称，"这是一种基础反应，并不针对特定病原体"。

未来的研究可以在对基质小管的这一新了解上展开，以便弄清楚是否改变某些动力机制能够有助于植物抵御疾病以及其他胁迫的伤害。

（来源：www. sciencedaily. com）

植物防御反馈控制系统可增强抗病能力

在华威大学（University of Warwick）Declan Bates 教授和约克大学（University of York）Katherine Denby 教授的带领下，研究人员发现了一种基因控制系统，该系统能够增强植物对致命病原体作出的防御反应，从而帮助植物保持健康高产，显著减少全球作物损失。

病原体袭击作物植株时，会从植物体内获取能量和养分，还会攻击植物的免疫系统，削弱防御机制，让植物变得更加脆弱。该研究小组在拟南芥植株内模拟了一种病原体攻击，并模拟了一种改造植物基因网络的方法。该方法建立了一个防御反馈控制系统来抵御病害，其系统原理类似飞机的自动驾驶仪。

飞机自动驾驶仪在发现阵风和颠簸等干扰因素后，其控制系统会作出行动来抵御这些干扰因素，而这一新开发的植物控制系统也能够发现病原体攻击，阻止病原体削弱植物的防御反应。

该方法能够增强作物抵御病害的能力，帮助减少全球的作物损失。由于该系统的实施能够通过改造植物的天然防御机制而实现，因而无须增加外部的基因导入。

研究者表示，病害、干旱和极端温度会造成全球作物的严重减产，威胁到全球的粮食安全。因此，必须探索新方法，开发出能够有效抵御病原体攻击的作物，并让作物在恶劣环境下依然能够保持产量。该研究显示，利用反馈控制系统来增强植物的天然防御机制，具有巨大潜力。该项研究是将基因工程的原理运用到了植物生物学上，以此预测如何改造植物的基因表达调控，来加强植物的病害抗性。通过对植物体内现有的基因进行改造，从而防止病原体的为害。

接下来，该研究小组会将这一理论带入实验室，在植物体内实施防御反馈控制系统。

（来源：University of Warwick）

挪威：植物防御机制具有互补性

挪威科技大学的研究人员日前公布了植物自我防御机制研究的新发现。植物的防御机制可以彼此互补，一种机制失效；另一种机制至少可以部分接管。相关研究结果刊于近日出版的《科学信号》（*Science Signaling*）期刊。

细胞壁如同植物的外骨骼，保护细胞免受外界威胁。因而植物进化出了一系列机制，能够监控细胞壁状态，探查细胞壁是否完好无损。如果细胞壁受损，植物一般会尝试减小损伤并修复受损的细胞壁。植物首先要判断细胞壁损伤是由干旱还是疫病所致，然后根据不同种类的威胁调整保护机制。应对干旱，植物需要调整新陈代谢，而对抗疫病则需要激活多种免疫机制。根据植物面对的具体威胁，机制会包含多种不同化学过程。而植物应对细胞壁物理损伤的机制和应对疫病的机制完全不同。

该研究让拟南芥受到多种损伤，并观察其响应机制。研究人员利用多种酶破坏一组植物的细胞壁，给另一组植物添加了抑制纤维素形成的物质，并研究了植物的化学响应机制。

研究人员分离了 27 个不同基因来观察机制的效果。其中，5 种基因在维持细胞壁平衡中起关键作用。此外，该研究实验还为识别参与植物防御机制的多种酶（激酶）和通道蛋白打下了基础。多个基因参与到这些物质的生成过程中。

研究发现，如果阻断植物的免疫机制，那么维持细胞壁内平衡的各机制就会承担部分免疫功能，从而弥补阻断影响。这些机制好比后备防御系统。研究深入揭示了外部影响与植物内部响应机制的关系。因而认识到，不同的物理影响会触发不同的生化响应机制。而了解植物的不同防御机制也可能会催生新方法，帮助植物更有效抵御不同外部威胁。

（来源：www.eurekalert.org）

植物在演进过程中通过自选自配共享防御蛋白

通过研究一些植物的遗传史，研究团队发现了几个有趣的组群，它们倾向于与植物受体以新方式进行融合，而这些植物受体在麦类作物中最为丰富多样。这些蛋白质总体上都参与了植物对胁迫的反应，特别是对病原体攻击的防御。

"如果我们能够更好地了解这些带有额外的'整合式'域的蛋白质在近期的演变过程中是怎样形成的，那么很可能我们就能够对具有特定蛋白质域的基因进行改造，以便抵御新型病原体的攻击。"该项研究的第一作者保罗·巴雷（Paul Bailey）表示。

鉴于普通小麦基因构成的复杂性和规模，该研究小组主要研究普通小麦，以及另外 8 种草类的基因组。基因组测序方面的进步使得科学家们能够对近缘物种（例如，小麦和大麦）之间的基因相似性和远缘物种（例如，小麦和玉米）之间的基因相似性进行比较。

植物病原体一直在不断进化，该研究小组希望在未来能够开发出新型蛋白质，这些蛋白质带有特定整合式蛋白质域，能够抵抗给农作物带来新威胁的各种病原体。

（来源：www. sciencedaily. com）

光合作用

科学家通过不可见光监测作物光合作用及表现

中西部的一个大豆田里，星星点点分布着 3.6 米长的金属杆，上面还有长长的杆臂伸展着，这些金属杆是用来监测作物散发出的一束束不可见光的。根据伊利诺伊大学（University of Illinois）新发布的研究，这种光可以揭示植物在生长季中的光合作用表现。

"光合作用表现是可监测到的关键特性，因为它直接影响作物的产量潜能。"农业、消费者和环境科学学院（College of Agriculture, Consumer, and Environmental Sciences, ACES）助理教授、项目主要研究员关凯宇（Kaiyu Guan）（音）说，"这个方法使我们首次得以快速监测植物在不同条件下的表现，而且不会对植物造成损伤"。

研究发表在《地球物理研究·生物地球科学期刊》（*Journal of Geophysical Research*）上。ACES 博士后研究员、论文主要作者苗国方（Guofang Miao）（音）领导的伊利诺伊大学研究团队在文中报告了研究人员如何首次进行不间断考察，用日光诱导叶绿素荧光（sun-induced fluorescence, SIF）来研究大豆对光水平波动和环境胁迫作出的反应。

"自从科学家最近发现可以用卫星 SIF 信号来衡量光合作用水平，他们就一直在探寻使用 SIF 技术来改善农业生态系统的潜力。"研究合作者、卡尔·R. 吴斯基因组生物学研究所（Carl R. Woese Institute for Genomic Biology, IGB）植物科学副教授卡尔·波那奇（Carl Bernacchi）说，"本研究促进了我们对小范围内作物生理学和 SIF 的理解，这会为在大规模耕地上使用卫星观测技术监测植物健康和产量打下基础"。

"光合作用是植物把光能转化为糖类和其他碳水化合物的过程，这些物质最终成为我们的食物或生物燃料。然而，植物吸收的光能中有 1% 或 2% 以荧光的形式散发出来，这与光合作用率是成比例的"。

研究人员用高光谱传感器拍摄这一过程，检测整个生长季光合作用水平的波动。他们设计了连续的试验，以便更好地理解吸收的光、散发的荧光和光合作用率之间的关系。"我们希望了解这种相称的关系是否在各生态系统都是一致的，尤其是在作物和森林、热带稀树草原等野生生态系统间。"苗国方说。

"我们也在测试这种技术能否用于作物表型分析，以便把关键性状和相应起作用的基因联系起来。"IGB 博士后研究员、合作者凯瑟琳·梅凯姆（Katherine Meacham）说。

"SIF 技术可以帮助我们改革表型分析方法，这样就不需要耗费大量研究团队和昂贵设备来进行人工分析，而是通过一个高效、自动的过程就可以进行表型分析。"IGB 博士后研究人员、合作者凯特林·摩尔（Caitlin Moore）说。

SIF 传感器网络已经在全美部署，用以评估耕地和其他自然生态系统。关凯宇实验室已经在内布拉斯加州推出另外两种长期 SIF 系统，比较玉米—大豆轮作制下的旱作和灌溉农田。"通过在不同地区使用这种技术，我们能够确保这种工具在各种生长条件下对多种植物的监测效果。"弗吉尼亚大学（University of Virginia）助理教授、该研究 SIF 系统的设计者杨曦（Yang Xi）（音）说。

"我们在叶片、树冠和区域水平上关联 SIF 数据的能力将促进作物产量预测模型的改善。"关凯宇说，"我们的最终目标是监测世界上任何一块田地上作物的光合作用效率，在全球范围内实时评估作物状况、预测作物产量"。

（来源：伊利诺伊大学香槟分校 Carl R. Woese 基因组生物学研究所）

美国研究揭示光合作用能效

光合作用是地球上最重要的生命进程之一，是植物获取食物的方式——利用光能将水和二氧化碳转化为糖类。长期以来，人们一直认为，光合作用产生的能量有超过 30% 被"光呼吸"所浪费。

由美国加利福尼亚大学戴维斯分校（University of California，Davis）牵头的一项新的研究表明，光呼吸浪费的能量很少，反而能够提高硝酸盐的同化作用，即把从土壤中吸收的硝酸盐转化为蛋白质的过程。该研究论文于 2018 年 7 月 2 日发表在《自然—植物》（*Nature Plants*）杂志上。

在光呼吸过程中，二磷酸核酮糖氧合酶（Rubisco）将糖类与大气中的氧气相结合。人们认为这样浪费能量、降低糖合成。研究人员推测光呼吸仍然存在是因为大多数植物已达到进化的死胡同。

研究人员指出，一些正在发生的现象表明植物并非那么愚蠢。Rubisco 还与锰或镁等金属相结合。当 Rubisco 与锰结合时，光呼吸沿着另一条生化途径进行，为硝酸盐同化产生能量，并促进蛋白质合成。然而，最近几乎所有 Rubisco 生物化学试管研究都是在有镁而无锰的条件下进行的，这使得植物只能通过能效较低的途径来进行光呼吸。

（来源：www.eurekalert.org）

利用蓝藻有望提高粮食作物产量

日前，澳大利亚国立大学（ANU）的科研人员成功地将蓝藻中微小的碳捕获"引擎"嵌入烟草植株体内。这一突破极大地改善了作物将二氧化碳、水和光照转化为能量的方式，这一过程即光合作用，是作物产量的主要限制因素之一。该成果有望提高小麦、豇豆和木薯等重要粮食作物的产量。

这是科学家第一次将蓝细菌（通常称"蓝藻"）中的微小区室嵌入作物植株中，使其成为细胞系统的一部分。如此，可使植物产量提高 60%。这一研究获得了"实现提高光合作用效率"（RIPE）国际联盟的资助。这些区室被称为羧酶体，能让蓝藻高效地将二氧化碳转化为富含能量的糖类。

核酮糖-1,5-二磷酸羧化酶/加氧酶（Rubisco）是一种负责从大气中固定二氧化碳的酶，它的作用速度很慢，并且很难区分二氧化碳和氧气，导致能源的损失和浪费。与作物植株不同，蓝藻使用的是一种"二氧化碳浓缩机制"，会将大量气体输送到羧酶体内，羧酶体包裹着 Rubisco。这种机制可以提高二氧化碳转化为糖类的速率，并最大限度地减少与氧气的反应。蓝藻中 Rubisco 酶捕获二氧化碳并产生糖类的速度比植物快 3 倍。

目前，研究人员正试图向粮食作物中嵌入这一涡轮增压的碳捕获"引擎"，升级植物的光合作用效率，从而有望显著提高作物产量。

（来源：www.eurekalert.org）

研究人员利用固碳酶增强玉米光合作用以提高产量

博伊斯·汤普森研究所（Boyce Thompson Institute，BTI）和康奈尔大学（Cornell University）的科学家们实现了通过增加核酮糖－1,5－二磷酸羧化酶（Rubisco）这种固碳酶以极大增强玉米的光合作用。根据《自然—植物》（*Nature Plants*）2018年10月1日刊的最新研究，该发现有望成为提高农业效益与产出的关键一步。

Rubisco的增加有助于玉米光合作用中的生理机制吸收大气中的二氧化碳，继而转化为碳水化合物。

"每个代谢过程如光合作用，均存在类似于交通信号灯或减速带的因素，"康奈尔大学附属BTI的主席、植物生物学家大卫·斯特恩（David Stern）如是说道，"Rubisco常为光合作用的限制因子。但是如果增加Rubisco，这一众所周知的减速效用就会降低，光合效率便得以提高"。

Rubisco的正式学名为核酮糖－1,5－二磷酸羧化酶/加氧酶（Ribulose－1, 5－bisphosphate carboxylase/oxygenase），能够促进二氧化碳转化为糖。斯特恩表示，这种酶通常被认为是地球上含量最丰富的酶。

然而对于商业性农业和玉米的碳四（四碳化合物）光合系统而言，Rubisco的作用发挥缓慢。

BTI的研究人员已经找到方法来过度表达一种称为Rubisco组装因子1（Rubisco Assembly Factor 1）或称RAF1的关键分子伴侣酶，以助力产出更多Rubisco。

"这种酶需要借助其他蛋白质来进行组装，"第一作者、康奈尔大学植物生物学博士研究生科拉莉·萨莱斯（Coralie Salesse）说道。

借助分子伴侣酶，科学家们事实上能削弱另一减速效用（这种减速效用会抑制Rubisco形成正确生物构造的速率），从而使植物能够积累更多Rubisco。

萨莱斯表示，在发现RAF1和RAF2蛋白质之前，Rubisco具体的形成原理已成谜多年。

萨莱斯在澳大利亚国立大学（Australian National University）的罗伯特·

舍伍德（Robert Sharwood）实验室和弗洛莱恩·布施（Florian Busch）实验室以及伊利诺伊大学（University of Illinois）的斯蒂芬·隆（Steven Long）实验室均进行了研究。萨拉斯发现，增加 Rubisco 能够使温室植物更早开花，植株更高，产出更多生物质。

"玉米是一种重要的作物，但其种植属于土地密集型与耗能型，因而减少其环境足迹就至关重要。单我国而言，玉米的种植面积约达 54 630 万亩，近年来产量约为 40 800 亿千克。"康奈尔大学植物生物学兼职教授斯特恩说道。他解释道，有不同的方法可以提高每英亩生物质产量，其中，增强光合作用这一方法能够增加每穗玉米的重量，继而提高单位产量。

基于这一发现，斯特恩表示同样的方法有望用于增加高粱和甘蔗等其他碳四作物的产量。

"我们从温室转移到田间，希望最终能够促进不同生产品种的生长与产量，"他说道，"涡轮式增强 Rubisco 可奠定基础，以大力影响玉米作物成熟和生物质产出的能力，在结合其他方式时效果尤为突出"。

（来源：康奈尔大学）

增加光合作用的羧化酶可提高作物产量

玉米是全球几十亿人的主食之一。美国和澳大利亚的一支国际研究团队发现，增加捕捉大气中二氧化碳的酶可以提高玉米产量。研究成果发表在《Nature Plants》杂志上。

澳大利亚国立大学和美国康奈尔大学的研究人员研发了一种转基因玉米，它能够产生更多的 Rubisco（核酮糖-1,5-二磷酸羧化酶）——光合作用中一种重要的羧化酶，这样一来便能增强光合作用，继而促进作物生长，提高产量。这一研究成果有望增强作物对极端生长条件的耐受度。

植物通过光合作用来捕捉大气中的二氧化碳。这一过程的关键在于光合作用中发挥主要作用的酶 Rubisco，该酶负责将二氧化碳转化为有机化合物。C4 植物中的 Rubisco 发挥作用更快，且由于用水效率更高，C4 植物更耐高温和干旱。

小麦、水稻等作物采用的是较为低效的 C3 途径，而玉米和高粱等作物则是采用更为高效的 C4 途径。玉米内的 Rubisco 最为高效,并且发挥作用所需要的氮较少。研究人员发现,通过增加玉米细胞中的 Rubisco 能够提高玉米产量。这一发现令人振奋,因为这表明了即便是产量较高的 C4 作物仍然存在增长的空间。

在这一研究中发现,不仅二氧化碳同化和作物生物质产量提高了 15%,而且如果增加活跃 Rubisco 的量,这些数据甚至还可以变得更高。

研究人员下一步将进行田间试验以观测玉米的光合作用及产量表现。

（来源：www.sciencedaily.com）

生理生化

通过加速光呼吸可使作物产量提高 47%

当大豆、小麦等植物体内的核酮糖-1,5-二磷酸羧化酶/加氧酶（Rubisco）吸收氧气而非二氧化碳时，会产生有害化学物质，而回收这些物质会耗费植物 20%~50% 的能量。英国埃塞克斯大学（University of Essex）近日在《Plant Biotechnology Journal》上发表的一项新的研究成果显示，如果提高植物叶片中一种常见天然蛋白质的产量，就能够将主要粮食作物产量提高近 50%。

在该研究中，研究团队让一种模式作物过度表达一种参与植物光呼吸的天然蛋白质。经过 2 年的田间试验，研究人员发现增加植物叶片中的 H-蛋白（H-protein）能够将产量提高 27%~47%。然而，研究还发现 H-蛋白并非多多益善：如果 H-蛋白在整棵植株中的表达都增加，则会抑制生长和新陈代谢，导致四周龄的植株大小仅为未改造植株的一半。因此，将这一做法运用于其他作物时，需要针对特定的植物组织对蛋白质水平进行适当的调整。

在此前的研究中，研究人员在室内实验中增加了拟南芥中的 H-蛋白水平。该研究首次在实际生长条件下提高了作物的 H-蛋白水平。

实际上，随着生长季温度的不断升高，光呼吸引起的产量增加也将增加。对于粮食作物而言，在增产的同时还能增强其抵御高温胁迫的能力。研究小组下一步计划提高大豆、豇豆（黑眼豆）和木薯中的 H-蛋白水平；并将这一特性与提高光合作用效率项目所发现的其他特性结合起来，包括一种可使植物更快适应光照水平波动，从而实现增产 20% 的方法（曾刊于《科学》（Science）杂志上）。

（来源：www.sciencedaily.com）

夜间高温影响油菜产量

虽然植物不会像人一样睡觉，但有些植物却像人一样在高温下休息不好。夜间温度升高，油菜的产量就会下降。科学家正在试图找寻这一现象背后的原因。

油菜是人类食用植物油的第三大来源。油菜籽粕也是仅次于豆粕的第二大饲料。在美国，大部分的油菜籽粕用于饲喂奶牛，除此之外还用于生产生物柴油。美国的主要油菜种植区在北部平原区和东南各州。在世界范围内，油菜主要在冬季种植，对高温非常敏感，产量会随温度上升而下降。

夜间是油菜进行细胞保养的时间，以保证有足够的能量来产生新细胞，修护旧细胞。夜间的高温胁迫会改变油菜的各种生理过程，最终导致结实率、籽粒数、灌浆持续期、灌浆速率和最终粒重的降低。

研究人员发现，冬油菜在花期和种子形成时期更容易受到夜间高温的影响。科研人员研究了油菜在正常条件和夜间高温条件下的开花时间以及最终的种子质量。结果表明，20~22.8℃（68~73华氏度）的高温对油菜产量有明显的负面影响。夜间高温会引起油菜早上的开花时间提前。而开花时间的早晚会影响油菜从受精到最终结实率的各个方面。

研究人员认为，全球气候变暖使得夜间的升温效应更为明显，而夜间高温的影响也会更长远。研究人员正试图培育受夜间高温影响较小的油菜品种，以适应将来的气候变暖。

（来源：www.eurekalert.org）

研究发现禾本科植物比其他植物更耐旱

禾本科植物包括所有主要谷物，如大麦、小麦、玉米和水稻等。这些作物对于养活全球人口至关重要。80%的素食是农民从禾本科植物中收获的。禾本科作物产量高主要是因为相较其他植物，禾本科植物能更快适应干旱条件、在缺水状态下维持生长的能力更强。

但是，为什么禾本科植物耐旱能力更强？是不是也能在其他作物中培育出这种特性，以便在今后更能保障或促进农业产量？这一点非常必要，因为随着世界人口不断增长以及气候持续变化，干旱和炎热天气更加频繁。

来自德国巴伐利亚维尔茨堡大学的植物学家正在研究这些问题。他们研究酿造大麦，来了解为什么禾本科植物耐旱力更强，是"更好"的作物，而不是马铃薯或其他作物。新发现发表在著名期刊《Current Biology》上。研究者准确找出了禾本科植物和其他植物的不同。

两种氨基酸造成了不同

科学家发现，这种区别是保卫细胞的 SLAC1 蛋白造成的。2 种氨基酸构成了蛋白质的基本成分，促进了禾本科植物的耐旱性。研究者想研究这个小小的差异是否可以被用来培育出耐受力更强的马铃薯、番茄或油菜等作物。

离子运输是关键过程

维尔茨堡大学研究人员用显微镜观察叶片上的气孔。这些气孔用于光合作用的二氧化碳进入植物，也可作为水的出口。为了防止蒸发失去太多水分，陆生植物在进化中学会了用特殊的保卫细胞来积极开闭气孔。SLAC1 等膜蛋白在这一调节过程中发挥重要作用：它们就像通道一样引导离子进出细胞。

研究者相信，只要对离子在保卫细胞的质膜中运输时的分子运动有了基本的理解，就能在提高农作物耐旱性和产量的研究方面迈出关键一步。

离子运输让叶片气孔更加高效

禾本科植物的气孔有个特征：气孔周边有 2 对细胞，而其他植物只有 1 对。禾本科植物有两个哑铃状的保卫细胞，这些细胞形成并调节气孔。此外，保卫细胞两边还各有 1 个副卫细胞。

维尔茨堡大学研究人员证明，气孔闭合时，副卫细胞从保卫细胞吸收并存储钾和氯离子。气孔打开时，副卫细胞把离子运回保卫细胞。禾本科植物用副卫细胞作为渗透活性离子的动态存储库。保卫细胞和副卫细胞之间的离子运输让植物能格外高效迅速地调节气孔。

2 种衡量系统强化耐旱性

还有一种机制也让禾本科植物更加耐旱。缺水时，植物产生耐胁迫激素ABA（脱落酸）。在保卫细胞内部，这种激素激活 SLAC1 家族的离子通道，导致气孔关闭，防止植物在几分钟内枯萎。

有趣的是，研究者发现，为了让气孔关闭，酿造大麦和其他禾本科植物中除了 ABA，还必须有硝酸盐。大麦通过硝酸盐来衡量光合作用的状态。如果光合作用顺利进行，硝酸盐水平就降低。

因此，大麦依靠这两种衡量系统来进行调节：用 ABA 测量可用水量，用硝酸盐查看光合作用表现。通过综合使用两种系统，缺水环境下的大麦比其他植物更能在"饿死"和"渴死"之间保持平衡。

检测其他植物中的硝酸盐传感器

哪种机制导致分子水平上气孔调节的不同？为了回答这个问题，研究人员分析了各种草本植物的 SLAC1 通道，并与禾本植物对比。通过对比，他们找到了禾本植物中的"硝酸盐传感器"，这种传感器主要由两种氨基酸组成，进化过程中首先出现在苔藓植物中，后来不断优化，赋予保卫细胞独特的性质。

接下来，研究团队想要证明草本农作物是否也能从硝酸盐传感器中受益。为此，科学家想把大麦中的 SLAC1 通道放入缺少 SLAC1 通道的拟南芥中。如果植物的耐受力增强了，就可以考虑如何培育出耐旱的马铃薯、番茄或油菜等其他作物。

（来源：www. agropages. com）

代谢组学揭示植物抗除草剂的分子机制

美国怀特黑德生物医学研究所的一个研究小组利用代谢组学技术揭示了一种能使植物抵御普通除草剂的关键蛋白质的分子活动。这种蛋白质是在 20 世纪 90 年代首次从细菌中分离并导入玉米和大豆等作物中的一种酶。研究发现这种蛋白质的活动有时会"出错"，并提出了如何使其活动更精确的生物工程方法。

随着代谢组学等前沿技术的发展，人们可以获得有关代谢变化的前所未有的认知，以广泛地分析代谢物及其他生物化学物质。酶是代谢系统进化过程中的关键角色。这些天然存在的催化剂被视为微型机器，能够将适当的起始材料（或基质）完美地转换成正确的产品。但酶有时会犯错，它们会经常取用计划外的基质，这被称为酶的催化混杂性。

瑞士苏黎世大学的一位研究生在研究开花植物拟南芥的一个特定菌株时，

观察到一个令人费解的现象：叶片中乙酰氨基己二酸盐和乙酰色氨酸两种生物化合物的浓度异常高。但奇怪的是，这两种化合物不存在于任何通常所谓的"野生型"植物中。原因探究的结果聚焦到一种通过转基因进入植物体的名为"BAR"的酶身上。

科学家们已知，BAR 可以通过黏附在乙酰基组成的化学物上使除草剂（如草丁膦或称草铵膦）失去活性。但酶所具有的催化混杂性使它还可以对色氨酸和氨基己二酸（赖氨酸衍生物）等其他基质起作用。这就解释了在大豆、油菜等通过基因工程植入 BAR 的作物中检测到计划外的物质（乙酰色氨酸和乙酰氨基己二酸盐）的原因。

该成果对 BAR 蛋白进行了详细研究，如与基底结合的蛋白质的晶体结构。这为科研人员提供了一个思路：如何有针对性地修改 BAR 以减少其混杂性，如何只将除草剂而非氨基酸作为基底。该成果研制了几个缺乏原始 BAR 蛋白非特异性活性的版本。

这一研究有利地表明了应该将代谢组学分析纳入未来的基因工程作物评估过程。成果在线发表于《自然—植物》杂志上。

（来源：www.sciencedaily.com）

植物激素研究成果或让太空农业成为可能

人们设想有一天能在月球或其他星球上居住，或者未来进行长期的太空探险，这就引发了一个问题：如何为生活在太空中的人类长期提供食物？一种可能是在太空中种植作物。但是，与地球上的农地相比，月球和其他星球的土壤养分较低，不适宜种植作物；而如果要将肥沃的土壤和肥料从地球运到太空，又会带来高昂的经济和生态成本。不过瑞士苏黎世大学的最新研究发现，植物激素独脚金内酯或可让这一可能成为现实。这种激素能促进菌根的形成，即便是处于太空的恶劣环境下，也能因此而促进植物的生长。

菌根是真菌与植物根部之间的一种共生关系体。在这种共生关系体中，菌丝为植物根部提供水分、氮、磷以及各种微量元素。作为回报，菌丝能够获得产自植物的糖分和油脂。独脚金内酯能对这种共生关系起到促进作用，而大多数植物都会将这种激素分泌在根部周围的土壤中。菌根的形成能够极大地促进植物生长，由此可持续地提高作物产量，尤其是低肥力土壤的作物产量。

但太空中不仅土壤养分低，而且是微重力，甚至是零重力。研究人员模拟在低重力环境下研究矮牵牛菌根的形成。矮牵牛是茄属作物如番茄、土豆、茄子等的模式植物。

试验表明，微重力环境会妨碍菌根的形成，导致茄属作物从土壤中摄取的养分减少。不过独脚金内酯可以抵消这种负面影响。研究发现，用合成独脚金内酯处理过的真菌和能够大量分泌独脚金内酯的植物一起，即便是在重力不足的环境下种植于养分稀缺的土壤，也仍然能够良好生长。

因此，为了在恶劣的太空环境中种植番茄、土豆等作物，就必须促成菌根。而独脚金内酯可促进菌根形成。这一发现或可实现在太空种植作物。

（来源：www.eurekalert.org）

研究发现肽类激素有助于防止植物脱水

日本物理化学研究所可持续资源科学中心的研究人员发现了一种小链激素。当土壤中没有水时，这种激素可以帮助植物保持水分。2018 年 4 月 4 日发表于《Nature》上的一篇文章阐述了水分不足时肽 CLE25 是如何从根部移动到叶片并通过关闭叶片表面的气孔来防止水分流失的。

在动物体内，肽类激素是氨基酸的小链，它们在血液内移动，并在环境变化时帮助动物身体保持均衡状态。人类也一样，当血压低时身体会产生血管加压激素，这些激素在血液中循环并起到收缩动脉的作用，从而增加血压，让血压恢复到正常水平。

植物也有激素，但科学家对它们的了解要少得多。日本物理化学研究所的植物科学家想要了解有没有植物激素能够对物理性胁迫（即非生物胁迫）作出反应。因为目前人们只是知道植物中的一些肽类激素可以调节细胞发育，但直到现在还没有人发现任何能够调节植物应对物理性胁迫（如脱水）的激素。

研究小组首先研究了植物根部合成的 CLE 肽以及一种会积聚在叶片并会帮助叶片闭合气孔应对干旱胁迫的激素，称为 ABA。研究者将多种 CLE 肽用于植物根部后，发现只有 CLE25 导致叶片中 ABA 激素增加，造成了气孔闭合，研究团队确定其原因是形成 ABA 所必须的酶的增加。除了这一现象外，他们还证明，在遭受脱水胁迫的植物根部，CLE25 也会增多，导致出现了相同的结果。接下来研究者关注的问题是 CLE25 是否通过植物循环系统进行移动。

在活细胞中检测功能性肽激素非常困难，因为它们的含量很小。研究者也解决了这个问题。他们通过使用一种高度灵敏的质谱系统，并开发出一套筛选系统，这个系统可以发现从根部流动到枝芽的肽。利用这一技术，研究人员得以对 CLE25 分子进行标记，并将其从根部到叶片的运动进行可视化，表明它确实是一种流动性激素，并且很可能与叶片中其他分子相互作用从而产生了 ABA。

CLE25 到达叶片后如何诱导 ABA 合成呢？对此进行调查之前，该研究小组培育出了一些缺少 CLE25 或 ABA 的突变植物，并进行了控制变量实验来证实他们的发现。尤其是经过仅 3 个小时的脱水后，与对照植物相比，没有 CLE25 的植物其叶片 ABA 少了 6 倍，并失去了更多的水分。最后，研究小组对突变植物进行了检测，发现叶片中的 BAM1／BAM3 受体将 CLE25 与 ABA 的产生联系在一起。

现在研究小组已经发现了 CLE25 肽激素，并确定了它是如何帮助植物保持水分的，但他们坚信这只是开始。他们预测该项研究会在现实世界中得到应用，并且会有助于培育出耐非生物胁迫的作物，这种作物可利用植物体内的流动肽系统。

该研究团队正在研究改良肽，相对天然肽，这些肽在耐胁迫方面要更加有效；其次，该研究团队还计划将功能性肽混入肥料中，以增强田间作物的抗旱性。

（来源：Fuminori Takahashi et al, A small peptide modulates stomatal control via abscisic acid in long-distance signalling. Nature，2018）

研究人员揭开大麦酿酒的生物学秘密

阿德莱德大学（University of Adelaide）的研究人员发现了一些新的有关

大麦麦芽酿酒特征的基础信息。该发现可以为实现更稳定的酿造工艺或获得精酿啤酒所需的新麦芽奠定基础。

研究人员发现了参与酿酒麦芽生产的一种关键酶与大麦籽粒中某一特定组织层之间的新联系。论文发表在《自然》（Nature）子刊《科学报告》（Scientific Reports）上。

这种最重要的麦芽酶来自大麦粒中的一层组织，称为糊粉，是一种富含矿物质、抗氧化剂和膳食纤维的组织，有益健康。研究人员证明，大麦粒中存在的糊粉含量越多，大麦产生的酶活性就越高。

大麦是南澳大利亚第二大谷类作物，对国民经济的贡献超过 25 亿美元。其主要价值是用来生产啤酒和饮料。

"大麦具有令人印象深刻的特性，因此成为酿造行业用来制造麦芽的理想选择。"项目负责人，阿德莱德大学农业、食品和葡萄酒学院（School of Agriculture, Food and Wine）澳大利亚研究理事会（Australian Research Council, ARC）"面向未来"研究员马修·塔克（Matthew Tucker）副教授说。"在麦芽制作过程中，大麦粒中的复合糖被酶分解，产生游离糖，然后被酵母用于发酵。因此，这些酶的含量、功能以及合成时在大麦粒中的位置对酿造业具有重要意义。到目前为止，还不知道啤酒酿造过程中的这一关键成分是否受到谷物中糊粉含量的影响，也不清楚糊粉是否有可能储存了酶"。

研究人员检测了澳大利亚大麦种植户和育种项目所使用的一系列大麦品种中的糊粉，并发现品种之间的糊粉层有着明显差异。

博士生马修·阿尔伯特（Matthew Aubert）利用这种差异来检测参与麦芽生产的酶的含量水平。他发现，拥有更多糊粉的大麦粒中，一种关键酶的活性明显更高，这种酶分解淀粉并能决定大麦麦芽质量。这种酶被称为游离 β-淀粉酶。

"具有更多糊粉的麦粒可能具有一种优势，可以比含有较少糊粉的麦粒更快或更彻底地分解复合糖。"马修·阿尔伯特说。

研究结果表明，育种员和遗传学家或许可以利用这种自然差异来选择糊粉含量不同的大麦品种，从而获得不同的麦芽特性。那些依赖稳定和可预测的麦芽生产的大型啤酒酿造商可能会感兴趣，而想要获得不同的麦芽来酿造具有不同特点的啤酒的精酿啤酒厂商也可能会感兴趣。

研究人员现在正试图找到可解释这种自然差异的基因。

该研究得到了 ARC 植物细胞壁高级研究中心（Centre of Excellence in

Plant Cell Walls）和谷物研究与开发公司（Grains Research and Development Corporation）的支持。

（来源：澳大利亚阿德莱德大学）

草莓和番茄的致敏力取决于品种

日前，来自德国慕尼黑工业大学的最新研究发现，草莓和番茄的致敏力取决于品种，跟栽培方式关系不大。该研究成果发表于《PLOS ONE》杂志上。

近几十年来，食物过敏的发病率有所增加，成年人的发病率为3%~4%，儿童的发病率为5%。番茄和草莓由于含有各种过敏蛋白而可引起过敏反应。北欧大约1.5%的人、意大利高达16%的人受番茄过敏的影响。过敏症患者在食用新鲜的草莓或番茄后会出现免疫反应症状，会影响皮肤（如荨麻疹或皮炎），刺激黏膜并引发流鼻涕，还可能导致腹痛。但对加工过的产品往往不过敏。

之前的研究发现，草莓和番茄中都含有几种可引起过敏反应的蛋白质。该研究的目的是量化草莓和番茄不同品种中的重要致敏蛋白。研究选择了大小、形状和颜色不同的品种，栽培方式分别是有机栽培和常规栽培，加工方法则包括果实从晒干/烘干到冷冻干燥的各种加工方法。假定过敏原蛋白的浓度随成熟果实的颜色、生长状态和加工方法而变化。

研究人员分析了23种不同颜色的番茄品种、20种不同大小和形状的草莓品种果实中过敏原蛋白表达的遗传因子。结果表明，2种水果中过敏原的浓度在品种间差异很大；且致敏蛋白质具有热敏性：如果在果实干燥过程中加热，其过敏潜力就会大大降低；但栽培条件（常规和有机）对过敏成分的影响很小。

因此，番茄中的Sola l 4.02和草莓中的Fra a 1蛋白质在将来可用作培育低过敏性番茄和草莓品种的标记物。

（来源：www.eurekalert.org）

基因发现

研究发现控制小麦小穗形状和大小的基因

利用花序结构的多样性来提高产量是谷物育种的方向之一。约翰·英纳斯中心（John Innes Centre）近日在小麦育种理论与实践上取得一大突破：研究发现了控制小麦小穗形状和大小的基因。这一发育基因关系到许多重要农艺性状，为育种人员提供了一种加速全球小麦改良步伐的新工具。成果近日发表在《植物细胞》杂志上。

研究人员利用植物转化、基因测序和快速育种等技术，研究了出现成对小穗的小麦品系。这些小麦品系源自一个被称为多亲本高级代杂交（MAGIC）的作图群体，这是作为研究和明确相关性状遗传起源的工具而创建的春小麦种群。研究表明，一个称为 Teosinte Branched1（TB1）的基因可调节小麦的花序结构，它通过一种机制来促进成对小穗的出现，而非通常的一个小穗。该机制可延迟开花并减少控制侧枝小穗发育的基因表达。

进一步分析表明，调节 TB1 功能的等位基因存在于英国和欧洲育种人员普遍使用的现代小麦品种中。同时，TB1 的变异等位基因存在于冬小麦和春小麦三个基因组中的其中两个。而且 TB1 与早前发现的能控制株高的所谓绿色革命基因（Rht-1）有关。科研人员下一步将研究确定某些归因于 Rht-1 基因的效应是否实际上受到 TB1 基因的影响。

（来源：www.eurekalert.org）

研究表明新型转录因子有望提高作物生产力

Yield10 生物科学公司（Yield10 Bioscience）是一家为显著提高作物产量、促进全球粮食安全而开发新技术的公司。该公司近日宣布在国际期刊《Plant Science》上发表一篇题为《新转录因子 PvBMY1 和 PvBMY3 增加温室生长的柳枝稷的生物产量》的论文，阐明了在植物中发现的新型全局转录因子（global transcription factors，GTF）很有希望提高作物生产力。

在这篇论文中，研究者首次详细描述了他们是如何发现两种新型植物全局转录因子的，通过调节这些因子的活性可提升光合效率的关键参数，并能显著提高植物生物量。通过这项工作，他们可以确定这些转录因子在各种植物中广泛分布，而且可能成为提高作物产量的高价值基因目标。该公司 C4000 系列性状就是基于这一基础性研究的，通过这项研究能够确定一系列基因组编辑目标，改善主要商业作物的表现。目前研究者正在研究水稻和小麦的基因组编辑目标，并预计在今年开始研究玉米。

在该篇论文中，Yield10 公司分别把这些转录因子称为 C4001 和 C4003 性状基因。研究目标是确定与光合作用及相关碳代谢有关的全局调控基因，找到能够增加生物量中的碳固定量和有效碳捕获量的候选基因。

Yield10 研究团队发现，使用基因工程提高柳枝稷植株中全局转录因子基因的活性导致光合作用和生物产量大幅增加。与对照植株相比，C4001 基因使叶和茎中的生物产量增加了 75%~100%。与对照植株相比，C4003 在柳枝稷中的表达导致叶和茎的生物量总共增加了 100%~160%。提高生物产量对高粱、青贮玉米和苜蓿等饲料作物很重要。此外，Yield10 研究团队还观察到，根生物量在 C4001 和 C4003 表达后有所增加。

研究人员在包括玉米、大豆和水稻在内的主要粮食和饲料作物中发现了与 C4001 和 C4003 密切相关的基因。在玉米中，研究人员发现，在授粉 12 天和 16 天后，相当于 C4001 和 C4003 的基因在各种玉米组织中进行表达，种子组织中的表达水平最高，这表明 C4001 和 C4003 可能是增加种子产量的良好基因目标。该项工作为作物育种和基因工程领域研究打开了一条新途径。

（来源：Plant Science）

基因 SLBZIP1 调控番茄生物和非生物胁迫耐受性

基本区域/亮氨酸拉链（bZIP）转录因子（TF）可以调节植物中 ABA 介导的应激反应。然而，番茄（*Lycopersicon esculenta*）中大多数 bZIP 的功能仍然未知。江苏师范大学的研究团队开展了番茄 TF 基因——SlbZIP1 在盐和干旱胁迫下的功能的研究。实验结果显示，与野生型番茄相比，转基因番茄因基因 SlbZIP1 的沉默导致其对盐和干旱胁迫的耐受性降低，造成这一结果的原因是转基因品种中多个与 ABA 合成和信号转导相关的基因表达减少。此外，转基因品种对非生物和生物胁迫产生响应的，由多种基因编码的防御蛋白其转录水平也出现下调。这些结果表明，SLBZIP1 在通过调节 ABA 介导途径来调控番茄对盐和干旱胁迫的耐受性中是必不可少的，该基因在开发耐盐耐旱番茄品种中具有潜在的应用前景。

（来源：www.isaaa.org）

拟南芥基因过量表达提高马铃薯维生素 B_6 含量

维生素 B_6 是生物体代谢反应基质所必需的维生素，可以从植物膳食资源中获得，但食用植物中可食用部分的可利用维生素含量不足以满足每日推荐剂量。通过基因工程技术能够有效增加模型植物中的维生素 B_6 含量。

来自印度的研究团队开发了一种维生素 B_6 含量显著增加的转基因马铃薯（*Solanum tuberosum*），通过过量表达来自拟南芥的一种维生素 B_6 通路的关键基因——PDXII 基因，该转基因马铃薯块茎的维生素 B_6 含量显著增加，与对照组相比，其增量高达 150%。此外，研究还发现，转基因马铃薯中维生素 B_6 含量显著增加也与非生物胁迫（包括盐胁迫）抗性有关。

（来源：www.isaaa.org）

改变植物基因表达可提高用水效率

一个"提高光合效率"的国际研究团队近日在《自然—通讯》上发表的最新研究成果显示，通过改变一种植物共有基因的表达，首次在保证产量的同时将作物的用水效率提高了 25%。

该国际团队通过提高光合作用蛋白（PsbS）含量水平，诱导植物关闭部分气孔，从而达到节水的目的。在大田试验中，研究人员在没有严重削弱光合作用或减少产量的情况下将植物用水效率（植物吸收的二氧化碳量与蒸发水量之比）提高了 25%。大气中的二氧化碳浓度在过去 70 年上升了 25%，这使得植物不用把气孔全部打开就可以吸收足够的二氧化碳。但是植物的进化并没有跟上这一变化，因此科学家搭了把手。

导致气孔开闭的原因有 4 个：湿度、植株中的二氧化碳水平、光的质量和数量。该研究是首个关于如何根据光的数量来减少气孔反应的研究。PsbS是在植株中负责传递光数量信息的信号通路的关键部分。PsbS 水平上升后，植株得到的信号是光能不足，无法进行光合作用，因此，气孔就会关闭，因为这时植物不需要二氧化碳来推动光合作用。

研究表明，增加 PsbS 和另外两种蛋白质可以增强光合作用，并将植物生产力提高 20%。团队通过平衡这 3 种蛋白的表达来提高植物产量和用水效率。结果表明，PsbS 表达增强使得作物在用水方面更节省，从而帮助植物在整个生长季内更好地分配可用的水资源，并在旱季保持较高的产量。

（来源：www. eurekalert. org）

美国绘制出番茄果肉基因表达的时空地图

美国科学家绘制出一张关于番茄果肉全部组织和生长阶段基因表达的时空地图，这些遗传信息解释了番茄果实成熟过程中由内而外的变化。该研究成果在线发表于 2019 年 1 月 25 日的《自然—通讯》，研究数据可通过在线番茄表达地图（Tomato Expression Atlas，TEA）获得。

博伊斯汤普森研究院的科研人员从随机挑选的 60 多个番茄植株中采集了400 多个样本，小心地分解了番茄组织，并用激光捕获显微切割技术把 RNA从个体组织甚至细胞中分离出来并测序。接着，对测序数据进行编辑、解析，并包括进 TEA 中，制作出分辨率最高的番茄果实生长过程转录组时空地图，这样就能通过分析数据来研究果实生长发育中非常重要的生物过程。

TEA 数据库提供了前所未有的互动方式，使复杂、多维的表达数据变得形象化。TEA 的图像界面能通过热图和果实图像使基因表达可视化。科研人员用这张地图找到了 2 种相互作用并能共同调节果实激素信号传导的蛋白质。这是公开发表的、利用 TEA 实现的研究成果之一。

在对番茄数十年的研究中，已经摸清了许多生物过程，而 TEA 则可以用高分辨率图像描绘出这些过程，帮助研究人员更快确定番茄和其他水果中许多重要的、有价值特征的遗传基础。

（来源：www.eurekalert.org）

小麦基因组图谱日臻完善

小麦庞大基因组的完整序列已于近期公布，海量数据将加快育种方面的创新，帮助人们培育出适应力和病害抗性更强的小麦，以满足全球不断增加的粮食需要。

小麦是地球上种植最广泛的作物。作为一种食物，小麦提供的蛋白质比肉类多，提供的热量也约占人类消耗总热量的1/5。小麦有着庞大而复杂的基因组，包含160亿个碱基对（构成DNA的基石），是人类基因组的五倍多。

但小麦容易受到旱涝的影响，而且每年大量小麦遭受锈病等侵害。小麦基因组测序为更快生产出能应对气候挑战、产量更高、营养更丰富、可持续性更强的品种奠定了基础。

小麦基因组测序一直是个巨大的挑战。小麦基因组庞大，有3个亚基因组，且绝大部分为重复序列。这意味着基因组中大部分都非常相似，甚至完全一样。

正因如此，科学界至今仍然很难分辨每个亚基因组，也难以将各个片段按照正确顺序排列。

国际小麦基因组测序联盟（International Wheat Genome Sequencing Consortium）在《科学》（*Science*）上发表了一篇论文，作者是来自20个国家73所研究院的200多名科学家，包括英国约翰英纳斯中心（John Innes Centre）的科学家。论文详细介绍了小麦21条染色体的序列，107 891个基因和400多万个分子标记的精确位置以及部分基因之间的序列信息，这些基因包含影响基因表达的调控因子。

另一篇论文由约翰英纳斯中心（John Innes Centre）的研究团队牵头完成。论文提供了注释和参考资料，帮助研究人员和育种员了解小麦基因如何影响性状。这将帮助培育出产量更高、更适应环境变化、抗病性更强的小麦品种。

在约翰英纳斯中心先前的研究中，研究人员也微调了一种称为"快速育种"的技术，通过搭建温室来缩短育种周期。有了这项技术，再加上2篇新论文中公布的基因组资源，科学家就能极大地节省实验时间，更快知道遗传标记到底能否导致抗旱等性状，育种人员也可以更快让新品种上市。

约翰英纳斯中心作物遗传学项目负责人克里斯托巴尔·乌瓦（Cristobal Uauy）说："对其他作物基因组的了解都推动了选择和培育重要性状方面的进步。研究小麦庞大的基因组是非常艰巨的挑战，但完成这项工作意味着我们能更快找到控制关键性状的基因，从而更快、更有效地培育出具有抗旱、抗病等性状的品种。之前我们对小麦基因组有个大致的认识，知道哪里需要重点研究，而现在能够聚焦图谱上的细节了"。

他补充道："预计到 2050 年全球将额外需要 60% 的小麦，以满足全世界人口的需要。当前，增加产量，培育出营养价值更高的作物和更能适应气候变化的品种，比以往任何时候都要容易，这都要归功于我们和国际社会合作发表的研究成果"。

约翰英纳斯中心研究员菲利帕·波利尔（Philippa Borrill）说："几年来破解小麦基因组的研究工作只是个开始。这些成果可以促进科学家、育种员和农民之间的进一步合作，以可持续、负责任的方式找出能够增加产量的基因，满足不断增长的粮食需要"。

约翰英纳斯中心科学程序员里卡多·拉米尔兹-贡扎勒兹（Ricardo Ramirez-Gonzalez）表示："我们真的能靠小麦基因组来应对关于粮食安全和环境变化的挑战。我们相信，在接下来几年里，我们可以促进小麦品种改良，正如水稻和玉米基因组测序完成后品种也得到优化一样"。

（来源：英国约翰英纳斯中心）

澳英科学家成功克隆 3 个抗条锈病基因

锈病是小麦波及面最广、最具破坏性的病害之一，其中，条锈病因能适应不同气候和环境而最难防控。现有小麦品种中能对抗条锈病的基因寥寥无几。澳大利亚的悉尼大学、联邦科学与工业研究协会（CSIRO），英国的约翰英纳斯研究中心（JIC）、利马格兰集团、国家农业植物研究所（NIAB）等多家机构的研究人员日前首次成功分离了抗条锈病的主要基因。研究发现刊于《自然—植物》（*Nature Plants*）期刊。

世界小麦锈病研究的带头人悉尼大学罗伯特·帕克（Robert Park）教授

及其谷类锈病研究团队于 2015 年培养出突变种群并识别出每个基因的突变体。同期，英国研究人员也在研究其中 2 个基因。两国科学家在 2017 年第 13 届国际小麦遗传学研讨会上了解到了彼此的研究工作并开始了合作。

研究人员克隆了 3 个抗条锈病的相关基因，即 Yr7、Yr5、YrSP。这一研究发现将有助于准确监测这 3 个重要基因，并将其整合到育种项目中，对抗能致死约 70% 小麦作物的条锈病多变病原体。

这 3 个基因的克隆能够在短期内实现，得益于技术进步和澳英两国的通力协作。在此之前，克隆 1 个小麦抗性基因需时多年。但随着变异基因组学、测序、克隆技术的进步，克隆出全部 3 个基因的时间大大缩短。

研究人员表示，这一研究大大加深了对小麦抗性基因免疫受体蛋白的了解：尽管基因结构非常类似，但每个基因都具备对条锈病病原体的特异性识别。这一发现揭示了 3 个基因间的关系，回答了一个 30 年来悬而未决的难题。这一研究也是首次真正实现条锈病主要抗病基因的分子分离。

相关诊断标记业已开发完成，这 3 个基因很快就能够应用到全球小麦育种当中。这一突破还能帮助实现对锈病病原体无效基因的编辑，重新恢复其抗病效用，以减少杀菌剂的使用。

（来源：www. eurekalert. org）

转基因 PM3E 小麦显示高抗白粉病

小麦 Pm3 对由真菌病原体 *Blumeria graminis f. sp. tritici*（Bgt）引起的白粉病具有抗性。研究人员已经鉴定出 17 个有效的、对 Bgt 分离株具有抗性的 Pm3 等位基因。其中，在小麦供体系 W150 中发现一种变体 Pm3e，与非功能性变体 Pm3CS 极为相似。为了评估 Pm3e 赋予白粉病抗性的能力，来自瑞士苏黎世大学和农业科学院的科学家通过白粉病易感春小麦品种 Bobwhite 进行基因枪转化，培育出转基因 Pm3e 系。

田间试验结果显示，Pm3e 转基因品系具有显著且较强的白粉病抗性，而未转化的品系严重感染白粉病。因此，证实 Pm3e 是强抗性表型的唯一原因。在田间种植的转基因株系表现出较高的转基因表达和 Pm3e 蛋白积累，对与 Pm3e 丰度相关的植株发育和产量不存在适应度成本。研究表明，Pm3e 具有极强的抗白粉病田间抗性，在小麦育种中的应用前景广阔。

（来源：www.isaaa.org）

灭活基因可增强农作物基因多样性

法国国际农业发展研究中心（CIRAD）与法国农业科学研究院（INRA）的研究人员近期表示，灭活基因 RECQ4 能够使水稻、豌豆、番茄等作物的基因重组增加 3 倍。该基因会对作物在有性生殖过程中通过重组（交叉）实现的遗传物质互换产生抑制作用。这一发现能够加速植物育种，促进繁育更适宜具体环境条件（具有抗病性、适应气候变化）的品种。《自然—植物》（*Nature Plants*）2018 年 11 月 8 日刊发表了该成果。

重组是有性生殖的所有有机体中常见的自然机制：植物、真菌或动物。染色体的组合决定了种族的基因多样性。过去上万年里，通过交叉从而实现优势互补的植物育种便是围绕这一机制。例如，为了获得美味且抗虫抗病的新型番茄品种，培育者通过连续重组对含有相应味道和抗性基因的植株进行了交叉繁育。但是，由于繁育过程中重组的发生概率极低，因此，这是一个漫长的过程。每次交叉，染色体间的遗传物质交叉点平均仅有 1~3 个。因此，仅培育一世代无法实现 6 个价值基因的组合，这也是作物改良的一大主要障碍。那么是什么限制了重组的数量呢？

为了寻求答案，INRA 的研究人员对模式植物拟南芥（*Arabidopsis thaliana*）中涉及控制重组的基因进行了确定与研究。他们发现 RECQ4 基因在阻止基因互换方面尤为有效。对该基因进行灭活后，甚至可使重组频率提升 1~3 倍！那么对农作物而言会如何呢？这也是 INRA 与 CIRAD 所参与的联盟中的研究人员打算通过检测豌豆、番茄、水稻这 3 种极具农业价值的物种来确定的事。他们成功了。通过"关闭" RECQ4 基因，他们使互换数量平均增长了两倍，提升了染色体重组度，从而使繁育的每一世代的多样性得以增加。该成果将极大地惠及 CIRAD 与 INRA 未来的植物育种操作。

CIRAD 的戴尔芬·缪勒（Delphine Mieulet）因此项工作被授予法国农业学院（French Academy of Agriculture）银质奖章。

（来源：法国国际农业发展研究中心）

研究发现决定小麦锌含量的基因组片段

据估计，约有30%的印度人口缺锌，5岁以下的儿童和孕妇更容易营养不良。通过结合使用传统育种和尖端基因组方法，使得提高小麦等主粮营养价值的目标越来越容易实现。国际玉米和小麦改良中心（CIMMYT）联合澳大利亚、印度的研究人员对来自印度和墨西哥不同环境的330个小麦品系进行了锌含量分析，发现了39个新的分子标记和携带有锌吸收、易位和储存重要基因的2个基因组区段。

该项研究采用全基因组关联方法来定位与锌吸收相关的基因组区段，目前已确定了小麦基因组中决定小麦籽粒锌含量的区域，并确定了与小麦锌含量有关的候选基因。研究中确定的热点基因组区域和分子标记将有助于分子标记辅助育种在理想后代系精准选育中的应用，这些发现有望应用于开发微量营养素强化的小麦品种，以改善印度乃至全球的食品和营养安全。

（来源：www. agropages. com）

英国研究发现触发植物防御机制的新基因

植物病害是全球作物损失的主要原因，占主要农产品损失总量的10%。英国爱丁堡的科研人员研究发现，对调控植物应对病害的基因活性作出细微调整，可以增强植物防御病害的能力，有助于培育出抗病能力更强的作物或研发出应对植物病害的新方法。该项研究成果刊登于《自然—通讯》。

研究小组研究了植物在遭受细菌或病毒袭击时，是如何产生少量一氧化氮气体的。这些气体会在植物细胞内积聚，从而触发植物免疫系统作出反应。研究人员以十字花科模式植物拟南芥为试材，研究了一氧化氮水平上升时触发的基因。结果发现了一种称为SRG1的尚不为人所知的基因，这种基因能迅速被一氧化氮激活，也能在细菌感染期间被触发。进一步的分析表明，SRG1能限制那些抑制作物免疫系统作出应对的基因活性，从而启动作物的防御机制。

研究小组改变了 SRG1 基因的活性，证实了如果作物基因能产生更高水平的防御蛋白质，就能提升抵御病害的能力。同时，研究人员也发现一氧化氮能对作物免疫系统作出的应对进行调节，确保作物的防御机制不会作出过激反应（如果免疫系统作出过激反应，就会伤害到作物自身、阻碍生长）。研究人员表示其他物种也存在类似机制，因此，这一发现可以让人们深入了解免疫调节的基本过程。

该项研究由英国生物技术与生物科学研究理事会（BBSRC）以及中国国家自然科学基金委共同资助。

（来源：www. agropages. com）

触发型基因能增加植物分枝从而提高产量

种植苹果树等分枝植物时，结果实的分枝越多越好。但在现实中，植物产生的分枝数量是有限制的，有一种基因可以控制植物枝桠分裂即分枝过程。如今，研究人员发现，有一种化学物质可以逆转这种限制，从而可能会提高作物产量。这一研究成果发表于美国化学会（ACS）《中心科学》（*Central Science*）期刊。

先前对抑制分枝的激素的研究发现了一种称为 D14 的调节基因。萩原伸弥（Shinya Hagihara）、土屋雄一郎（Yuichiro Tsuchiya）和同事证明，如果可以抑制这个调节基因，就能逆转限制效果，增加分枝。萩原伸弥和土屋雄一郎的团队开发出一种屏幕，可以通过查看一种称为 Yoshimulactone Green（YLG）的荧光探针是否变绿来监控分枝情况。

研究人员筛查了 800 种化合物，发现其中的 18 种对 D14 的限制程度达 70% 或以上。有一种称为 DL1 的化合物尤其活跃且有效。这种抑制物可以增加一类开花植物以及水稻的分枝。为了将 DL1 打造为可上市的农用化学品，团队正在测试这种物质在土壤中能够持续多长时间，并研究其对人体是否有害。

（来源：美国化学会）

利用功能基因组数据库开展植物微生物群系研究

世界人口不断增长，2050 年预计将达到近 100 亿人。提高作物产量，为食物和可持续替代燃料提供足够植物原料的需求也与日俱增。为改进作物育种策略，提升植物对边缘土地适应力，克服干旱和养分缺乏等问题，研究人员着重研究并促进植物与微生物之间的有益关系。

《自然—遗传学》（*Nature Genetics*）2017 年 12 月 18 日发表的文章中，美国能源部（Department of Energy，DOE）联合基因组研究所（Joint Genome Institute，JGI）和北卡罗来纳大学教堂山分校（University of North Carolina at Chapel Hill，UNC）霍华德·休斯医学研究所（Howard Hughes Medical Institute）的研究团队探索了一整个数据库的细菌基因组，以筛选并鉴定帮助细菌适应植物环境的候选基因，尤其是与细菌根部定植有关的基因。

迄今为止，该领域的研究大多关注植物微生物群系的群落构成，即"群系里有什么"的问题，关于其功能的研究则较少，即"这些群系在做什么、怎么做、什么时候做"的问题。之前关于植物微生物群系功能的研究也大多关于宿主与微生物间相互作用，例如，拟南芥植物与某病原菌之间的关系。

该研究的共同第一作者、JGI 研究员阿萨夫·利维（Asaf Levy）表示："如果想运用合适的微生物群系来促进植物生长，就需要了解微生物群系的实际功能，而不是仅仅对标志基因测序。在研究中，我们进行了大量的基因组工作，花费了巨大的计算量，来解答最基本、最重要的问题：植物微生物群系是如何与植物进行互动的？"

微生物与植物之间的大多数互动都发生在植物根部与土壤的接触面。UNC、美国橡树岭国家实验室（Oak Ridge National Lab）以及德国马克斯·普朗克研究所（Max Planck Institute）的研究人员在十字花科（191）、杨树（135）和玉米（51）的根部环境中分离出新菌种。研究人员在 JGI 对这 377 个分离菌以及拟南芥根部分离出的 107 个细菌细胞进行基因组测序、拼接和注释。

研究人员将新获得的基因组与数千公开的、主要植物伴生菌的基因组结合，再加上来自多种植物和人类肠道等非植物环境的细菌，然后进行比对。

最终生成的数据库包括 3 837 组基因组，其中，有 1 160 组来自植物。该数据库用于比较基因组学分析。

研究人员接着确定了在植物伴生菌和根部伴生菌中富集的基因。

"对于我们来说，了解微生物用哪些基因和功能以寄生在植物上是非常重要的。因为只有这样，我们才有机会设计出有用的'植物益生菌'，帮助我们种植更多粮食作物与能源作物，同时减少化肥、杀虫剂和杀菌剂等化学品的投入。"该研究的高级作者、霍华德·休斯医学研究所研究员杰夫·邓格尔（Jeff Dangl）和 UNC 生物学教授约翰·N. 库奇（John N. Couch）表示。

阿萨夫·利维认为，该研究的一项重要发现是，与植物和土壤相关的基因组往往比同一进化分支的对照基因组更大。研究人员发现，这一现象在一定程度上是因为糖类代谢和糖运输相关基因的富集，可能是为了适应光合作用产生的植物碳，这些植物碳来自大自然的"糖果厂"。植物光合作用产生的碳当中，有多达 20% 通过根部以糖的形式渗出，以吸引微生物。

研究人员还通过对类似植物的磷脂酸和核糖酸功能域（Plant-Resembling PA and RA Domains，PREPARADO）进行编码找出了模仿植物功能的大量基因。邓格尔表示："众所周知，植物病原体会利用模拟植物免疫功能域的蛋白质。想象一下，植物病原体向植物细胞内直接注入一种可以模拟免疫系统一部分的蛋白质。这就好像为车轮装上一个有缺陷的齿轮——车轮就会停止转动。我们认为所发现的植物相关蛋白质结构域可能会用到同样的原理"。

基因的快速进化往往是在共享同一环境的微生物在进行分子级别"军备竞赛"的标志。这些基因往往用作针对其他微生物的防御或进攻。该研究还发现了两种快速进化的蛋白质家族，它们与植物伴生菌的不同"生活方式"有关。在共生菌内发现的一个蛋白质家族被称为"杰基尔（Jekyll）"，而在致病菌种发现的另一个蛋白质家族被称为"海德（Hyde）"（杰基尔与海德是英国著名作家史蒂文森的《化身博士》书中人物，两者善恶截然不同的性格让人印象深刻，后来"杰基尔与海德"一词成为心理学"双重人格"的代称。——译者注）。在美国弗吉尼亚理工学院（Virginia Tech）和瑞士苏黎世联邦理工学院（ETH）同事的帮助下，JGI 研究人员发现，"海德"可以非常有效地杀死竞争细菌，从而占领植物叶子这一小环境。美国伯克利国家实验室（Berkeley Lab）的创新与合作办公室（Innovation and Partnerships Office，IPO）已经递交了申请该蛋白质家族专利的文件，因为其有可能用作控制植物病原体的抑菌机制。

新基因组和植物相关基因的完整数据库通过一个专门的门户网站向研究领域开放：细菌适应植物的基因组特征（Genomic Features of Bacterial Adaptation to Plants）。

利维表示："该数据库对于植物与微生物群系的互动研究是非常宝贵的资源，因为通过它人们能从客观角度发现可能会参与植物互动的有趣基因，其中，就包括许多新基因。我们正在用实验研究其中许多基因的功能，以更好地了解植物微生物群系的功能"。

（来源：美国能源部/联合基因组研究所）

研究人员测量了植物泛基因组的大小

截至目前，植物功能基因组领域的大部分研究都在使用单个参照基因组。但是，仅使用单个参照基因组并不能获得某一物种的完整基因变异性。泛基因组是指某一物种不同个体所有基因组的无冗余集合，是打开自然多样性的宝贵钥匙。但是，生成大量优质基因组所需的计算资源一直是构建植物泛基因组的限制因素。

在构建用于燃料和食物生产的农作物的泛基因组之后，育种人员可以运用自然多样性来提高农作物的产量、抗病性和对极限生长条件的适应性等。《自然—通讯》（*Nature Communications*）在 2017 年 12 月 19 日刊登的一篇文章当中，美国能源部（Department of Energy，DOE）位于劳伦斯伯克利国家实验室（Lawrence Berkeley National Laboratory，Berkeley Lab）的科学用户设施联合基因组研究所（Joint Genome Institute，JGI）的一个国际研究小组运用二穗短柄草（Brachypodium distachyon）测量了植物泛基因组的大小。二穗短柄草是一种野草，广泛用作谷物和生物质农作物的模型。作为 JGI 最著名的植物基因组之一，二穗短柄草是有着最完整的植物参照基因组的植物之一。

本研究的资深作者、JGI 植物功能基因组（Plant Functional Genomics）团队的负责人约翰·沃格尔（John Vogel）表示："单一参照基因组会漏掉大量的基因。实际上，泛基因组当中约一半的基因只存在于一部分的品系当中。"为准确估计植物泛基因组的大小，沃格尔和同事对 54 种地理分布各异的二穗短柄草品系进行了全基因组从头拼接和注释，得出的泛基因组当中包含的基

· 63 ·

因是单个品系基因数量的将近两倍。

本研究第一作者 JGI 生物信息学家肖恩·戈登（Sean Gordon）也表示：
"某一物种的基因组实际上是集各品系基因组为一体的，其中，每个基因组都
有其独特之处。现在，我们认识到把注意力仅放在单一参考基因组会导致我
们对基因多样性的估计不完整和偏差，并且会忽视那些对于育种工作来说可
能重要的基因。既然如此，我们就应该在今后的自然多样性研究当中引入更
多的参考基因组。"

此外，仅在某些品系当中发现的基因往往有助于对某些环境条件有利的
生物进程（例如，抗病性和发育等），而每个品系均含有的基因往往是重要细
胞过程的基础（例如，糖酵解和铁转运）。

沃格尔补充道："这就意味着被优先保留下来的可变区基因在某些条件下
有益的，这也正是育种员想要对农作物进行改良所需的基因"。

此外，只在某些品种当中发现的基因的进化速度更快，更接近转座因子
（人们认为转座因子在泛基因组进化当中扮演着重要角色），并且位于与其他
禾本科植物同等功能基因相同的染色体位置的概率更小。

序列拼接和基因注释等相关信息可以在该项目的网站 BrachyPan
（brachypan. jgi. doe. gov）上下载。二穗短柄草基因组可在 JGI 的植物门户网
站 Phytozome（phytozome. jgi. doe. gov.）上查询。

（来源：美国能源部/联合基因组研究所）

韩国科学家试图解码水果和蔬菜基因组

近日，韩国农业部透露了解码大众农产品（包括草莓和甜椒等）基因组
计划的进程。基因组计划第一阶段于 2014 年开始，这一阶段破解了包括红薯
和菊花在内的 17 种农产品的基因组。根据农村发展管理局（RDA）公布的信
息，该计划的第二阶段将在今年继续开展，预算为 300 亿韩元，有 300 多名
研究人员和 25 个组织参与其中，目标是在 2021 年前对 23 种有价值的植物和
动物的基因组进行解码。

项目研究对象包括西兰花、草莓、甜椒、薏米、昆虫和济州黑猪等，在
项目实施中将记录活体生物的基因组并研究基因的数量和类型及其结构和功

能。通过对基因组进行解码，研究人员可以区分优质基因和缺陷基因，这意味着可以选择特定类型的基因并用于培育新品种。研究中获取的基因组信息将被录入国家农业生物技术信息数据库中，这一系统属于农业产业类数据库，可供研究人员和蔬菜种子公司使用。

（来源：The Korea Bizwire）

中国科学家完成优质小麦 A 基因组测序

面包小麦（*Triticum aestivum* L.）是超过世界35%人口的主粮，提供了人类所需20%的热量和蛋白质，由于它对多种气候具有较强适应性，改善了用于生产高筋面粉的谷物品质，是全球重要的农作物。由于面包小麦复杂的多倍体性质（六倍体，包含 A、B、D 3 个亚基因组）和大基因组大小（17 Gb），开展其遗传和功能分析极具挑战性。其中，A 基因组是面包小麦和其他多倍体小麦的基本基因组，基因组大小约为 5 Gb，在小麦进化、驯化和遗传改良中发挥重要作用。

为了阐明小麦基因组结构，中国科学院小麦基因组团队联合深圳华大基因研究院和荷兰 Keygene 公司，通过 BAC 测序、单分子实时全基因组鸟枪测序和新一代地图技术相结合，完成了高质量的 T. urartu 基因组测序。科学家制作了 7 个染色体规模的模拟分子，预测了 41 507 个蛋白质编码基因，并提出了 T. urartu 染色体的进化模型。群体基因组学分析显示，来自新月沃土的 T. urartu 形成了 3 个不同的群体，它们对高海拔和生物胁迫（如白粉病）具有不同的适应性。

T. urartu 的基因组测序为多倍体小麦基因组的分析提供了一个二倍体参考，是系统研究小麦和相关草种的基因组进化和遗传变异的宝贵资源。它将有助于揭示用于小麦遗传改良的赋予小麦重要性状的基因的发现，以应对未来全球粮食安全和可持续农业的挑战。

（来源：www.agronews.com）

基因编辑

基因堆叠技术可以培育出高产优质作物

多年来，科学家们改变了大豆、玉米、油菜等其他作物的遗传物质，开发出能够耐受特定除草剂和抵抗害虫的品种，这些性状由 1 个或 2 个基因控制。而在大多数作物中，重要性状如耐寒性、耐旱性、产量和产种量几乎都由多个基因控制，将超过 2~3 个基因插入植物染色体的相同位点极其困难。

近日，加利福尼亚州奥尔巴尼的农业研究服务（ARS）科学家发现了将多种基因插入作物的新技术，这项被称为 GAANTRY 的"基因堆叠技术"使培育具有高度强化特性的各种作物变得更加容易。

这一技术能够稳定提供关键特性所需的大量"DNA 堆叠"，使研究人员不会添加或丢失任何非预期 DNA，而能够精确插入基因套件。该技术有望加速具有更好耐热、耐旱性，高产且能够抵御各种疾病和害虫的马铃薯、水稻、柑橘等其他作物新品种的开发。

（来源：www.agropages.com）

CRISPR 新技术可实现单点精确"敲除"基因

日前，来自美国伊利诺伊大学的研究人员利用 CRISPR-Cas9 系统开发了一种新技术，可通过删除酿酒酵母 DNA 序列中的单个碱基，精确敲除选定的任何基因。这可以让研究人员分别研究每个基因的作用以及该基因与其他基因的共同作用。研究成果发表在《自然》子刊《Nature Biotechnology》上。

之前，研究人员利用 CRISPR-Cas9 基因编辑技术删除或"敲除"酵母中的一个基因，来研究每个基因如何促进细胞功能。但是，因为许多基因相互重叠，删除一个基因也会删除其他基因的某些部分，影响到多种功能，使研究人员难以真正分离出单个基因的影响。

该研究小组利用 CRISPR-Cas9 基因编辑技术以及同源修复技术，开发出了一种称为 CHAnGE 的工具，能够只删除某一 DNA 序列中的单个碱基。与编辑过的基因重合的基因仍将保持不变且功能正常。研究人员可以在整个染色体上只引入一项碱基变化，这样对相邻基因功能的干扰将会是最小的，因此，可以研究单个基因的重要性。如此高的精确度是前所未有的，而且还具有快速、高效和低成本的优点。过去，敲除酵母中的每个基因需要好几个团队花费数年的时间。而通过"CHAnGE"技术，只需一名研究人员就可以在大约1个月的时间里作出酵母整个基因组的突变体。

（来源：www.sciencedaily.com）

利用 CRISPR-CAS9 加速变性淀粉木薯选育

木薯作为一种主食，在数十亿美元的淀粉工业中备受青睐。木薯的大块根茎富含淀粉，淀粉由支链淀粉和直链淀粉组成，直链淀粉对烹饪和加工过程中淀粉的理化性质有不良影响。研究人员希望通过遗传改良来改善不良影响。然而，其遗传改良受到以下因素的阻碍：对遗传转化和离体再生的不适应、农家优良品种的育性差、常规育种困难、温室开花稀少。

近日，苏黎世联邦理工大学的研究团队利用 CRISPR-Cas9 来编辑控制开花和直链淀粉产量的基因，结果表明 CRISPR-Cas9 介导的 2 个与直链淀粉生物合成相关的基因（PTST1 和 GBSS）的靶向诱变可以降低或消除根淀粉中的直链淀粉含量；在基因组编辑盒中整合拟南芥 Flowering Locus T（FT）基因使其加速开花，从而加速无转基因编辑植物的选择。经基因编辑后的木薯品种，其淀粉的糊化温度低，黏度高，深受广大消费者的青睐。这种引人注目的木薯新品种选育技术可以推广到其他作物上，为食品和工业应用提供一整套具有实用性状的新品种。

（来源：Science Advances）

通过 CRISPR 获得高油酸油菜籽

日本研究小组最近修饰了一种脂肪酸去饱和酶 2 基因（FAD2），该基因能编码油菜籽（*Brassicanapus*）中催化油酸去饱和的一种酶。该研究以 BnaA. FAD2 为靶标设计了两条引导 RNA，形成了携带突变等位基因的一个基因和两株成熟植株。在不存在任何转基因的情况下，从回交后代中选出具有 fad2_ Aa 等位基因的植物，然后通过自交系 BC1 后代产生 fad2_ Aa 纯合子。

通过种子脂肪酸组成分析，结果显示，与野生型相比，这些经过基因修饰的种子其油酸含量显著增加。可见，利用 CRISPR-Cas9 系统修饰植物代谢途径，在培育具有适宜农艺性状的理想突变植株方面具有良好的应用效果。目前，CRISPRS-CAS9 系统已被广泛应用于内源性基因的修饰，将逐步应用于其他重要经济作物品种的育种实践中。

（来源：www.isaaa.org）

基因编辑在澳大利亚通过技术审查

基因编辑技术——CRISPR 作为其中最为著名的例子，根据澳大利亚基因技术管理办公室生物提案，将不再接受政府监管。在对该国广泛的基因修饰定义进行为期 12 个月的技术审查之后，监管机构人员表示基因编辑是传统育种试验的加速版。

监管人员认为，如果这项技术的结果与人类应用数千年的育种技术没有什么不同，那么就没有必要进行监管。澳大利亚的生物技术法规从 2000 年开始实施，当时科学家们运用了基因修饰技术，将遗传物质从一个物种插入另一个物种，但这一过程（基因编辑）只是在生物体内进行，并未引入任何外来物质。一些科学家将基因编辑视为提高农业对自然环境变化与人口增长适应性的有效方式。

但是，墨尔本伯内特研究所的 Clovis Palmer 认为基因编辑潜在的好处可能被夸大了，基因编辑仍处于起步阶段，应该继续接受联邦转基因生物管理机构的严格管理。

（来源：www.agriculture.com）

农业基因组编辑的方法、应用与管理

基因组编辑是对活细胞和生物体的脱氧核糖核酸进行精确、有针对性的序列变化的过程。基因组编辑的广泛应用，提供了迅速推进基础和应用生物学发展的机会。面对日益增长的食物、纤维、饲料和燃料需求以及全球人口增长导致的土地和水资源的日益减少以及气候变化对农业造成的挑战，作物和牲畜改良的基因组编辑越来越受到关注。

Adam 等近期发表一篇《Genome Editing in Agriculture：Methods，Applications，and Governance》文章，文中描述了如何进行基因组编辑，可进行编辑的类型，如何与传统育种和传统基因工程关联，以及该方法的潜在局限性。文章还概述了当前的基因组编辑管理的概况，包括现有法规、国际协议、标准和行为准则，以及影响管理的因素的讨论，包括与其他遗传改良方法、环境和动物福利的具体应用、生产者和消费者的价值以及经济影响等的比较。

研究者认为，作物和牲畜改良的基因组编辑技术都有可能对人类福利和可持续性作出实质性贡献，成功地在农业中进行应用，并且在改善粮食分配，减少社会经济差距，减轻贸易壁垒，适度的政治和市场依赖性的战略等方面促进基因编辑的创新和透明度。

（来源：Adam JB, et al. 2018.）

如何让基因编辑工具 CRISPR 更有效力

使用更高效、价格更低的 CRISPR 技术，发现并开发改变生物基因的新途径，是近年来最重大的科学进展之一。目前，美国得克萨斯州大学奥斯汀分校的科研人员已经发现，经过简单升级后，该技术能使基因编辑更精确、安全性更高。

研究团队找到了决定性的证据，证明在 CRISPR 基因编辑技术中首次发现且最常用的酶 Cas9 的效力和精确性都低于一种较少使用的 CRISPR 蛋白

Cas12a。由于 Cas9 更有可能在编辑动植物基因组的时候找错目标，扰乱健康功能，因此科学家认为改用 Cas12a 会使基因编辑更加安全有效，研究成果发表在《分子细胞》杂志上。

该研究团队发现，Cas12a 之所以更理想，是因为它能像搭扣一样和基因组目标结合在一起，而 Cas9 与目标结合的方式更像强力胶。2 种酶都携带一小串基因编码，这些编码写在 RNA 中，与病毒 DNA 中的目标基因编码串相匹配。当酶遇到某种 DNA 时，就开始尝试组成碱基对来与之连接——从一端开始不断检查一方（DNA）中的每个字母与另一方（RNA）中相邻字母的匹配度。

对于 Cas9 来说，每个碱基对像强力胶水一样牢牢粘在一起。如果双方的头几个字母匹配良好，Cas9 就已经紧紧和 DNA 结合在一起了。即 Cas9 只检查基因组目标的头 7 个或 8 个字母，之后的字母 Cas9 不再检查，这意味着很容易忽视后面的不匹配情况，导致找错目标。

而 Cas12a 更像是搭扣。每个点的结合程度相对较弱，需要两串编码中更多字母相匹配才能进行编辑，因此，更有可能找到预期编辑的基因组部分。Cas12a 使碱基对的形成更加可逆，即 Cas12a 更能有效检查每个碱基对，匹配之后再检查下一个，一直可以检查约 18 个字母。

（来源：www.sciencedaily.com）

CRISPR 用于清除马铃薯多毛根中的苦味化合物

马铃薯（*Solanum tuberosum*）大部分组织中会积累甾体糖生物碱（SGAs）α-茄碱和 α-卡茄碱，这些分子有苦味且对多种生物有毒性。因此，降低马铃薯块茎中的 SGA 含量是马铃薯育种的首要需求。之前的研究表明，使几个 SGA 合成基因沉默表达会降低 SGAs 含量。

来自日本神户大学的研究人员使用马铃薯毛根培养系统引入 CRISPR-Cas9 载体，敲除了马铃薯 SGA 合成的一个重要基因——St16DOX 基因，以阻断 SGA 在马铃薯多毛根中的积累。研究表明，2 个独立的基因组编辑的马铃薯毛根系中未检测到 SGAs，但有高含量的 St16DOX 蛋白底物。进一步对这两种毛根系进行分析，结果显示，St16DOX 序列发生了成功突变。该试验系统可用于无 SGA 四倍体马铃薯的培育。

（来源：www.isaaa.org）

生物学家通过基因编辑培育保留有益特性的
作物新品种

　　数千年来，小麦、玉米等作物经历了漫长的育种过程，为了让野生植物适应并满足人类的需求，人们一步步地对这些植物的特性作出驯化。其中之一就是增产。但是这种育种过程也有一定"副作用"，即减少了基因多样性、损失了一些有用的特性，比如表现在现在的植物品种易受疾病侵袭、味道寡淡、或者营养成分减少等。如今，来自巴西、美国和德国的研究人员利用 CRISPR-Cas9 现代基因组编辑技术，将野生植株在一代之内培育出了新品种：将大量作物特征引入一个"野生番茄"，同时，又保留其有益的基因特性。研究结果已刊登于《Nature Biotechnology》期刊上。

　　德国明斯特大学（University of Münster）的生物学家约尔格·库德拉（Jörg Kudla）教授和他的团队目前正在参与该项研究，认为这种新方法能让他们从头开始研究一种新的驯化过程。这种方法能够用到所有植物遗传学和植物驯化的相关知识，这些知识是过去几十年来研究人员慢慢积累下来的。他们能够把野生植物的基因潜力尤其是有益的特性保存下来，与此同时，在很短的时间内培育出现代作物所需的理想化特性。

　　研究人员选择的母本植物是醋栗番茄（*Solanum pimpinellifolium*），这一原产于南美的品种是野生番茄的亲缘植物，也是现代栽培番茄的始祖。野生醋栗番茄的果实仅有豌豆大小，产量较低，因此，不适宜作为作物来种植。然而这种果实的香气比现代番茄要浓郁，后者由于经历了育种过程而失去了一些香气。此外，野生醋栗番茄的番茄红素含量更高。人们认为这种番茄红素抗氧化剂能让人体保持健康，因此，十分受欢迎。

　　研究人员利用"多重 CRISPR-Cas9"技术，对野生醋栗番茄的基因组进行了改良，使其后代的 6 个基因出现了微小的变化。这 6 个起到决定性作用的基因在过去几年中已经得到研究人员的认可，并被视为是驯化番茄特性基因的关键。具体来说，相较于野生番茄，研究人员进行了以下改良：改良品种的大小是野生品种的 3 倍，相当于樱桃番茄的大小；果实数量增加了 9 倍；相对于圆形的野生品种，改良品种为椭圆形。最后一种改良特性备受欢迎，因为一旦下雨，圆形果实会比椭圆形果实更快开裂。改良品种的生长过程也更为紧凑。

另一重要的新特性是番茄新品种中含有的番茄红素是野生母本品种的两倍多，并且不低于常规樱桃番茄的五倍。这是一个决定性的创新，它不能通过任何传统的育种过程与目前栽培的番茄来实现。由于番茄红素能帮助预防癌症和心血管疾病，因此，从健康的角度来讲，创造的新品种番茄可能还有附加价值，因为普通的栽培番茄以及其他蔬菜的番茄红素含量十分有限。截至目前，虽然育种人员一直想要增加栽培番茄的番茄红素含量，但都无功而返。就算偶有成功的案例，也是以牺牲了 β-胡萝卜素为代价。后者同样是一种能够保护细胞的珍贵的成分。

研究人员也指出，现在的作物无论是优点还是缺点，都是育种的产物。很多特性如复原力，都已经不存在了，如果要重新赋予植物这些失去的能力，只能通过几十年如一日辛勤地和野生植株进行回交获得。之所以这么做，是因为经过无数基因相互作用而产生的特性无法通过传统育种工艺恢复。所以，在某种意义上，驯化过程就像一条单行道。得益于现代基因组编辑技术，研究者能够利用野生植物的优势来解决这一育种问题。分子的"从头驯化"给育种提供了巨大潜力，来生产称心如意的作物品种。对于那些迄今为止人类未曾利用过或极少利用过，同时，又十分健康的植物，还能通过有针对性地增加它们的果实体积或其他驯化特性把它们转变为全新的品种。

（来源：www.sciencedaily.com）

日本研究实现番茄的高效精准复合基因组编辑

多重 CRISPR-CAS9 已在一些作物中得到应用，但关于启动子的优化却鲜有报道。

来自日本东京大学的研究人员使用具有不同 gRNA 表达组合的多种 Cas9 表达启动子来编辑番茄基因。研究人员设计出具有不同启动子的"全合一"质粒用于多重基因编辑，并通过 GFP 荧光筛选出转化的愈伤组织。他们发现含 PCR 设计质粒的番茄愈伤组织具有不同的启动子依赖性突变模式，在所设计的启动子中，番茄伸长因子-1α（SlEF1α）启动子驱使的 CRISPR-Cas9 基因组编辑效率最高，并产生了特定的突变模式。

这些结果表明 CRISPR-Cas9 编辑的启动子优化将使番茄功能域的精确去除成为可能。

（来源：www.isaaa.org）

CRISPR 有助于土生樱桃的驯化

土生樱桃（*Physalis pruinosa*）与樱桃番茄大小相近，但味道更甜，营养价值更高，富含维生素 C、维生素 B、β-胡萝卜素、植物甾醇和抗氧化剂，具有抗炎和药用特性，有望成为下一个超级食品。但是土生樱桃植株长而松散的枝条和零星成熟的果实，不适合大规模种植。

为了提高土生樱桃的产量，改善其杂草生长习性，冷泉港实验室（CSHL）的研究人员设想通过基因修饰来改善上述不良性状，培育出茎秆紧凑、易于管理，果实更大、更多的品种。研究人员通过 CRISPR 基因组编辑技术使土生樱桃发生遗传改变，引起调节花期激素的变化，进而增加了果实大小和重量，使得沿指定茎的果实增加了一半，果肉中籽粒部分更多。

（来源：冷泉港实验室）

用 RGONAD 方法对大鼠进行基因编辑

最初，科研人员在小鼠体内开发了一种新的 CRISPR-Cas9 方法，即通过输卵管核酸递送（GONAD）方式开展基因编辑实验。来自 Shigei 医学研究所的 Tomoe Kobayashi，Masumi Namba 和 Takayuki Koyano 团队利用这一方法提出了改进的 GONAD（rGONAD）方法，它不需要离体处理胚胎就可以对小鼠起作用。然而，该技术仅限于小鼠。在最新的研究中，该团队的目标是将该技术（即 rGONAD）用于大鼠。

　　为了验证该方法培育基因编辑大鼠的可行性，该团队主要针对酪氨酸酶基因（Tyr），一些产生基因突变的大鼠显示出白色的皮毛，表明 Tyr 基因被破坏了。这一团队验证了 rGONAD 可用于引入大鼠基因组的遗传变化。rGONAD 技术证明了在大鼠体内敲除和引入基因的高效率，该技术还可以容易地应用于豚鼠、仓鼠、牛、猪和其他哺乳动物。

（来源：www.isaaa.org）

生物育种

植物育种

激活植物自身沉默基因培育抗性新品种

来自 Georgia 大学的研究人员研发了一种新方法，能培育具有更好特性的植物。研究人员通过将一种人类蛋白质引入模式植物拟南芥中，发现它们可以选择性激活植物内已经存在的沉默基因。

使用这种方法增加植物种群之间的多样性可用于开发耐旱和抗病的品种或其他植物种群，研究人员已经开始在玉米、大豆和水稻上测试该技术。

该项研究成果由 Lexiang Ji 和 William Jordan 牵头，在《Nature Communications》上发表。他们将探索的新方法命名为 epimutagenesis，其能够以传统技术无法做到的方式培育多种植物。过去这一切都是通过传统的育种方式完成的，要培育出另一种植物，需要先有一种植物，跟具有另一种特性的植物一起培育，然而存在的问题就是想拥有全部想要的特征，而没有一个不想要的特征，这就很困难，但是用研发的新技术，就可以修改植物中基因的开启和关闭方式，而不需要从另一个母体那里引入另外一组基因。

这个方法最初是由通讯作者 Robert Schmitz 教授在实验室得到的灵感。研究人员正在研究控制表达遗传特性的 DNA 甲基化，并在创建 DNA 甲基化位于许多植物种类（包括作物）中的位置图谱。当 DNA 甲基化被去除时，研究人员发现他们可以选择性地打开植物基因组中之前沉默的潜在基因。

研究人员多次看到许多基因因 DNA 甲基化沉默，并对此感到好奇，至于为什么会这样，可以进行很多讨论，但它们是真实存在的。所以研究人员想知道如何利用它们，使用已经存在的植物，重新唤醒那些沉默的基因来产生特质差异。

为了激活这些或休眠或沉默的基因，研究人员引入了一种称为 10－11 易位酶的转位酶，使用特殊修饰的细菌作为递送载体来种植幼苗。引入这种人类蛋白质可以让研究人员去除 DNA 甲基化，从而激活沉默的基因。最终找到将蛋白质引入植物物种的最佳方法。

几千年前，人们会种植数百种植物，如果其中一种植物确实很好，就会种好几代这种植物，但这样做会缩小遗传多样性，最后遗传性质基本就变得非常相似，虽然这样有助于收成，或有助于留下想要的其他的植物特征，但如果它们遭遇一种很难适应的压力，它们都将以相同的方式作出反应，这就产生了可能非常脆弱的作物。

如果没有遗传差异，那么外部压力真的可能消灭整个物种。新方法是一个以前没有尝试过的替代策略，目的是希望获取那些确实存在，但因为没有显现出来而未被研究过的基因，这种方法可以重新激活这些基因，因而可能增加性状变异，这对生物技术应用意义重大。

（来源：University of Georgia）

最新研究成果有助于培育需肥量少的高产作物

加利福尼亚大学戴维斯分校的（University of California，Davis）的研究人员和冷泉港实验室（Spring Harbor Laboratory）正在运用机器人技术、计算机和先进的遗传学技术来共同研究植物根部如何摄取氮元素，并对之进行新陈代谢，因为这一过程是植物生长和增产的关键。最近的研究成果发布于 2018年 10 月 24 日的《自然》（Nature）杂志。

"氮的新陈代谢对植物的生长有异乎寻常的重要意义，"UC 戴维斯分校植物生物学的助理教授、论文的最后作者（senior author）西沃恩·布兰迪（Siobhan Brady）说。100 多年前，氮肥的发明让农作物产量发生了巨大的飞跃，养活了数十亿的人口。但是，与此同时，多余的氮素流入土壤、河流、海洋，造成了许多负面影响。

像布兰迪一样的科学家希望通过了解控制植物摄取氮元素并进行新陈代谢的基因，能让植物育种者获得某种工具，培育出优良的作物品种，减少肥料使用，或者加以更好地利用。

布兰迪表示："我们知道有哪些基因控制着氮的同化作用和运输机制，但是对于调控氮的新陈代谢的所有方式还不太清楚"。

此外，这些能控制其他基因的转录（或活动）的调控基因称作转录因子，在植物的茎干、嫩枝、叶片上都已发现它们的身影，但是根部就很少见，而根部才是氮元素从土壤中进入植物的部分。

布兰迪的实验室想要发现控制植物根部运作、生长的基因网络。考虑到氮元素的重要性，研究生艾利森·瓜迪勒（Allison Gaudinier）和布兰迪假定认为控制氮的新陈代谢的转录因子也和其他重要化学反应相联系。

瓜迪勒使用了机器人技术1次在几百个基因中筛选转录因子，把它们聚合在1个网络中。冷泉港实验室的兼职助理教授多琳·维尔（Doreen Ware）和同事们使用了计算方法来预测哪些基因在这一网络中起到最重要的作用，好让 UC 戴维斯分校的团队之后对植物中的这些基因进行研究。

预测结果证实，有一组核心基因对氮的新陈代谢过程起到了至关重要的作用。"如果我们想要培育能高效摄取氮元素并进行新陈代谢的植物，我们就要好好研究下这些基因，"布兰迪说道，"这会开启许多新研究"。

维尔是美国农业部（USDA）农业研究服务局（Agricultural Research Service）的一名科学家。论文的其他作者还有：来自 UC 戴维斯分校的约耳·罗德里格斯·麦迪那（Joel Rodriguez Medina）、安妮·玛丽特·拜格曼（Anne-Maarit Bågman）、杰西卡·弗雷特（Jessica Foret）、米歇尔·唐（Michelle Tang）、李宝华（音译）（Baohua Li）、丹尼尔·朗西（Daniel Runcie）和丹尼尔·J. 克利本斯坦（Kliebenstein）；来自纽约州冷泉港实验室的张利方（音译）（Lifang Zhang）、安德鲁·奥尔森（Andrew Olson）、克里斯托弗·里瑟隆·蒙菲尔斯（Christophe Liseron-Monfils）；以及来自杜邦先锋（爱荷华州约翰斯顿）的肖恩·阿博特（Shane Abbitt）、沈博（音译）（Bo Shen）、玛丽·J. 弗兰克（Mary J Frank）。

该项目由杜邦先锋资助，同时，也获得了来自国家科学基金会（National Science Foundation）、霍华德·休斯医学研究所（Howard Hughes Medical Institute）、加利福尼亚大学基金的资助。

（来源：加利福尼亚大学戴维斯分校）

MYBs 等位基因可用于育种计划推动品种改良

食用植物源化合物可以延长寿命，改善健康，也有利于环境。新的育种技术，包括基因编辑，可以快速生产非转基因植物。食品部门的创新以及新品种的研发，可以提高水果和蔬菜的消费量，而 MYB 转录因子可以驱动这一目标的实现。在 2018 年 7 月 19 日发表在《Trends in Plant Science》上的一篇评论文章中，2 位食品研究人员描述了新的育种技术如何有可能增强产品的形状、大小、颜色和健康益处。

作者描述了如何用 CRISPR-CAS9 基因编辑快速繁殖，不依赖于添加一个新的 DNA 序列，这些育种技术允许科学家编辑现有的基因，特别是转录因子基因 MYB，它控制着许多植物的关键消费特征。MYBs 等位基因被用作育种计划中的主要基因。随着新的育种技术，如基因编辑，这些 MYBs 将是推动作物改良的关键目标。

植物 MYB 转录因子参与不同的角色，包括发育，激素信号转导和代谢产物生物合成。花青素、叶黄素和甜菜碱所提供的水果和蔬菜的红色和蓝色由特定的 R2R3 MYB 控制。新的研究表明，MYBs 还控制类胡萝卜素生物合成和其他品质性状，如风味和质地。未来的育种技术可以操纵或创造关键的 MYB 转录因子等位基因。

（来源：Andrew CA，Richard VE. MYBs Drive Novel Consumer Traits in Fruits and Vegetables. Trends in Plant Science，2018.）

作物改良受限于有害基因突变

美国农业研究局的科研人员近日发表在《自然》（*Nature*）杂志上的一项研究表明，在驯化和育种过程中，与挑选出的有益基因组合在遗传方面有关联的罕见有害突变，很可能是造成玉米产量及其他关键性状改良受限的原因。

这些所谓的有害基因突变是由 DNA 中的错误引起的，这种错误在每一代都会随机产生，并且代代累积，直至繁育出当前的强大变种。不仅玉米如此，其他作物也都会有同样的麻烦。

有害突变可能会导致基因表达过高或过低，从而性状表现欠佳。为了评估有害突变的影响，研究人员收集了近 300 个玉米品系和基因表达的近 8 000 万个观察结果，创建了一个植物基因表达的大型公共数据库。利用该数据库，育种人员可以将某种表型（可观察到的或生理上表现出的性状）与基因表达的差异联系起来，甚至许多生理、病害或营养性状的表型和基因表达之间的微妙关联也能得到梳理。

利用该数据库，研究人员将玉米的有害突变与某些异常表型联系起来，并证明了玉米在驯化和适应美国环境的过程中，一些罕见突变增多了。玉米生产力的变化，大部分源自基因表达失调，通过修复有害突变，就有可能获得改良的高产品种。

（来源：美国农业部网站）

产量稳定型甜玉米品种更受青睐

生产者在决定种植哪种甜玉米时，他们需要考虑是让雇农选择理想条件下产量异常高的杂交品种，还是在理想和非理想条件下表现稳定的品种。伊利诺伊大学的新研究表明，表现稳定的甜玉米品种用于加工时更胜一筹。

理想的种子无论在什么样的天气条件下，什么样的区域环境都可以有极其高的产量，但是不知道这种栽培品种是否具有商业价值。伊利诺伊大学作物科学系生态学家 Marty Williams 曾提出质疑。

他已经研究了一些作物品种种植到不同环境中产量的稳定性。这些研究可为在何处种植哪些品种能达到最佳效益提出了参考建议。

Williams 表示："稳定性分析很有价值，尤其是考虑到面临天气变化比较频繁的情况。然而，先前研究总是在提出建议后就止步不前。没有人量化这些建议的效果。而我们研究的是每个杂交品种的产量稳定性如何与甜玉米种植情况联系起来。"虽然研究对象是甜玉米，但这项研究是首次把栽培品种产量稳定性和种植情况联系到一起的研究。

Williams 从匿名蔬菜加工企业获得了数据。这些数据来自美国中西部和太平洋西北部 10 多年的甜玉米杂交评估试验。Williams 将每次试验中每英亩产生的玉米产量称为"装箱量"，这是对加工商来说十分重要的产量指标，他把这一指标与环境数据结合来计算 12 种最常见的加工用杂交品种的产量稳定性。

在不同生长条件下，每个杂交品种的表现互相关联。因此，Williams 把杂交品种的稳定性分为高、中、低，产量也分为高、中、低。他发现 10 种杂交品种的稳定性和产量都是中等。有几种杂交品种要么产量中等偏上，要么稳定性中等偏上，但没有一种是两者皆佳，这说明"理想的"甜玉米杂交品种目前还不存在。

Williams 接着分析了另一个数据集。这批数据来自 20 年内近 15 000 个加工用甜玉米农田。他能够计算出杂交评估试验中 12 种杂交品种的种植面积。在这 20 年中，12 个甜玉米杂交品种在种植面积中占比较高。

一般杂交品种仅占种植面积的 1%~4%。然而，他发现一种杂交品种的种植面积特别大，占到种植面积的 31.2%，而且是唯一能在不同生长条件下展现出中等偏上稳定性的杂交品种。

由于甜玉米不像硬粒型玉米那样在加工前可以存放，甜玉米收割后必须立即加工、保存。加工商也会考虑加工机械的负荷，想让工厂在近 3 个月的收获期里满负荷运转。如果工厂严重高于或低于负荷，那么加工成本会很高。

加工商优先考虑稳定性，可以指导未来的甜玉米育种计划，而且也能让种植户有安全感。加工商更有可能要求农民种植产量稳定性品种，而非产量异常高的品种，这一决定可以让农户和加工商在生长条件不理想的情况下也不会过于担忧。

(来源：www.sciencedaily.com)

基于 SNP 芯片揭示中国玉米种质的遗传多样性与群体遗传结构

近日，北京市农林科学院玉米研究中心赵久然研究团队在《中国农业科学》发表文章，选用 344 份具有广泛代表性和时效性的玉米自交系，其中包括美国主要杂种优势群、由国内地方种质发展来的杂种优势群、由美国商业化杂交种选系发展来的杂种优势群以及近年来在中国玉米育种中应用的新种质，利用自主研发的包含 3 072 个 SNP 位点的 Maize SNP 3 072 芯片对供试自交系进行全基因组扫描，揭示其遗传多样性与群体遗传结构，选择具有重要育种价值的玉米自交系进行遗传多样性与群体遗传结构解析，为玉米育种实践提供指导和参考。

结果显示，在 344 份自交系中，3 072 个 SNP 标记所检测到的基因多样性为 0.028~0.646，平均为 0.442；多态信息含量为 0.028~0.570，平均 PIC 值为 0.344。群体遗传结构分析表明，K = 8 时，△K 值最大，即本研究所采用的自交系群体可以划分为 8 个类群，分别为旅大红骨群、黄改群（又称塘四平头群）、Iodent 群、兰卡斯特群、P 群、改良瑞德群、瑞德群和 X 群，其中，前 7 个群已有报道且基本被育种家所公认，第八个群为近年来以 X1132X 等杂交种作为基础材料选育出的优新种质，命名为 X 群。比较 8 个类群，遗传分化系数为 0.319~0.512，遗传距离为 0.229~0.514。AMOVA 结果表明类群间存在显著的遗传变异，占总遗传变异的 38.6%，类群内的遗传变异占 58.1%。

主成分分析结果显示，X 群与黄改群、兰卡斯特群遗传关系较远，与 Iodent 群遗传关系较近。各类群平均基因多样性分析结果表明，随着类群改良年代的增加，类群平均基因多样性降低，其中，X 群种质平均基因多样性最高。

进一步分析表明，美国种质类群（兰卡斯特群、瑞德群和 Iodent 群）和国内地方种质改良系（旅大红骨群和黄改群）核心材料多样性下降幅度较大，P 群和改良瑞德群核心材料下降幅度较小，X 群核心材料则没有下降趋势，说明 X 群核心材料仍然保留了较高的遗传多样性，未来还有很大的育种潜力可挖掘。

（来源：中国农业科学）

水稻单基因突变克服了种间杂交不育

杂交不育是种间繁殖最大的障碍。日前，日本科学家成功利用突变来找到了导致水稻杂交不育的基因，有望帮助阐明种间杂交不育的遗传基础。研究表明，种间繁殖障碍可以通过影响单个基因来克服。

稻属有两个栽培种，即亚洲栽培稻（*Oryza sativa*）和非洲栽培稻（*O. glaberrima*）。非洲品种对高温等非生物胁迫以及生物胁迫耐受，然而，种间繁殖的障碍影响了亚洲品种和非洲品种的杂交育种。

为了找出不育的原因，北海道大学以及日本国际农林水产业研究中心（JIRCAS）、京都大学的研究人员重点研究了和杂交不育有关的 S1 基因位点。研究团队将杂交种子杂合在一起，在 S1 位点上形成大量杂合体，然后用重离子射线照射这些杂合体诱发突变。在筛查突变时发现，虽然 S1 位点杂合，但植株仍能孕育出种子；接下来对 S1 位点进行基因分析时，发现一种称为 SSP

的肽酶编码基因缺失。研究团队通过转化实验在亚洲型栽培稻中加入完整的 SSP，并将转化株和突变体杂交，结果植株出现了杂交不育，这说明 SSP 起了作用。有趣的是，仅有转化过程并不能使植株表现出不育性，说明 SSP 虽然是导致杂交不育不可或缺的因素，但并不是唯一因素。

研究团队研究了 SSP 的进化路径后，发现该基因仅在非洲栽培稻和其他一些野生品种中出现，而亚洲栽培稻中没有。这说明该基因在某些进化路径中获得或丢失，而且保留了种间界限。

（来源：www.sciencedaily.com）

研究发现水稻抗旱耐涝基因

日前，来自哥本哈根大学、名古屋大学和西澳大利亚大学的研究人员在植物生理学方面开展的国际合作取得了突破性进展。他们发现了控制水稻表面特性使叶片具备超疏水性的单一基因。该成果发表在《新植物学家》上。

这一团队自 2014 年以来，一直致力于明确在水稻、小麦和几种天然湿地植物上观察到的耐涝性增强的遗传背景。此次发现的基因名为 LGF1，它控制着叶面的纳米结构。因为纳米结构保留了一层薄的叶状气体膜（Leaf Gas Film），当发生洪水时，超疏水表面在水下时保有薄气膜，能在淹没期间使气孔发挥功能，使水稻得以存活。气孔不仅调节植物白天光合作用对二氧化碳的吸收，还可以调节夜间对氧气的吸收，使有氧呼吸得以进行。没有气体保护层，洪水将会阻塞气孔，植物与环境的气体交换就会受到限制，从而导致植物溺水而亡！

研究人员在实验室和大田条件下运用先进的微电极揭示了叶片气体膜在水稻淹没状态下的作用，并评估了它的重要性。然而，科研人员观察到，在淹没几天后，由 LGF1 基因编码的叶片超疏水属性消失，叶片变湿，植物开始溺水。因此，研究人员拟将研究重点放在 LGF1 基因的过度表达上。因为过度表达会为叶片涂上更多的蜡晶，帮助植物抵御洪水。

LGF1 基因同时也赋予了植物耐旱性，因为微小的蜡晶体也减少了叶面蒸发。这一发现意义巨大，因为全球范围内的气候变化将导致旱涝更加不均，为维持全球粮食供应，就迫切需要耐涝性和耐旱性更强的作物。由于植物抗旱抗涝均由一个单一的基因控制，实现这一目标的可能性就更大了。

（来源：www.eurekalert.org）

新的研究发现有助于培育高锌含量小麦品种

近日发表在《Nature Scientific Reports》上的一篇报告指出，一个国际科学家小组首次应用全基因组关联分析，研究了小麦籽粒锌含量背后的遗传学。通过分析印度和墨西哥不同环境下 330 个面包小麦品系籽粒中的锌含量，研究人员发现了 39 个与该性状相关的新分子标志物以及两个携带锌吸收、转运和储存的重要基因的小麦基因组片段。

锌是一种关键的微量营养元素，而许多依赖小麦类食品的人则往往缺乏这种元素。在非洲和亚洲大部分地区，超过 17% 的人饮食中缺乏锌，这是导致每年 40 多万幼儿死亡的原因之一。

国际玉米小麦改良中心的小麦育种专家、该篇报告的第一作者 Velu Govindan 指出，这些发现将有助于降低高锌含量小麦品种的开发难度。印度、澳大利亚、美国和墨西哥的研究中心已经展开合作，将通过使用高锌基因组片段和分子标记加快高锌小麦的育种。该研究促进了将籽粒锌含量作为国际玉米小麦改良中心小麦育种的标准特征。由于来自国际玉米小麦改良中心培育的品种，种植在占世界近一半的小麦土地上，因此，将高锌"纳入育种计划主流"可以提高数百万人的微量元素营养。

这项研究应用了人类疾病研究中经常使用的全基因组关联方法，用来专门研究基因组片段，这些基因片段携带小麦籽粒锌含量的相关基因。与传统的 QTL 基因图谱相比，全基因组关联方法的优势包括更好地覆盖等位基因以及分析中包括地方品种、优良品种和先进育种系的能力。该项研究为小麦祖种的扩大利用打开了大门，作为高锌籽粒的等位基因来源，其结果可以帮助我们从小麦、大麦、短柄草和水稻中找出其他候选基因。

（来源：www.cimmyt.org）

生物强化小麦既能增加营养又能维持产量

　　除了切片面包,生物强化或许是人类最妙的发明——生物强化小麦能让一些人更易获取适当的营养。

　　生物强化的过程能以自然的方式增加作物的营养价值,而强化可能是直接在面包的生面团里加入铁之类的矿物质。生物强化则是在一开始就让生面团里的小麦自然含有更多铁元素。

　　美国农业部(USDA)农业研究服务局(Agricultural Research Service)的罗伯特·格雷博什(Robert Graybosch)解释说,全世界大约有60%的人口无法获取足够的铁元素。究其原因是人们摄取的食物矿物质含量不足,或含有抗营养物质。这类物质的分子会阻碍人体吸收有益的营养物质。

　　"生活在世界上很多地方的人们的饮食并不均衡,主要摄入的粮食也缺少矿物质,这时候强化就很有用,"格雷博什说道,"通过在食物产品中加入矿物质,强化就能解决这一问题,也就是烤面包用的面粉"。

　　不过,他补充说有的人认为这样加入矿物质很奇怪,就不太想吃这样的食物了。所以格雷博什想通过自然的方式增强小麦面粉中的矿物质,让世界各地的人们摄取更多铁元素。

　　"生物强化可以通过传统的植物育种实现,如自然的遗传变异、自然突变、或基因工程,"他说道,"如果有人发现某种突变能够让谷物含有更多铁元素,并把这一特征植入人们生产和食用的小麦中去,那么就可以说这一作物得到了生物强化"。

　　格雷博什和他的团队研发出了冬小麦的实验性育种系,要想创造出农民可以种植的新品种小麦,这是万里长征的第一步。他们想把植酸盐含量低和籽粒蛋白质含量高这两种特性结合起来,同时,维持谷物产量。植酸盐就是会阻碍人体吸收某些矿物质的抗营养物质。

　　生物强化是一种微妙的平衡状态。通常来说,增强营养会让作物的整体产量下降,导致小麦整体的营养水平下跌,损害农民的利益。

　　而根据格雷博什团队的研究结果显示,有望实现结合以上2种特性的同时,又不会对作物产量造成负面影响,还能增加人类能够吸收的锌、钙、锰的含量。虽然要开发出农民可以种植的强化小麦还需要进一步研究，但是其基因可以用于开发营养含量更高的小麦并维持产量。

后续研究也已启动，即将这些有益基因植入适应小麦生长地区的植物体内，如北美大平原（Great Plains）地区。"需要注意的重要一点是，所有生长在某一特定地区的小麦都已适应了那个地区，"格雷博什解释说，"大平原地区的小麦能在大平原茁壮成长，但是在其他地方就不行了。如果想在其他地点获得某种特性，其他育种人员就得把这种特性引入自己所在的地区之中，他们也很有兴趣尝试这种做法"。

格雷博什谈起这项研究起始于有一天他下班回家的路上。当时他想设计一个方案来调查"人类面对的最重要的营养问题"，他认为很可能就是缺铁。他就和当时还是研究生的乔治·贝内加斯（Jorge Venegas）一起开始寻找能够提升小麦营养含量的基因。

格雷博什表示："只要能让消费者以低成本或零成本增加食物中的矿物营养，我认为就是有价值的发现。不过不管是什么发现能在全球范围内提升营养水平，都还有很长的路要走，才能最终改善人类的生活"。

（来源：美国农学会）

研究发现高粱粒数增至 3 倍的方法

高粱是全球多个地区粮食、动物饲料和生物燃料的重要来源。冷泉港实验室（CSHL）近日在《自然—通讯》（Nature Communications）上发表的最新研究显示，一种简单的基因改良可以把耐旱植物高粱的籽粒数增至 3 倍，即只要降低一种关键激素的水平，就能使作物开更多的花，结更多的种子。这一发现为将来显著增加谷类作物产量指明了方向。

与许多谷类作物一样，高粱的谷粒是在成簇的花中产生的，而花是从植物顶部一个称为圆锥花序的复杂分支结构中孕育出来的。每个圆锥花序可以产生几百朵花。这些花有 2 种类型，一种称为无柄小穗（SS），具有结籽能力；另一种称为有柄小穗（PS），没有结籽能力。在研究人员培育出的改良植株中，无柄小穗和有柄小穗都能结籽，这就使得谷粒数量增至 3 倍。

通过给改良作物做完整的基因组测序，研究人员发现，关键突变影响了一种能够调节茉莉酸产生的基因，而茉莉酸会阻止有柄小穗结籽。具有这种突变的植物产生的生长调节激素（茉莉酸）水平异常低，尤其是在开花期。于是，当这种激素水平低时，每朵花都可结籽；反之，当这种激素水平高时，具有结籽能力的花的数量就减少了，最终导致种子数量减少。

研究团队希望用同样的方法来增加水稻、小麦等其他主食作物的产量。

（来源：www. eurekalert. org）

研究人员培育出多产又营养的高适应性无壳大麦

俄勒冈州立大学（Oregon State University，OSU）的研究人员给一种古老的谷物注入了新的生机：这种大麦的麦粒"一丝不挂"，但并非"不雅"。

许多大麦的麦粒都是被牢牢粘在表面的壳或外衣包裹起来的。而研究人员培育出的"不挂"大麦（Buck）——就是成语"一丝不挂"里的"不挂"——壳并没有粘在麦粒上，而是在大麦成熟脱粒的时候随之脱落了。

"连大麦遗传学家也会逗逗闷子。"作物科学家帕特里克·海耶斯（Patrick Hayes）说。海耶斯是 OSU 大麦项目的成员，这个团队由一群对大麦研究有浓厚兴趣的研究员和育种家组成。

食品生产商用有壳大麦制造食品的时候，会把难吃的壳研磨掉，形成珍珠麦。但研磨去壳的过程中会损失营养丰富的麸，因此，珍珠麦并不被当做全谷物。无壳大麦不需要研磨，这样麸皮就能够保存下来，因此依然是全谷物。

大麦美味且营养丰富。海耶斯说，"不挂"大麦的 β-葡聚糖含量适中。β-葡聚糖是一种可溶性膳食纤维，有利于降低胆固醇、促进消化。全谷物烘焙食品、粥、粗碾谷物和麦片都可以用大麦制成。我们要告诉人们，现在这种古老谷物已经更新换代，而且对身体更好！

无壳大麦已经有 1 万年的历史了，这是一种自然变异的结果，农业活动伊始就形成了这种自然选择。但之前没有能够适应太平洋西北部环境的无壳大麦，因此，"不挂"的问世正当其时。这是首个专门为该地区培育的秋播无壳大麦品种。"不挂"可能也适应其他地区的环境：在中西部的田间试验中表现良好，甚至在中北部明尼苏达州（Minnesota）的几个冬天也能生存。

培育出"不挂"的研究团队把来自俄勒冈州和弗吉尼亚州（Virginia）的2个大麦品种杂交。俄勒冈亲本负责抗病性等优良特性，而弗吉尼亚亲本负责"裸"。两者结合的"不挂"大麦产量很高，而且与人们更熟悉的无壳作物小麦相比，用更少的化肥和水就能茁壮成长。这种大麦可以用来做食品、动物饲料和酿酒。

"不挂"备受瞩目，因为它的β-葡聚糖含量适宜，既能用于生产食品、饲料，也能用来酿酒。如果β-葡聚糖含量太高，就很难做成动物饲料或酿酒。每单位无壳大麦麦芽可以酿造更多酒，这意味着酿酒厂可以事半功倍。

全球范围内，大部分大麦用于生产动物饲料。然而，海耶斯说："大麦如今是一种非常重要的谷物，因为它在酿酒方面具有独特优势"。

无壳大麦可以给酒增添风味，也便于酿酒加工。在传统酿酒过程中，一开始麦壳可以当做过滤器帮助制造麦芽。但如果没有麦壳，制麦芽可以用别的方法。最完善的是糖化醪过滤法，能够减少用水和碳排放。如果没有糖化醪滤器，酿酒厂还可将无壳大麦和麦芽混合或添加米壳。

OSU研究团队正在和企业以及学术界同事合作研发使用"不挂"大麦的酿酒配方。华盛顿州（WA）温哥华市（Vancouver）的大西部麦芽酿酒厂（Great Western Malting）最先用这种大麦酿出了酒。很快俄勒冈州波特兰市（Portland）布里克赛德酿酒厂（Breakside Brewing）的试验性"不挂"大麦啤酒也即将上市。

（来源：美国农学会）

研究人员发现能够控制水果、蔬菜、谷物形状的遗传机制

从拉长的椭圆形到近乎圆满的球形，蔬菜的大小和形状多种多样。但是究竟是什么因素导致他们形状不一样？佐治亚大学（University of Georgia，UGA）农业和环境科学学院的研究人员最近发现了一种遗传机制，这些遗传机制能够控制水果、蔬菜、谷物的形状。

在一篇发表于2018年11月10日《Nature Communications》期刊上的文章中，UGA园艺学教授伊瑟·范德纳普（Esther van der Knaap）和她的团队对

此作出了详细解释，他们表示多种植物都拥有一组遗传特性，这些遗传特性可以控制具体水果、叶片、种子的形状。

马铃薯和番茄同属茄科，因此，关系紧密。这两种植物的基因组中几乎所有的基因都存在共线性关系。通常来说，这就意味着两种植物中同样的基因控制着相关的特性。如在番茄中，控制着形状的基因在马铃薯中也控制着块茎的形状，因为在后者基因组相同的位置也发现了这种基因。

研究者发现可以通过一种类似他们提到的番茄的机制，来解释许多瓜果蔬菜的形状。科研人员发现在番茄中，细胞会分成一列列或一排排，这样就可以决定水果的形状。他们还发现好几种其他植物可能也有这种机制：如甜瓜、黄瓜、马铃薯，等等。甚至也发现正是这种机制控制着稻米和叶片的形状。

这一能够控制植物形状的遗传路径的发现不仅对于植物育种人员来说十分重要，对于更好地了解植物的演变和发育过程也十分关键。

作为国家科学基金会和美国农业部资助的项目之一，该研究将在原来基础上进一步拓展，试图精确定位能够解释各种番茄形状和大小的基因。

在研究中，范德纳普发现控制番茄形状和大小的基因序列控制着细胞分裂或细胞的大小。许多基因序列上的基因都决定着各自形成的水果形状。其中，有些基因能在水果生长的后期，即水果成熟前影响水果的大小和形状，有些则早在开花前就能对大小和形状产生影响。

范德纳普的小组在研究时，还分析调查了其他蔬菜水果的遗传机制和基因组，以确定其他植物中类似基因组的具体位置。

（来源：www.agropages.com）

荷兰发现抗多种虫害的番茄近缘野生种

荷兰瓦格宁根大学及研究中心（WUR）的科研人员最近发现了一种能够抵抗多种虫害且与番茄栽培种近缘的野生番茄，有望通过杂交使栽培种获得抗虫性。

野生番茄具有较强的抗虫性，而栽培番茄在现代育种过程中逐渐丧失了这种抵抗力，与野生种相比更易遭受病虫侵害。瓦格宁根大学及研究中心的科研人员自 2010 年以来一直致力于通过育种技术重新为栽培种引入野生番茄品种的抵抗力。但问题是大部分野生番茄都是栽培番茄的远缘种，截至目前，尚未成功杂交出所需的性状。

最近科研人员利用番茄基因库中的野生种（*Solanum galapagense*）样本进行研究时发现，这种野生番茄不但可抵抗粉虱，还可抵抗其他多种害虫，包括桃蚜和甜菜夜蛾的幼虫。最让人惊喜的是，这种野生番茄是栽培番茄的近缘种，其抗性被编码在单一染色体内，因而与栽培番茄的杂交变得更加容易。

粉虱是栽培番茄的常见害虫之一，传播病毒感染植株，并最终使植株死亡，其防治方法通常是喷施杀虫剂。如果栽培番茄品种具备对粉虱的抵抗力，就可以减少对杀虫剂的使用，从而对环境有益。温室中的虫害相对较轻而且易于管理，但大田种植中的虫害问题就要大得多，并且难以控制和管理。预计该研究会给田间和热带地区的番茄种植带来更多好处。

（来源：荷兰瓦格宁根大学及研究中心）

墨西哥成功培育出能够辅助治疗高血压的转基因番茄

总部位于日内瓦的世界卫生组织（WHO）称，高血压正在威胁着全球 30%人口的健康。近日，墨西哥锡那罗亚州自治大学的科学家成功培育出了一种能够帮助治疗高血压的转基因番茄。科研人员找到一种有助于降低高血压的蛋白质，并设计出一种将该蛋白质导入番茄的方法。

通过基因工程技术，研究人员从苋菜中提取出该蛋白质基因，使其在番茄中表达，再将番茄喂给实验室的高血压大鼠。试验结果显示，番茄中的苋菜素具有与卡托普利（一种高血压患者常用的处方药物）类似的治疗效果。该项目在下一阶段将会测试转基因番茄对人体的影响。

（来源：SEARCA BIC）

植物育种技术为果蔬增色

忘掉颜色暗淡长满绒毛的蔬菜，忘掉口味寡淡的水果——未来的农产品生产能够提供专为厨师灵感及挑剔食客订制的植物产品。《植物科学发展趋势》（Trends in Plant Science）期刊 2018 年 7 月 19 日刊载了一篇评论，文中 2 名食品研究人员指出，新的育种技术可以强化作物的形状、大小、颜色及健康属性，同时，也会让传统育种更有据可循。

新西兰植物与食品研究院（New Zealand Science Institute Plant & Food Research）研究人员安德鲁·艾伦（Andrew Allan）与理查德·艾普利（Richard Espley）合著了该评论。安德鲁表示，"新奇促成了很多首次购买行为。如果体验出色，那么消费者就会再掏腰包。选择是关键——选择琳琅满目总不是坏事"。

文中两位作者指出，一般转基因作物生产需要添加新的 DNA 序列，而利用 CRISPR-Cas9 基因编辑的快速育种技术不同于此，研究人员利用这类新技术能够编辑现有基因，尤其是可以编辑控制许多植物关键消费特征的 MYBs 转录因子基因。

艾伦指出，"MYBs 一般控制的化合物产生了水果或蔬菜'惊艳'特征——颜色。这些化合物往往还与身体健康息息相关，如能降低心血管疾病发病率或起到维生素的作用。通过运用 MYBs 提升这些化合物的含量，不但能让颜色更亮丽，还能在赢得消费者青睐的同时做到更有益饮食健康"。

这一方法也适用于果蔬表皮之下的改良。例如，苹果和土豆果肉颜色并不鲜艳，往往意味着营养集中于果皮。通过调整 MYBs 在苹果或土豆果肉内生成更多化合物，就能够让食用的每一口果蔬都富含同样多的维生素。

这一技术也应用于改良果蔬的口味和质地，因而艾伦也为超市未来能因此获益感到欣欣鼓舞。艾伦甚至认为"这项技术能够开启下一场绿色革命，发达国家将有更丰富的产品供选择，而欠发达国家也能提高产品产量，同时，也有了更多种植选择来应对气候变化。"对持保留态度的人，艾伦表示，新的育种技术模拟的是自然环境中 DNA 的变化，因而也将推动传统育种及种植实践的进步。

两位作者获得了新西兰政府商业、创新与就业部奋力基金（Ministry of Business，Innovation and Employment Endeavour Funds）的大力支持，"推动了育种实践发展"并"填补了相关领域空白"。

（来源：《细胞》）

美国开发禾本科植物基因以培育优良作物品种

美国农业部（USDA）和康奈尔大学的研究人员将会开发利用在 700 多种禾本科植物品种中发现的基因信息，希望能培育出更高产的玉米和高粱，并且能抵抗由气候变化引起的极端气候。

课题组负责人、USDA 农业研究局（ARS）的遗传学家艾德·巴科勒（Ed Buckler）介绍说：野外生存的每一代植物都经历了不同的天气、环境，能成功存活下来的那些植物就把基因传给了下一代。想要培育出能更好地适应气候变化的作物，就要研究漫长的进化过程和丰富的遗传学历史，而像以前那样粗略地只研究一种植物是没办法做到的。通过研究与这些主要农作物关系密切的植物的基因组，研究人员就可以探索那些承载了 15 亿年进化史的基因。植物育种者可以利用这些信息来培育产量更高、抵御气候变化能力更强的玉米和高粱。

研究人员利用先进的基因组技术对蜀黍族禾本科植物的基因组进行测序，生成大量数据。测序的植物品种超过 700 种，研究人员将每种植物相互比较，并与玉米和高粱的染色体进行比较。研究人员将确认基因组中那些在功能性上起到重要作用的碱基对，而这些基因组在玉米和高粱中可能会发生变异，从而阻止作物增产或适应气候变化。处理 700 多个植物品种的工作极其复杂，但利用机器学习技术就能加快这一过程。

这项有关高粱族禾本科植物（包括玉米、高粱、甘蔗）的研究项目获得了国家科学基金会（NSF）500 万美元的资助，为期 4 年，其中，一部分资金将用于培养计算生物学的下一代科学家。

（来源：www.agropages.com）

新育种技术成功培育出耐盐作物

　　世界知名粮食安全权威人物 Mark Tester 教授在谈及 "提高农作物耐盐性方面的进展" 时，解释了人们该如何应对迅速增长的世界人口对粮食的需求和有限的淡水供应这两大挑战，他表示，作物育种新技术有助于将任何作物都转变为耐盐品种，从而控制全球粮食短缺。

　　一份新闻稿称，Tester 教授在沙特阿拉伯阿卜杜勒阿齐兹国王科技大学的盐度研究小组正在积极解决这一严重问题，他们利用基因组学来确定那些可使植物在盐渍条件下存活的基因。然后他们将这些基因添加到现有的植物品种，如大麦、番茄等，从而开发出可在盐胁迫条件下茂盛生长的作物新品种。

　　Tester 教授解释道，如果直接应用该技术，那么占世界水资源97%的海水或含盐水便可用于农业，从而满足巴基斯坦等淡水资源快速耗尽国家的粮食需求。

　　根据2008年的一份报告，巴基斯坦由于洪涝和盐化造成的作物产量损失估计每年超过8.8亿卢比（2 850万美元），而年度经济损失总值预计在3亿美元左右。

　　因此，解决土壤盐化问题对于确保粮食安全至关重要，Tester 教授还介绍了其他一些类似工作，在这些工作当中，研究人员对现有的耐盐野生植物进行改良，使其能够食用。

　　Tester 教授与巴基斯坦国家生物技术与基因工程研究所的科学家一直在这方面进行合作。他们利用 Tester 教授团队开创的这一技术培育出254个转基因小麦品种。至此，一种经济上可行的新型农业体系逐步建立，进而开启海水农用的大门。

（来源：www. agronews. com）

新研究成果有助于培育出更为耐寒的作物

气温下降时，植物不能多穿件衣服保暖。它们暴露在室外，一动也不能动，只能开始启动一系列生物化学反应，保护自己的细胞完好无损。科学家们对这些变化进行了描述，也确认了一些控制这一变化的基因，但是对于变化过程是如何共同起作用的，还无从得知。而植物育种人员也由于缺乏这一全局观，在培育耐寒植物方面一直无法取得成功。

最近，伊利诺伊大学（University of Illinois）和土耳其盖布泽大学（Gebze Technical University）的一项研究超越了一次只研究一种基因、一种蛋白质、一种生化途径的传统方法，提供了研究植物冷胁迫的一种新思路。该研究同时对冷胁迫应答涉及的所有基因、代谢物、途径、反应进行了调查研究。

"育种人员如果想更改一个基因，就制造出更耐寒的植物，机会很渺茫。我们首先要搞懂整个体系：不仅要搞懂植物胁迫应答中那些引起我们注意的基因，还要搞懂所有对特殊途径和其他生物活动造成影响的相关基因，"伊利诺伊大学作物科学系（Department of Crop Sciences）教授古斯塔沃·凯埃塔诺·安诺莱斯（Gustavo Caetano-Anollés）说道，他的研究文章同时也刊登于《生物工程和生物技术前沿》（Frontiers in Bioengineering and Biotechnology），"我们的研究确认了和植物重要特性相关的具有重大意义的代谢物，朝着代谢物轮廓技术迈进了一大步"。

下一代的基因测序技术能组成数以百万的数据点，生成一个微生物在某一特定时刻表达的所有基因和蛋白质的列表，但是科学家们仍然没有什么方法得知这些基因和蛋白质曾经的情况以及它们是如何互相作用的。

拟南芥是一种通常作为模式植物的基因过程和生理过程的小型植物，因此研究小组接下来研究了拟南芥的数据点，分别取自冷胁迫应答过程中的4个时间点。通过在数据集中标注了不同的基因和基因产物，研究小组建立了一个由基因、代谢物、途径组成的网络，以确认植物冷胁迫应答的所有过程。

"通过研究，我们发现了大量途径中与胁迫相关的代谢物，以前我们认为这些代谢物不一定会对冷胁迫作出应答，其中，包括氨基酸、碳水化合物、脂质、激素、能量、光合作用、信号传送途径。这就表明了我们应该在系统层面上来研究胁迫应答。"凯埃塔诺·安诺莱斯说道,"我们发现冷胁迫首先会激发一股能量的爆发,紧接着是碳元素转变成氨基酸和脂质代谢"。

盖布泽大学的研究人员,同时也是研究的共同作者伊卜拉辛·考契(Ibrahim Koç)补充表示:"尤其是乙醇这种代谢物,是管理细胞能量的一员大将"。

虽然如果要确定所提及的各种途径是否能同时进行更改,还需进行更多研究,不过现有发现已为植物育种人员和生物工程师指明了一条可行的道路,尤其是这一方法论让科学家得以运用系统生物学工具,研究在重要的途径上发生的各种代谢反应,从全局出发,制造能够帮助植物对环境侵害作出应答的酶。

重要的是,研究人员实际上提供了一种观察所有微生物的代谢过程的方法。凯埃塔诺·安诺莱斯建议,可以应用该方法研究野草的抗药性或者哺乳动物的抗生素抗药性。

(来源:伊利诺伊大学农业、消费者和环境科学学院)

新研究成果为培育抗热、抗旱能力更强的作物提供了线索

据宾夕法尼亚州立大学(Penn State)的研究人员表示,高温胁迫可能会触发植物 RNA 即核糖核酸发生反应。核糖核酸为细胞遗传信息系统的一部分,能帮助管理细胞环境中发生的变化反应。

研究人员有一次在研究水稻时发现,温度的突然上升会导致水稻的 RNA 结构发生变化,这与信使 RNA(即 mRNA)损失的数量密切相关。mRNA 分子是 RNA 的一种特殊类型,负责在形成蛋白质的过程中将 DNA 指令传输至细胞的核糖体。

埃伯利理学院(Eberly College of Science)获得沃勒教授职位(Waller Professor)的生物学教授莎拉·阿斯曼(Sarah M. Assmann)表示,因为植物和人类一样不能自我调节温度,或者远离热源,那么以上过程可能就是植物在高温或者干旱的环境下的应对方式。

研究人员于 2018 年 11 月 5 日将研究结果发布于《美国国家科学院院刊》

（Proceedings of the National Academy of Sciences），他们表示虽然还需要进行进一步的研究，不过该项研究可能跨出了重要的第一步，帮助农民生产出抗高温、抗干旱能力更强的作物。

"对于全世界一半的人口来说，水稻是他们的主食，对某些地区的自给农业来说尤其重要，所以总的来说水稻是一种维持生命所必须的粮食作物，"阿斯曼说道，"但是随着气候变化越来越严重，以及我们要增加粮食产量来喂养全世界越来越多的人口，我们一直在努力试着弄懂植物是怎样应对环境胁迫因素的，这样我们以后才可能通过育种机制或其他方法改进作物品种，生产出更能适应环境胁迫的作物，提高产量"。

宾夕法尼亚州立大学化学及生物化学和分子生物学（Biochemistry and Molecular Biology）杰出教授（Distinguished Professor）菲利普·贝维拉卡（Philip Bevilacqua）表示，研究人员分析调查了 14 000 多种不同的 RNA，想要在分子复杂的折叠结构中找到发生的变化，这可能就暗示着急性热胁迫。DNA 分子结构为相互交织的双链结构或双螺旋结构，而 RNA 则是单链结构。

"由于 DNA 有两条单链，因此，包含的折叠很少，但是 RNA 只有一条单链，能够进行自我折叠，所以，RNA 的折叠要更多更复杂。"贝维拉卡说道。

研究人员为了创造热胁迫，把一组 2 周大的水稻秧苗置于超出正常温度的环境中（108 华氏度）十分钟，然后与处于 72 华氏度环境中的对照组水稻秧苗进行比较。

贝维拉卡解释说："我们之所以就放了十分钟是因为 RNA 的再折叠过程其实发生得很快，而下游的一些过程比如蛋白质的合成就比较慢，我们比较感兴趣的是 RNA 是怎么再折叠的"。

研究人员发现，如果作物遭受热胁迫，其 RNA 的折叠过程就会比对照组作物的折叠过程更为松散，接着 mRNA 的展开就会与 mRNA 丰度损失的部分产生关联。这也就表明 mRNA 的展开会促使其自身的降解，这也是细胞调控哪些基因在何时进行表达的一种方法。

"我们发现那些试图在末端展开的 RNA 和这些 RNA 丰度的降低之间有着某种关联，而有了合成蛋白质的 RNA 密码，我们就可以大致推断出，接下来基因编码蛋白质就会减少，包括酶和所有蛋白质负责实施的多种功能都会减少。"阿斯曼说道。

贝维拉卡表示，这一过程为未来的研究提供了线索，以研发出抗热、抗旱能力更强的作物。

"因此，如果结构的损失会导致丰度的降低，而这种丰度的降低不是理想的结果，那么你就可以想象到，我们可以改变 RNA 末端的序列，让这些序列更加稳定，从而让蛋白质的合成更加稳定"。

该研究的第一作者苏照（音译，Zhao Su）同时表示，这一研究也为基因调控提供了新的视角。

"这项研究揭示了一个令人兴奋的新发现，也就是有关基因调控的新的层面的理解，以前我们都没有察觉到，"苏说道，"尤其是我们证实了 mRNA 会对某一特定类型的调控蛋白质、转录因子进行编码，这些 mRNA 是通过高温展开来进行降解的特定目标"。

贝维拉卡教授和阿斯曼教授指出，这次研究是首次对 RNA 过程在植物中或活体内的活动进行分析调查，而这类研究离不开他们各自实验室跨学科团队的共同努力。阿斯曼教授表示，2 所实验室的合作已经持续了近 10 年。

"我觉得这项研究真正有意思的地方在于，它用上了我们两家实验室各种各样的技能和所有学科的人才，"阿斯曼说道，"这就是科学激动人心的地方"。

与阿斯曼、贝维拉卡、苏共同参与此项研究的还包括：生物信息学和基因组学研究生唐寅（音译，Yin Tang）、化学研究生劳拉·里奇（Laura Ritchey）、计算生物学博士后大卫·塔克（David Tack）、植物生物学博士后朱萌萌（音译，Mengmeng Zhu）。

该项目获得了国家科学基金会（National Science Foundation）植物基因组研究计划（Plant Genome Research Program）的资助。

（来源：宾夕法尼亚州立大学）

ATP 合成酶可应用于耐寒作物研发

来自西澳大学的研究人员发现了一种 ATP 合成酶，在植物如何应对寒冷中起着关键作用。

这一研究发表于《New Phytologist》上，可应用于抗寒作物的培育，以预防一些重大的气候事件，如今年在麦区发生的创纪录的低温天气，摧毁了数百万吨的小麦作物，这一发现每年能为农业节省数百万美元。

研究人员表示，随着气候变化愈演愈烈，了解植物在温度变化中会作出何种反应就变得越来越重要。新研究发现，在接近零度的条件下，植物生成的 ATP 合成酶会减少，ATP 作为植物细胞的主要能量物质，一旦这种酶的生产减缓，就会阻碍植物生长。基于前期的研究，多数研究者认为其他产生能量的物质比这种酶更为敏感，但是他们惊奇地确认了 ATP 合成酶是应对寒冷气候的关键物质。这一发现也揭示了植物与温度变化之间的新关系。

研究者表示，获得一种对寒冷如此敏感且能够产生能量的关键酶，对于农业工业生产以及研发耐寒作物具有重要意义。专家表示这一研究改变了以往关于植物如何应对温度胁迫的认知，也让他们的调查研究有了新方向。该研究使得研究人员对于植物应对温度变化进而生产能量的方式有了更深入的了解，有助于培育出能更好地适应气候变化的植物。

（来源：www.agronews.com）

研究人员培育出抗旱能力更强、生长发育未受阻碍的作物

极端干旱是气候变化带来的已被人们所感知到的影响之一。2018 年，欧洲北部和东部降水量减少、反常高温天气频现，造成了谷类作物、马铃薯和其他品种的园艺作物产量大幅度下降。长期以来，专家都警告人们必须要种植那些即便在干旱的环境中也能保持高产的植物品种才能保证粮食安全。如今，由研究人员安娜·卡诺·德加多（Ana Caño-Delgado）［农业基因组学研究中心（Center for Research in Agricultural Genomics，CRAG）］带领的团队通过修改植物甾体激素、即油菜素类固醇的信号系统，培育出了抗旱能力更强的作物。该研究首次发现了在不影响植物总体生长发育的前提下提升植物抗水分胁迫能力的方法，研究结果刊登于《自然—通讯》（Nature Communications）期刊。

不同的受体和不同细胞承载不同的功能

超过 15 年以来，安娜·卡诺·德加多一直在研究模式植物拟南芥的类固醇（油菜素类固醇）是如何调控植物生长发育的。众所周知，这些植物激素对应不同的细胞表面受体，在细胞中引起信号级联放大反应，最终造成细胞

伸长或细胞分裂。自 2016 年以来，得益于欧洲研究委员会（European Research Council，ERC）的资助，安娜的实验室利用这一知识找到了让植物获得抗旱能力的方法。目前，研究人员通过修改油菜素类固醇的信号系统，已经成功培育出抗旱能力加强的拟南芥。不过由于这些激素对植物生长起到复杂的综合作用，这些拟南芥相对于各自的对照组来说体型要小得多。

根据刊登于《自然—通讯》上的研究，研究人员调查了拟南芥的抗旱能力和生长情况，调查对象是不同油菜素类固醇受体发生突变的拟南芥。通过细致的研究，研究人员发现，相对于对照组，在管束组织中过度表现 BRL3 油菜素类固醇受体的拟南芥应对缺水环境的能力更强，并且与其他突变体不同的是，这些拟南芥的生长发育并未出现不足之处。"我们发现只在管束组织中修改油菜素类固醇的信号体系，就能培育出抗旱植株，而且不会影响这些植株的生长。"卡诺·德加多解释道。

之后，CRAG 的研究人员与欧洲、美国、日本的研究人员进行合作，对转基因作物中的代谢物进行了分析，证实了在正常灌溉条件下，过度表现 BRL3 受体的拟南芥会在暴露于空气中的部分和根部产生更多的渗透保护代谢物（糖分和脯氨酸）。在干旱的环境中，这些保护性代谢物会迅速积聚在植物根部，让植物免于干枯而死。因此，过度表现 BRL3 会让植物做好准备，应对缺水环境，这种称为启动效应的机制与人体接受疫苗的效果有点相似，后者也是帮助人体做好准备，应对未来可能出现的病原体。

从基本原理到应用研究或可成为农作物解决之道

虽然这一发现使用的是小型模式作物拟南芥，不过由卡诺·德加多带领的团队已经开始研究如何将这一方法应用于农业作物尤其是谷类作物。

卡诺·德加多总结说："今天，农业面临的一大问题就是干旱。截至目前，各种生物技术一直都在致力于培育出抗旱能力更强的作物，但都不太成功。因为作物的抗旱能力一旦加强了，相应地，其生长发育和产量就会受到影响。不过现在看来，我们似乎总算找到了一个两全的应用办法，我们会继续努力的"。

（来源：农业基因组学研究中心）

2017 全球种子市场要点

2017 年间，商业种子市场的整体价值增长了 3.9%，其中，全球转基因（GM）种子市场价值也有所上升，包括抗除草剂（HT）种子、抗虫（IR）种子、复合性状种子，总的转基因种子比例也相应增加。

与此同时，全球棉花、油菜籽、大豆的种植面积显著增加，大米、小麦、玉米的种植面积略微减少。

绝大部分企业销售同比增长，但仍有部分企业未实现增长。陶氏化学（Dow）因与杜邦（DuPont）合并，为打消监管机构担忧，陶氏实行了战略性剥离，其销售受到一定影响。

北美自由贸易协议（North American Free Trade Agreement，NAFTA）区种子市场增长加速，主要得益于美国大豆和棉花种植面积增加，加拿大油菜籽种植面积增加，高价抗农达（RR Xtend）大豆种植面积增加，棉花种植转向第三代 Bt 技术（bollgard 3）组合。

2017 年拉美种子贸易市场呈增长态势，主要得益于蔬菜市场蓬勃向好，转基因种子渗透率不断增加。

2017 年欧洲种子贸易市场，包括欧盟 28 个成员国（EU-28）和前苏联 12 个国家（FSU-12），增长 10.0%。

2017 年中东和非洲地区市场出现小幅负增长。转基因种子市场（尤其是南市场）持续增长，导致种子贸易市场价值下降。

以上信息摘自菲利普斯·麦克杜格尔咨询公司（Phillips McDougall）2018 年 7 月《种子服务》（Seed Service）概览。该公司专家分析师为您奉上市场领先的全球种子市场情报。

[来源：菲利普斯·麦克杜格尔咨询公司（Phillips McDougall）]

动物育种

科学家发现用于分离母牛胚胎干细胞的有效技术

利用牛这类大型家畜品种生产胚胎干细胞对于基因检测、基因组工程和研究人类疾病都非常重要。在一定条件下，胚胎干细胞可以无限生长，并且可以分化出任何其他类型组织或细胞，这对创造遗传优良的母牛具有重大意义。加利福尼亚大学的科学家们最近开发出一种可高效分离母牛胚胎干细胞的方法。

研究人员如果能够从干细胞系中生产出配子、精子或卵细胞，其结果将意义深远。这种"体外"育种可以缩短生产优良基因牛的时间。加利福尼亚大学副教授 Pablo Ross 表示，这将会改变我们现有的遗传学研究方法，短短几年即可完成几十年才能改变的牛的遗传性状。这一发现可以提高养殖效率、改善动物福利、增强免疫力，使养牛业更加生态可持续。

(来源：www.sciencedaily.com)

通过改良鱼品种提升水产养殖的潜力

自 20 世纪 80 年代后期以来，World Fish 及其合作伙伴一直在繁殖基因改良的吉富罗非鱼（Genetically Improved Farmed Tilapia，GIFT）。该项目培育的 GIFT 产量显示，选择性育种的每个子代仍然能够增产 10%。与此同时，埃及开发的饲料添加类菌株 Abbassa 也有非常强劲的表现，World Fish2016、2017 年在四个罗非鱼主产区的 83 个农场开展的调查显示，与其他品系菌株相比，每费丹（0.42 公顷）的利润提高了 47.8%。

这一技术在鲤鱼育种中也发挥了类似的效果，然而，仅依靠加快增长速度并不能完全实现渔业的可持续发展。因此，该项目将注意力转向影响鱼类生长的其他特征和因素，如抗病性和饲料利用效率。基因组选择技术使陆生家畜遗传改良的速度发生了阶段性的变化，并有可能在鱼类育种中发挥同样的作用。此外，在 GIFT 育种计划中纳入新特性将有助于养鱼者为未来的挑战如气候变化等做好准备。这对非洲和亚洲的农民意义深远，因为罗非鱼对于粮食安全至关重要，但往往难以获得适合当地条件的改良鱼品种。

罗非鱼和鲤鱼品系的选择性育种和新的支持工具是 CGIAR 鱼类农业食品系统（FISH）研究计划的重要组成部分，该计划同时支持世界渔业组织提高小规模水产养殖的生产力以满足日益增长的全球鱼类需求。

（来源：CGIAR）

新西兰科学家正在选育一种环境友好型绵羊

畜牧养殖业是新西兰温室气体排放的最大因素。目前，新西兰科研人员正在采取积极行动遏制温室气体排放。在农业研究公司 AgResearch 的支持下，由定量遗传学家 Suzanne Rowe 领导的莫斯吉尔农业中心的科学家们选育出一种环境友好型绵羊，与同种个体相比，温室气体排放量低 10%。

此外，政府也在积极推动整个畜牧业减排计划的科研工作。2009—2012年，政府花费大约 7 400 万美元赞助了几个旨在降低畜牧业温室气体排放量的科研项目。减排项目主要从以下 3 个方向入手：第一种是对牛、羊等畜种都开展类似的选择性育种计划；第二种是通过食物来源控制减少每千克饲料产生的甲烷量，如在反刍动物饮食中加入本地植物 Eremophila 后，气体排放量减少了 10%~15%；第三种是针对特定的生物群落，即绵羊和牛瘤胃中携带负责甲烷产生的微生物群落。西澳大学的动物科学教授 Philip Vercoe 表示通过上述 3 种方式的综合运用，甲烷排放量可以减少 40%。

（来源：ABC News 报道）

研究人员培育出抗病毒猪品种

密苏里大学（University of Missouri, MU）研究人员成功培育出一窝自带抗致命猪疫病病毒基因的猪。

冠状病毒传染性高、传播范围广，以其特有的微观冠状结构为人所知，可致牲畜患上各种致命性肠道疾病。其中，猪传染性胃肠炎病毒（Transmissible Gastroenteritis Virus，TGEV）通常会感染猪的肠道，被感染的幼猪死亡率几乎高达 100%。MU，堪萨斯州立大学（Kansas State University）以及在动物基因学领先全球的杰纳斯公司（Genus plc）的研究人员成功地通过基因编辑培育出了对该病毒具有抗性的猪。

"先前的研究已明确膜内氨酰胺基肽酶（ANPEP）是该病毒的潜在受体，即它可能是该病毒得以植入猪体的重要因素。"农业、粮食与自然资源学院（College of Agriculture，Food and Natural Resources）知名动物科学教授兰德尔·普拉瑟（Randall Prather）说道，"我们培育出了一窝不产生这种酶的猪，因此当我们使这些猪接触这一病毒时，它们并不会染病"。

普拉瑟与其同事将负责制造 ANPEP 酶的基因进行编辑，使得一窝 7 只猪携带的是不产生该种酶的"无效"基因。在接触 TGEV 时，这些猪未受感染，这表明 ANPEP 酶的存在是感染的必要条件，且通过基因编辑能够培育出具有相应抗性的猪。

"对于农户们而言，将时间、金钱和劳力投入会生病的牲畜上是种极大的经济负担。"本研究合著者、密苏里大学动物科学部（Division of Animal Sciences）研究科学家克里斯汀·惠特沃斯（Kristin Whitworth）说道，"培育具有基因抗性的猪有助于减轻这一负担。从动物福利的角度来看，若我们能够预防猪患病，那么我们便有责任去做到这点"。

与繁育过程中自然发生的大量基因突变相比，研究人员仅改变了单一基因的表达。缺少该酶的猪仍是健康的，其生长发育也不会发生什么变化。

"与兰迪及其团队的合作为我的事业带来了最具价值的里程碑。"堪萨斯州立大学诊断医学与病理学教授、本研究合著者雷蒙德·"鲍勃"·罗兰（Raymond "Bob" Rowland）说道，"猪冠状病毒对全球的养猪业而言都是种威胁。对于美国生产商来说，最大的担忧便是新型冠状病毒疾病的暴发。这一著作再次表明了这一技术在解决复杂疾病问题方面的重要性。通过基因修饰来预防猪患上地方性疾病与新兴疾病是猪肉产业的未来趋势"。

2015 年密苏里大学基因工程团队通过基因编辑成功使猪对致命且代价惨重的猪繁殖与呼吸综合征（Porcine Reproductive and Respiratory Syndrome，PRRS）病毒产生抗性，本研究也取得了类似的成就。密苏里大学与杰纳斯公司合作，将培育抗病毒猪的方法进行商业化。这一方法将改善牲畜的健康及福利，并且能大大地降低全球因病毒感染造成的牲畜产量损失，使全球猪农能够更加可持续地发展。杰纳斯公司现正争取美国食品药品监管局（FDA）的许可，以将基因编辑技术用于根除 PRRS 病毒。

"杰纳斯公司需要通过倡导更佳的遗传学和新型的创新来持续为世界做贡献，这类成功的研究对我司的这一需求至关重要。"杰纳斯公司研究与发展全球主管乔纳森·莱特纳（Jonathan Lightner）表示，"有机会推进基因编辑等有望根除致命性动物疾病的技术令人极度振奋，而像我们公司与密苏里大学这类强有力的合作伙伴关系对这一前景以及对粮食与农业的未来都至关重要"。

2013 年，猪流行性腹泻病毒（Porcine Epidemic Diarrhea Virus）疫情暴发，导致近 700 万头猪死亡，该研究同样曾尝试确认删除 ANPEP 是否能够对该病毒产生抗性。虽然缺乏该酶的猪仍会感染该病毒，但研究人员相信该研究对未来的研究而言是种吉兆。

"解决了 ANPEP 后，我们便能专注更小范围的潜在祸首。"密苏里大学动物科学副教授、合著者凯文·威尔斯（Kevin Wells）说道，"在这一研究领域，迈出的每一步都会有帮助"。

（来源：密苏里大学哥伦比亚分校）

分子编写育种——动物育种的发展方向

中国农业科学院北京畜牧兽医研究所最近发表一篇文章，报道了一套新型育种方法，称为"分子编写育种"。文章详细论述了分子编写育种技术的基本概念、研究手段、研究内容、研究现状并展望了该技术的应用前景，为动物育种、畜禽繁殖等领域的研究及从业人员提供了参考。

随着基因组学、基因组编辑技术的迅速发展以及显微注射技术、体细胞克隆技术的广泛应用，一套新型的育种策略和方法已经逐渐形成。这一套新型育种策略和方法可以称为分子编写育种（breeding by molecular writing，BMW）。该方法可以高效创制新的遗传标记并对其进行快速验证，还可以对基因组进行精确到分子水平的编写并定向培养新品种，不仅能打破生殖隔离，跨物种的引入新的性状，更可以对物种内个体间基因组进行精确到单个碱基的插入、删除和替换。如外源基因的精确整合，内源基因的精确删除、替换，SNP 位点的复制、删除或替换等。该技术的优点是：可以在极大的降低非预期效应的同时，快速高效的将多种有益性状聚合到同一品种内。

分子编写育种可进行以下 4 方面工作。

（1）新型育种标记的创制及验证；

（2）跨物种分子编写；

（3）基因组中碱基序列的删除；

（4）物种内分子编写。

该育种技术可以不通过有性杂交，只引入一个或几个目标基因或 SNP，快速获得目标性状突出的遗传稳定新种质，然后结合常规育种方法育成新品种。该方法将实现真正的个体和群体水平的基因（或分子）杂交育种，获得分子杂种优势，能够高效的解决长久以来困扰育种工作的诸多难题，大大提高育种效率，尤其在畜禽育种中具有重要应用前景，将会是未来育种的发展方向。

（来源：中国农业科学）

巴西启动大规模的水产养殖研究项目

巴西有史以来规模最大的水产养殖研究项目 BRS Aqua 已经启动，该项目涉及 22 个研究中心、50 个公共合作伙伴和 11 个私营企业，项目旨在建立满足水产养殖市场需求的基础设施和科学研究。

大盖巨脂鲤、罗非鱼、南美白对虾、军曹鱼等水产品具有巨大的市场需求或较高的生产潜力，其中巴西在罗非鱼研究领域具有较先进的技术方案，而在军曹鱼领域尚处于起步阶段，Embrapa 渔业和水产养殖的研究员和项目协调员 Lícia Maria Lundstedt 表示，这些物种中的每一个都会延伸出若干个科研项目。

在水产育种方面，根据研究人员的说法，目前企业所养殖的大盖巨脂鲤种质科学性差且尚未进行遗传改良，为促进生产，必须在生产特性等方面对种质进行遗传改良，例如，提高生长速度、提高抵御疾病的能力，使之更加适应集约化养殖系统。

（来源：aquaculturemag）

工具方法

澳大利亚研发出快速繁育技术

澳大利亚的一个研究团队最近研发了一种快速育种平台，通过强化植物的日间活动，仅用 8 周就实现了小麦从播种到收获的生产周期。这意味着一年可以种植多达 6 代的小麦——是目前使用的穿梭育种技术的 3 倍。这一研究成果日前发表在《自然—植物》杂志上。

研究人员解释了速度对育种的重要性："在培育高产和更具有适应性的农作物方面，全球都面临着巨大挑战。能够在更短的时间内循环更多的作物世代将使我们可以加速创建基因组合并进行测试，寻找适合不同环境的最佳基因组合"。

世界范围内，几种主要农作物的改良步伐已经停滞多年，影响了全球不断增长的粮食需求和应对气候变化。快速育种为应对这一全球性挑战提供了潜在的新的解决方案。这一突破就影响而言可与绿色革命的穿梭育种技术相提并论。

这一技术使用完全可控的生长环境，在玻璃房里利用优化的 LED 灯强化植物的光合作用，使其光合作用时间长达每天 22 小时。快速育种作为一个平台可以与其他很多技术结合，比如 CRISPR 基因编码技术，能够更快获得最终结果。

该研究团队将这一快速育种技术应用于多种重要作物，成功实现了面包小麦、硬质小麦、大麦、豌豆和鹰嘴豆一年 6 代，芥花籽（一种油菜籽）一年 4 代的繁殖。与广泛使用的商业育种技术相比，育种进程大大加速。研究人员还表示，可以利用这种技术对植物的各种特征，如植物—病菌互作、植物形状和结构，以及花期等进行详细的反复研究。

这一繁育技术受到了育种商的欢迎。澳大利亚的一家农业公司就运用这一技术培育出了能够抵抗穗发芽的小麦品种。

（来源：www.eurekalert.org）

快速获取芸薹属转基因幼苗并防止其玻璃化的新方法

中国农业科学院烟草研究所的科研人员日前开发了一种改良的芸薹属植物转化方法，能极大地缩短获得转基因幼苗的时间，同时，还研发了一种简单易行的拯救转基因芸薹属幼苗玻璃化的方法，能有效将玻璃化的幼苗转变为正常健康的植株。这些新方法能大大提高油菜的转化效率，加快油菜的功能基因组学研究，也可为其他园艺植物提供重要参考。该成果发表在《欧洲园艺科学》杂志上。

在芸薹属的功能基因组学研究中转基因技术起到了重要作用，其中，农杆菌介导转化是芸薹属植物转化最常使用的技术。不过针对这种植物仍然缺少一种有效的转化体系，获取转基因芸薹属幼苗的概率一直很低。主要困难在于再生过程需时过长、再生率低下、玻璃化率较高。

该成果在愈伤组织诱导阶段采用了一种改进的方法，并在原有方法选择性抗生素缺失或含量较少时实施。新方法通过在愈伤组织的诱导培养基中加入选择性抗生素，大大减少了未转化外植体、缩短了幼苗再生的时长。幼苗玻璃化是油菜转基因过程中的一大问题，科研人员也研发了一种简便的方法以拯救转基因幼苗的玻璃化。应用该方法，转基因幼苗能够在不到 8 周的时间内进行移植。这种简单有效的转化体系，能快速高效地生产转基因油菜苗。

（来源：European Journal of Horticultural Science）

一种测定水分利用效率的新方法或有助于节水育种

作物种植耗水量大。鉴于水资源的日益紧缺，美国伊利诺伊大学的科研人员正在努力研发水分利用效率更高的作物，以减少农业用水量。该研究团队以前的研究表明，通过改进育种技术，玉米的水分利用效率可提高 10%～20%，从而可耐受短期干旱。

如果育种人员想要改进某一特定性状，就会种植多个玉米品系进行筛选，以便找到该特性的自然变异，然后精确定位与之相关的基因，再把这种基因或这种特性结合到具有其他理想性状的玉米植株上。要完成这样一项工作，如提高玉米的水分利用效率，就需要耗费大量的时间、空间和精力。

测量水分利用效率通常是将工具夹在叶片上，监测二氧化碳的变化和通过叶片蒸腾的水分。每次测量都需要一个多小时，不仅耗时，而且花费巨大。该研究团队发明了一种新方法，利用二氧化碳中碳的两种存在形式——C12和C13——即可在实验室中测试叶片样本，而无须到田地里进行耗时的测量。

一旦二氧化碳进入植物叶片中，碳就会与糖分和植物组织结合在一起。科研人员通过测量分别有多少C12和C13与糖分和植物组织结合在了一起，即测量C12和C13的比例就可以知道植物的水分利用效率。不过在此之前，科研人员仍然不清楚C12和C13的比例能否表明玉米的水分利用情况。本研究给出了肯定的答案。

研究小组在36种不同的玉米品系中发现了C12和C13比例的显著变化，而且C12和C13的标记可在不同环境间遗传。这一点对新品系的研发至关重要。

根据可控的温室试验和3次田间生长季的数据，研究小组找到了提升效率的方法。该方法表明，碳比例在一定范围内的自交系的水分利用效率可能更高，但在杂交种中的表现如何现在下定论还为时过早。

在过去的一项研究中，研究小组就发现玉米的水分利用效率还有可提升的空间；而这项研究又表明了这种特性可测量、可遗传，因而，研究人员就可以利用这一特性来提升水分利用效率。研究人员的下一步工作是识别出与这一特性相关的基因。

（来源：www.eurekalert.org）

快速繁殖技术推动作物育种研究

据昆士兰大学的一位研究人员表示，植物快速繁殖技术可能是未来将干旱和气候变化对农作物的破坏性影响降到最低的解决方案之一。这一技术能让研究人员和植物育种人员更快地研发出更多拥有耐性的作物品种让农民种植。

研究人员表示，要培育出一株改良的作物品种，可能需要用长达 20 年时间，但是相比较以前一年只能培育出一代作物，加速育种技术能在一年里培育出 6 代作物，大大减少了育种时间。

这项技术适用于小麦、大麦、鹰嘴豆和油菜等一系列作物，育种过程中将作物种植在经过特别改造的装有 LED 灯的玻璃温室中，延长光周期。通过快速的杂交育种和代际推动，加速作物的研究、培育出更多强壮的植物品种。

目前，科学家们联合进行下一步研究，并制定了加速大型温室设施繁殖的方案，以及如何建立自己的低成本快速繁殖柜的方法。

当前人们对于快速育种相关信息的需求很大，所以，科研人员表示，只要分享他们的试验方案，全世界其他研究人员和植物育种人员就算预算有限，也能加快他们的研究，或者研发出更好的作物，以应对气候变化带来的影响。

气候变化对全球的粮食生产带来了巨大的挑战，目前澳大利亚和欧洲的许多农民都由于干旱和炎热而遭受了严重的作物损失。未来由于极端的气候可能会更为频繁地出现，因此，需要迅速培育出抗旱作物以及更多拥有耐性的作物品种。

约翰英纳斯中心的小麦科学家表示，研究人员可以适当调整国际研究团队的实验方案，以适用于大型的玻璃温室或成本低廉、小规模的台式桌面生长室，如建立微型快速繁殖柜等。预测全世界有越来越多的机构将会采纳这一技术，通过分享这些试验方案，可以为加速作物育种研究的进程提供一条新途径。

（来源：www.agronews.com）

合成生物学家开发出可预测定制遗传线路输出的模型

莱斯大学（Rice University）合成生物学家马修·贝内特（Matthew Bennett）和休斯敦大学数学家威廉·奥特（William Ott）牵头开发了可预测定制遗传线路输出的模型。这些线路可用于启动或停止蛋白质产生等活动。研究成果发表在美国化学学会期刊《ACS 合成生物学》上。

合成生物线路由蛋白质和配体组成，可根据细胞内特定条件开启或关闭基因表达。这些线路可用于设计细菌和其他有机体来管理细胞系统。这将使得微生物基因编码变得非常精确，生物传感领域也预计会迎来变革。

几百个基因元件有几千种组合形式，由于细胞环境不同，同样的组合会导致不同的结果。新研究就是要解决这些问题，通过不断尝试排除错误选项。

贝内特和奥特的建模主要针对多输入合成启动子。这些启动子相当于开关，在不止一个条件（如检测到2种化学物质）得到满足的情况下才能启动或停止特定蛋白质的产生。多输入启动子是DNA上开闭基因的元件，可以通过多种方式构建。构建出的启动子线路可让细胞同时感知多种环境条件，从而决定基因开闭。团队探索了不同的系统模拟方法来预测系统性能。通过了解单个简易线路的输入和输出关系，模型可以预测它们组合起来将如何发挥作用。

首个"naïve"模型利用来自单输入系统的数据，这些系统能感知是否存在抑制嵌合转录因子转录的配体。综合研究几条线路产生的数据，研究人员可以精确预测包含两个嵌合体的双输入线路的开闭反应。研究人员设计出基于"嵌合AND门"逻辑的细菌，需要两个配体才能诱导荧光蛋白产生。配体水平的改变引起荧光蛋白输出的变化，实际变化曲线和模型预测相差不大。

还有一种更加精密的模型可根据全部输入组合情况预测线路输出。这需要将实验性双输入系统产生的一小组数据"告知"模型，还需要进行更多实验来证实模型预测是否准确。实验室也测试了2种模型在预测包含激活子（开）和抑制子（闭）的多输入混合启动子线路时的表现。信号分子之间互相干扰时，naïve模型无能为力，但"知情"模型仍能作出准确预测。

这为更快设计和构建大型合成基因线路奠定了基础。该naïve模型可用于预测已被充分认识的单输入装置，研究人员无须再做实验；"知情"模型将帮助研究人员设计出能够适应肠道菌群或土壤等复杂多变环境的微生物。

（来源：www.sciencedaily.com）

新的生物防护策略可控制逃逸转基因生物的扩散

如果不具备防止转基因生物（GMO）逃逸的技术，就会存在巨大的安全风险。因而，研发生物防护系统，对GMO的研究至关重要。日前，广岛大学的研究人员研发出一项新的生物防护策略，可以预防转基因蓝藻在测试环境以外的环境下生存，使得对 GMO 的研究更为安全。这一研究结果刊登于《ACS 合成生物学》期刊上。

生物工程蓝藻可以帮助清理炼油厂的废水，还可用作生物燃料。但和许多其他 GMO 一样，转基因蓝藻的环境安全尚不确定。蓝藻通常生长于池塘或者其他与环境相通的水体，为了防止其逃逸，有一种办法是在蓝藻中应用生物防护系统。

生物防护策略的目的是阻止转基因生物在特定环境（如试验室之外）的生长。研究团队对一种"被动策略"特别感兴趣，其目的是改变微生物的营养需求：通过转基因工程的处理，让微生物依赖于仅存在于栖息环境中的某种营养物质，这样如果脱离这一环境，微生物就无法生存。在本研究中，微生物是蓝藻，营养物是亚磷酸盐。亚磷酸盐和磷酸盐都可以为生物提供磷元素。磷酸盐广泛存在于自然世界中，但是亚磷酸盐则不然。

虽然微生物需要磷元素，但是很多微生物由于缺乏亚磷酸盐脱氢酶而无法利用亚磷酸盐。去年研究团队通过基因编辑的方式将亚磷酸盐脱氢酶植入大肠杆菌，使其丧失了吸收磷酸盐的能力。

研究团队成功地将这一系统植入蓝藻中，切断了它对磷酸盐的依赖，严格地转变为亚磷酸盐。这种转基因蓝藻一旦脱离亚磷酸盐，就会丧失生存能力。

转基因生物研究中总难免有逃逸现象。研究人员通过检测依赖亚磷酸盐的多种蓝藻菌株来测试其生物防护策略的有效性。在 3 周的时间里，该团队观察到零菌落。逃逸频率至少比美国卫生研究院（NIH）实验室标准低 3 个数量级，NIH 实验室标准是每 1 亿个正常细胞少于一个突变细胞，并且与目前使用的其他蓝细菌控制策略相当。

下一步研究团队将让蓝藻走出实验室，计划在一个环境可控的模式生态系统内——即人工池塘内进行测试。

（来源：www.sciencedaily.com）

资源与环境

新发现有助提高草料营养转化和能源转化效率

植物生物质含有很高的热值，但其中大部分构成了坚固的细胞壁，它造成了一种难以下咽的口感，但也因此帮助牧草经受住了觅食者的破坏，持续繁衍超过 6 000 万年，是一种无可比拟的进化优势。

但问题在于，坚固的细胞壁使得牧草难以被牛羊的瘤胃消化，也难以被生物能精炼厂加工成乙醇燃料。

但现在，来自英国、巴西和美国的一个跨国研究小组已经锁定了一种参与细胞壁硬化的基因，抑制这个基因使糖的释放量增加了高达 60%。目前《新植物学家》（New Phytologist）报道了他们的发现。

英国洛桑研究所（Rothamsted Research）的植物生物学家、研究小组联合负责人罗文·米切尔（Rowan Mitchell）说："这一发现可能影响全世界，因为每个国家都在使用草料饲养动物，世界各地的多个生物燃料厂也在使用这种原料"。

巴西农业研究公司（Brazilian Agricultural Research Corporation，Embrap）旗下的 Embrap 农业能源基因与生物技术实验室（Laboratory of Genetics and Biotechnology at Embrapa Agroenergy）首席研究员、研究小组联合负责人雨果·莫里那利（Hugo Molinari）说："仅在巴西，这项技术的潜在生物燃料市场和饲料市场去年的估值就分别达到 13 亿雷亚尔（4 亿美元）和 6 100 万雷亚尔。"

米切尔指出，草料作物的生物质年产量达数 10 亿吨，它的一个主要特性——可消化性决定了生产生物燃料的经济性和动物饲料的营养价值。细胞壁硬度增加或阿魏酸化会降低草料的可消化性。

米切尔说："我们在 10 年前确定了草的特定基因作为控制细胞壁阿魏酰化的候选基因。但事实证明，要证明这些基因具有这种作用非常困难，尽管很多实验室进行了这种尝试。现在我们为其中一个基因提供了第一项有力的证据"。

在研究小组的转基因植物中，转基因将负责阿魏酸转化的内源基因的活性抑制到了其正常水平的 20% 左右。通过这种方式，所生产的生物质阿魏酰化程度比其他未转基因植物的更低。

米切尔指出："这种抑制并未显著影响植物的生物质产量或阿魏酰化程度较低的转基因植物的外观。从科学的角度来看，我们现在想要探究这个基因是如何介导阿魏酰化的，这样我们就知道能否进一步提高这个过程的效率"。

这一发现毫无疑问是巴西的福音。在这个国家，新兴的生物能源工业利用其他草料作物（如玉米秸秆和甘蔗渣滓）的剩余物和专门作为能源作物种植的甘蔗生产乙醇。生物乙醇生产效率的提高将有助于替代化石燃料，减少温室气体排放。

莫里那利指出："在经济和环境方面，更高效的觅食有利于我们的畜牧业，在水解过程中分解生物质所需的人造酶减少有利于生物燃料行业"。

对于联合作者和行业先驱约翰·拉夫（John Ralph）来说，这个发现是来之不易、期盼已久的。这位威斯康星大学麦迪逊分校（University of Wisconsin-Madison）生化教授兼美国能源部（US Department of Energy）的五大湖生物能源研究中心（Great Lakes Bioenergy Research Center）教授指出："大约在 20 年前，各研究小组就迫切地想要找出阿魏酰蛋白/基因"。

"自 20 世纪 90 年代初以来，我们的研究小组一直对植物细胞壁中的阿魏酸交联感兴趣，并开发出了在此次研究中用于表征的核磁共振法。这是个难度很大的发现"。

（来源：英国洛桑研究中心）

关于根茎的研究发现可减少作物需肥量

美国宾夕法尼亚州立大学的研究人员指出，豆类作物可抑制根茎二次生长，促进初次生长，并能在更大范围的土壤里获取磷。研究人员表示最近的研究结果对植物育种者和提高贫瘠土壤的作物生产力均有启示。根茎的长度增加被称为初次生长，而二次生长是根的厚度或周长的增加。由于根系生长会给植物带来代谢成本，所以在缺磷的土壤中生长的豆类植物会产生更长、更薄的根，这有利于探索更多的土壤和获得更多的磷。

首席研究员、农业科学学院（College of Agricultural Sciences）植物生物学博士生克里斯托弗·斯特罗克（Christopher Strock）说：作为植物应对磷胁迫的自然策略，这种方法很聪明。这个方法之所以重要，是因为全世界大多数土壤都缺磷，并且改善磷元素获取量的根系特征不仅有助于美国农民提高化肥的吸收效率，而且还能帮助发展中国家无法获得磷肥的农民。

研究人员使用普通大豆作为本研究的模型，因为大豆是促进粮食安全最根本的作物之一。与其他谷物豆类相比，人类对大豆的直接消费量更大。对撒哈拉以南非洲地区和中南美洲的发展中国家而言，大豆尤其重要，因为那里的人无法获得多样的动物蛋白。在这些地区，豆类是蛋白质和营养的主要来源。尽管这种作物具有重要意义，但它在全世界大部分地区的产量都受到酸性土壤和磷酸盐极度匮乏的土壤的限制，而磷酸盐是植物生长所需的主要营养素之一。

斯特罗克说："如果我们能够确定提高觅食效率的根源性状，我们就可以开发新的具有更强吸磷能力的品种，并在这些环境中提高产量"。

林奇实验室的独特之处还在于它使用激光消融断层扫描来切断和测量根部的解剖结构。林奇实验室发明的这项革命性技术不仅可以更精确地观察根解剖结构，还可以让研究人员每天快速采集数百个根样本，若使用传统方法，这项工作将耗费大量的人力和时间。

研究人员观察到的豆类植物生长差异是惊人的。在磷胁迫处理中，次生根生长较少的基因型与次生根生长较多的基因型相比，根茎增长，磷吸收量增加，枝条增大。特罗克说：我们研究的所有基因型在磷胁迫下都抑制了它们的次生根生长，但有些的反应比其他强烈得多。那些二次生长抑制最严厉的在磷胁迫下表现得更好，因为它们将本会用来二次生长和增加根长的资源节省了下来，用于搜寻更多的磷。

林奇指出，他的研究小组直接与美国农业部（U. S. Department of Agriculture）以及哥伦比亚（Columbia）、洪都拉斯（Columbia）、莫桑比克（Mozambique）、赞比亚（Zambia）和马拉维（Malawi）的农业中心的植物育种者进行合作。育种者目前正结合他实验室的其他发现，并正在向莫桑比克和赞比亚的农民发放几种新的豆类品种，这些品种具有改良的磷元素采集根性状。

林奇说：我们这个实验室的目标是确定诸如减少次生根系生长的性状，把这些性状交给育种者，纳入育种计划中。通过与我们的育种伙伴合作，我们可以开发多种普通豆类，减少次生根系生长，从而提高贫瘠土壤的产量，这对依赖豆类食物和收入的小农来说大有裨益。

美国国际开发署（U. S. Agency for International Development）和美国农业

部对这项工作提供了支持。

（来源：美国宾夕法尼亚州立大学）

利用覆土作物帮助土壤抵御极端温度的影响

有机物含量、湿度等土壤性质对促进植物茁壮成长具有重要作用。土壤温度也同样重要。每株植物都需要一定的土壤温度才能茁壮成长。如果温度变化太快，植物就难以适应，种子不会发芽，甚至根也会死亡。

"大多数植物对土壤温度的极端变化非常敏感。"中田纳西州州立大学（Middle Tennessee State University）研究员塞缪尔·哈鲁纳（Samuel Haruna）说，"你不希望温度变化太快，因为植物无法应"。

许多因素会影响土壤对温度变化的缓冲能力。例如，如果土壤很紧实，土壤温度就会变化很快。这是因为土壤微粒压缩到一起的时候会加快温度传输。农民在土壤表面拖曳重型机械时，土壤微粒会被压缩。土壤温度也受湿度影响：湿度越大，土壤升温越慢。

研究表明覆土作物和多年生生物燃料作物可以降低土壤紧实度。覆土作物通常种在玉米和大豆等经济作物中间来保护裸土。它们覆盖土壤，帮助减少土壤水分蒸发。它们的根可以给土壤添加有机物质，预防水土流失，也能保持土壤吸水性，帮助土壤留住水分。

但哈鲁纳想知道多年生生物燃料作物和覆土作物是否能帮助土壤免受温度波动的影响。哈鲁纳和他的研究团队在田间栽种了几种覆土作物和多年生生物燃料作物，然后，他们在实验室里检测土壤的温度调节能力。

"我对结果很惊讶。"哈鲁纳说。他发现多年生生物燃料作物和覆土作物可以帮助土壤抵御极端温度。它们减缓了温度在土壤中的快速传播。作物根起到松土作用，防止土壤分子聚合在一起，避免升温或降温过快。多年生生物燃料作物和覆土作物的根也在土壤中添加有机物，帮助调节温度。

此外，多年生生物燃料作物和覆土作物也帮助土壤保持湿度。"水通常很能缓冲温度变化。"哈鲁纳说，"所以土壤水含量越高，保护土壤的作用就越好"。

虽然哈鲁纳提倡更多利用覆土作物，但他也说在农场中种植这类作物并不总是一件易事。"种植这些作物需要更多劳作，更多投资，更多知识。"他说，"但是它们对土壤健康非常有用。"正如哈鲁纳的研究表明，这类作物的作用包括帮助植物抵御极端温度变化等。

"气候变化会导致气温波动，如果不缓解，可能影响作物生产力。"他说，"我们需要在土壤内部缓冲温度的极端变化"。

哈鲁纳希望把研究从实验室推广到田间地头。他说实地试验会帮助他和团队收集更多数据，使研究成果更加充实。

关于哈鲁纳研究的更多信息参见美国土壤学会杂志（Soil Science Society of America Journal）。该研究得到美国农业部（USDA）和美国食品与农业研究所（NIFA）的资助（研究为种植系统协调农业项目：在基于玉米的种植系统中促进气候变化减缓和适应）。

（来源：美国农学会网站）

美国研究表明免耕和作物覆盖具有长期效应

研究人员并不总是有精力从事长期项目的数据研究。虽然大多数研究项目都持续 3～5 年，但田纳西大学农学院（University of Tennessee Institute of Agriculture，UTIA）的科学家最近发表了一项长达 29 年的研究，该研究旨在发现免耕棉花田上的覆土作物所带来的效益。

棉花是在东南部种植的主要作物，而且收获后残余的生物质能微乎其微。如果棉花田上没有覆土作物，就会有更多土壤裸露在外，冬季雨水和径流就会造成水土流失。作为保护农田表层土、减少水土流失的手段，免耕农业逐渐为种植者所采用。一些种植者也通过种植冬小麦等覆土作物来增加免耕生产的效益。

该研究成果于 2017 年 11 月发表于《农学期刊》（Agronomy Journal）。研究由 UTIA 已故著名土壤科学家唐·泰勒（Don Tyler）发起，他对免耕和覆土作物如何帮助减少水土流失十分关注。"早在 20 世纪 80 年代，他就认识到水土流失在今后会成为祸患，于是在田纳西州米兰（Milan）进行了试验，研究免耕和覆土作物对棉花产量的影响。"论文第一作者、UTIA 农业与资源经济学副教授克里斯·博伊尔（Chris Boyer）说。

研究团队分析了过去 29 年的数据，以确定覆土作物在水土流失管理策略中是否能带来收益。他们发现，虽然短期内覆土作物会减少收益，但长远来看能带来好处。"这些收益是不断积累的，需要实践多年才能显现出来。"博伊尔说。

研究发现，传统的耕作方式比免耕法产生的收益更高，但持续的免耕可以通过减少产量变动来降低风险。

此外，一些环境效益也能通过免耕和覆土作物实现，主要是减少水土流失。"虽然研究没有量化环境影响，但仍然有充分理由让种植者采取免耕法或种植覆土作物。"博伊尔说。

博伊尔说，"在研究中使用时间跨度如此之大的数据集是非常罕见的。我们是从长远的经济角度来看待这个问题，这和之前的研究相比非常独特。正是唐·泰勒的创新之举和远见给我们的研究提供了如此可观的数据集"。

（来源：田纳西大学农学院）

利用石墨烯有望提高肥料效率

阿德莱德大学（University of Adelaide）的研究人员正在使用新的先进材料石墨烯作为肥料载体，开发对环境影响较低且能够减少农民成本的化肥，这是世界上首次使用这种新材料。

通过与工业界的合作，研究人员已经证明可以通过将必需的微量元素加载到石墨烯氧化物片上生产出有效的缓释肥料。

用石墨烯作为载体意味着可以更有针对性地使用肥料，可在总体上提高肥料的效率和植物对养分的吸收。迄今为止，已证明石墨烯为基础的载体对微量营养素锌和铜有效。研究人员正在继续研究石墨烯载体与氮、磷酸盐等营养素的结合。

澳大利亚阿德莱德大学韦特（Waite）校区肥料技术研究中心（Fertiliser Technology Research Centre）主任麦克·麦考林（Mike McLaughlin）教授说："释放速度更慢更可控以及效率更高的肥料对环境的影响更小，且能减少农民对传统肥料的支出，对农业和环境均有显著的潜在益处。我们的研究发现，在石墨烯氧化物片上载入铜、锌微量营养素是向植物提供微量营养素的有效途径。这种方法还增加了肥料颗粒的强度，更加有利于运输和散播"。

阿德莱德大学化学工程学院（School of Chemical Engineering）的纳米技术领导者、该校澳大利亚研究理事会（Australian Research Council，ARC）石墨烯产业转化研究中心（Research Hub for Graphene Enabled Industry Transformation）主任杜尚·罗斯克（Dusan Losic）教授说："石墨烯是一种 2004 年才发现的新型材料，它具有令人惊叹的性能，包括超高的表面面积、高强度和高适应性，能够与不同的营养素结合。4 年前，我们开始研究石墨烯的广泛应用——这是石墨烯肥料首次被用作养分载体，这项研究令人兴奋"。

这项由博士生舍尔文·卡比利（Shervin Kabiri）进行的研究已经发表在《应用材料与界面》（*Applied Materials and Interfaces*）杂志上。这是阿德莱德大学肥料技术研究中心和该校澳大利亚研究理事会石墨烯产业转化研究中心的合作项目。

化肥技术研究中心成立于 2007 年，是世界上最大的磷酸盐和钾肥联合生产商马赛克公司（The Mosaic Company）的合作单位，专门从事高效化肥产品的开发和评估。2015 年，研究中心与马赛克公司达成了一项价值 850 万美元的新的五年期合作协议。马赛克公司享有新技术的许可权，并且正在进一步研究石墨烯基材料在肥料中的应用。

副校长麦克·布鲁克斯教授（Mike Brooks）说："这段长达 10 年的合作关系证明了阿德莱德大学在该领域的优势，也证明了我们能够成功与工业界合作，将研究成果转化为广泛造福社会的产品。植物研究与我们新的石墨烯研究中心的结合，是大学召集跨学科团队为工业提供创新解决方案的一个绝佳示范"。

麦考林教授说："现在下结论还为时过早，但毫无疑问的是，如果肥料的释放率更贴合农作物的需求，如果肥料更有力更强韧，都将提高种植者使用肥料的效率和植物的养分吸收率。能否成功商业化将取决于石墨烯或石墨烯氧化物的成本、规模化的能力及能否将其纳入商业化肥的生产过程"。

（来源：澳大利亚阿德莱德大学）

利用分子标记提高农作物磷利用效率

磷是继氮之后限制作物生长的第二大营养元素，在植物体内发挥着重要作用。土壤中的磷以有机和无机 2 种形态存在。磷缺乏会让多种农作物的生长受阻，导致产量下降。植物可以通过表型改变，尤其是调整根系形态来应对磷元素的缺乏。分子标记辅助育种被视为一种重要工具，用于找出并培育高磷利用效率的作物改良品种。明确磷利用效率相关的数量性状基因座被认为是在作物产量中进行标记辅助选择和改良的第一步。

来自印度 Loyola 大学的研究者在《Plant Breeding》上发表一篇文章，详细介绍了各种作物在磷缺乏状态下根系的形态改变情况，探讨了利用分子标记工具来提高磷利用效率方面的工作。同时，也介绍了关于各种农作物低磷胁迫耐受力的数量性状基因座。通过标记辅助选择和育种，这些数量性状基因座可用来改善农作物的磷利用效率，从而有利于提高磷缺乏土壤上作物的产量。利用标记辅助育种技术培育新型改良品种可减少化肥的使用，提高低投入农业生产过程中重要农作物的磷养分利用效率。

（来源：Maharajan T 等）

自然手段可减少杀虫剂使用及其环境影响

为减少杀虫剂使用及其环境影响，从而增加产量（在某些情况下），全球农民正在寻求大自然的帮助。

具体而言，他们在寻求鸟类和其他脊椎动物的光临，因为这些动物可以让害虫和其他入侵物种远离庄稼地。一项由密西根州立大学（Michigan State University，MSU）主导的研究发表在本期《农业、生态系统和环境》（Agriculture, Ecosystems and Environment）杂志上，文中介绍了全球范围内的一些先进经验。

"我们的文献综述表明，脊椎动物吃掉大量害虫、减少庄稼损毁，它们带来的益处对生态系统来说十分关键。"领导该项研究的 MSU 综合生物学家凯瑟琳·林德尔（Catherine Lindell）说，"这些吃害虫的脊椎动物可被一些醒目景观吸引到农业地区"。

例如，林德尔和研究生梅根·谢夫（Megan Shave）早先研究过如何把更多美国茶隼引到密西根果园。装上巢箱可以把美国最普遍的捕食鸟——小猎鹰吸引到樱桃园和蓝莓田。这些带羽毛的猎手吃掉大量对庄稼有害的生物，包括蚱蜢、啮齿动物和欧洲椋鸟。在樱桃园，茶隼显著减少了食果鸟类的数量，蓝莓田试验结果即将得出。

在印度尼西亚，鸟类和蝙蝠已经为害虫预防作出了上百万次的贡献。这也不是奇闻轶事。印度尼西亚可可种植业已经记录，把鸟类和蝙蝠吸引到田间可以让每公顷田地增加 130 千克产量，相当于每公顷增收近 300 美元。

在牙买加，鸟类吃掉讨厌的咖啡害虫，每年每公顷节约 18~126 美元。在西班牙，人们在稻田附近给蝙蝠造窝增加了蝙蝠数量，从而减少了当地的害虫数量。

新西兰的葡萄种植户过去可以随随便便就用石子把很多鸟打死。新西兰猎鹰是该国唯一鹰类物种，正面临灭绝的风险。葡萄种植户在低地葡萄种植区帮助恢复这种鸟的栖息地。农户也在和马尔伯勒猎鹰信托（Marlborough Falcon Trust）合作，通过教育、宣传和筹资帮助保护这种数量越来越少的鸟，同时，也保护自己的葡萄园。

"这些科学家已经证明，农民和鸟类之间可以实现双赢。"国家科学基金（National Science Foundation）人与自然联合系统动态项目（Dynamics of Coupled Natural and Human Systems）主任贝斯迪·冯·霍勒（Betsy Von Holle）表示。该项目资助了研究。"农业区域越来越多的土生捕食鸟可以帮助治理毁坏庄稼的昆虫类害虫，从而有可能减少昂贵杀虫剂的使用"。

对不断减少的鸟类物种，上述努力可以增加鸟类的繁殖成功率，同时，也生产出对消费者更有吸引力的水果。

林德尔和其他科学家接下来要做的是深入调查研究最佳实践，更好地衡量特定改良措施的整体影响。巢箱、栖木、建立醒目的地标比提供食物更能吸引这些脊椎动物。然而，这些措施可以推广到商业化耕作吗？其中，人力成本又怎么衡量呢？

"研究这些问题将让我们更好地理解脊椎捕食动物及其猎物之间的互动，这种互动如何造福生态系统以及人类在保护和鼓励这些互动中的作用。"林德尔说，"现在我们把这些研究都合到一起，我们真的需要制定研究日程，量化最佳实践，并把研究结果提供给农民和环保主义者等关键的利益攸关方"。

"我希望这中间存在广泛的利益。"她补充道。"其中，也有很强的经济因素。在我们下一篇论文中，我们会告诉大家相关投资是如何提高密西根 GDP 并给创造就业带来影响"。

（来源：密西根州立大学、西班牙塞维利亚大学）

增加种植多样性有助于减少杀虫剂使用

作物生长的农业地形越为多样化，麦田里的害虫就越是受制于其天敌。这是由于相较于一成不变的单一种植，多样化的地形能为蚜虫的天敌营造更为适宜的生存环境。

由于种植小麦的田地面积很大，蚜虫要到 5 月才开始大量繁殖占领麦田，瓢虫、蜘蛛、食蚜蝇的幼虫和其他蚜虫的天敌在春天时就没有足够的食物生存。因此，这些昆虫就会迁移到远一些的有充足食物供应的地方。这样，等到蚜虫开始大批出没，环境就十分理想，因为它们的天敌已经所剩无几。

如果一片麦田里种植着多种作物，情形就会有所不同：由于天敌就在附近，蚜虫很快就会被消灭。在麦田半径 500 米的范围内，地形越为多样化，这一情形就越为显著。这一发现由萨拉·雷德齐（Sarah Redlich）刊登于《应用生态学报》（Applied Ecology）上，她是一名生态学家，同时是德国巴伐利亚维尔茨堡大学（University of Würzburg）英戈尔夫·斯特凡·德温特（IngolfSteffan-Dewenter）教授的博士生。

维尔茨堡 18 种地形调查

雷德齐为了进行研究，在大维尔茨堡区（greater Würzburg area）挑选了18 种地形的田地，以最大限度地展现作物多样性。这些田地直径 6 千米，中央都有一块冬麦田。"我们挑选的田地既有多样化程度较低的地形，也有程度较高的地形，"萨拉·雷德齐解释道。为了达到研究目的，田地的多样化度和多达12 种作物植物组都经过了演算，较小半径范围（500 米内）和较大半径范围（3 000 米）的田地都包含在内。

雷德齐在每块冬麦田上都设置了两笼蚜虫，每笼 100 只，其中，一笼的

·128·

小麦与外界完全隔绝。"这一笼是为了不让捕食者进入，我想知道这种情况下蚜虫的繁衍速度有多快。"雷德齐说道。

另一笼的网眼则较大，除了鸟类不能进入，其他天敌都可入内。雷德齐解释说："这么设置是要确定鸟类对于麦田蚜虫的数量能产生多大影响"。

雷德齐还设置了第三种方法：划定一片区域放置 100 只蚜虫，所有捕食者都可入内。她解释说："这里就让大自然的法则自动运行吧。"在为期大约 2 周内，她每隔 5 天会去数一下蚜虫和捕食者的数量，然后把蚜虫和捕食者的数量变化和没有捕食者的笼子进行比较。结果发现，麦田周围的地形变化越大，依靠小麦繁殖的蚜虫就越少。而且在此次调查中，鸟类作为蚜虫的天敌与麦田里的蚜虫没有关联。

农民的收益

农民也可从此次研究中获益："如果农民能够以适当的方法种植作物，也就是增加作物的多样性，就可能减少使用杀虫剂，毕竟杀虫剂也会杀到捕食者，"这位生态学家说道，"作物多样性能产生的最大影响限制在田地半径 500 米之内，这就更好了。通常来说，附近的田地也是归农民所有，他们就能自己决定附近田地要种些什么作物。而如果扩大到 3 000 米半径范围内，他们就还得与邻居商量种什么，当然这也是可以的，但是可能就比较困难了。"此外，这一研究成果还可帮助农民实施欧盟《共同农业政策》（EU Common Agricultural Policy）中自 2014 年开始实施的一项规定：更高程度的作物多样化必须控制在"绿色"范围内。萨拉·雷德齐表示，这也就是说，农民需要种植结构和粮食可供给量更为多样性的植物，要在冬麦田四周开垦向日葵、油菜籽、甜菜或类似作物的田地，达到植物多样化的地形，尽量一年四季都能供养蚜虫和其他昆虫的天敌。

（来源：维尔茨堡大学）

研究人员找到环境友好型的养牛方式

300 年前，大群的野牛、羚羊、驼鹿漫步在北美大陆上，当时的大陆尚未开化，水清天蓝。

然而时至今日，如果野牛群聚，人们通常会认为它们扮演的角色代表着过度放牧、水污染、不可持续发展的产业。虽然其中某些批评具有正当理由，但是牛群的繁衍（即便任其漫步草场和果园）也可对环境产生益处，并可持续发展。

在发表于《农业系统》（Agricultural Systems）期刊的一篇研究中，密歇根州立大学（Michigan State University，MSU）的科学家们对适应性多围栏轮牧（adaptive multi-paddock，AMP）、草料饲养、谷物饲养和围栏育肥的牛群进行了评估。

以上研究由 MSU 动物科学副教授杰森·朗特里（Jason Rowntree）牵头，他表示："牛群的繁衍从全球范围来看会给环境造成负担，导致温室气体排放加剧、土地退化。通过我们 4 年的研究发现，利用 AMP 方法也许可以抵消温室气体排放，肉牛的肥育阶段就能产生净碳汇，碳含量就能保持在可控范围内而不会超过警戒线"。

除了检验过往的研究成果，朗特里的研究团队还在 MSU 的湖城农业生物研究中心（AgBioResearch Center）开展新的研究（育肥数据即搜集于位于东兰辛市的 MSU 主校区南部牛场）。在这里，每天都能看到 200 多头肉牛在 3 640 亩茂盛的草场上闲庭信步。

科学家会对肥育阶段的数据进行记录，如胴体重、日增重等数据，并与消化过程、发酵过程、肥料的储存和处理、农场的饲料生产和能源消耗过程中排放的温室气体（GHG）（甲烷、一氧化二氮、二氧化碳）进行比较，同时，测量土壤侵蚀造成的碳流失量。

AMP 系统对环境有益，围栏育肥则由于肥料中饲料排放的氮气对环境有害。不过，肉牛繁衍的前后过程十分复杂，不能仅考虑环境因素。如围栏育肥模式就比其他方法的效率高得多，仅使用一半的土地就能饲养同等量的肉牛。

这样，多余的土地就能投入其他用途，如种植人类的粮食、或者恢复土地自然地貌。值得一提的是，随着时间的推进，碳截存也在发生变化，研究人员认为长期来看碳截存会越来越少。朗特里表示，控制性放牧很可能在未来几年内抵消所排放的甲烷。

"虽然从产量上来看，AMP 不如围栏育肥有效，但是与持续放牧相比，AMP 的放牧体系在一片土地上的生产率要高得多。这就表明改进放牧方式确实可以增加草料饲养的肉牛量，"朗特里说道，"最后如果放在一个封闭的系统内看，人均肉牛消耗量就会减少，但是对环境的益处却会增加"。

他补充道，同样地，繁殖母牛饲养方法通过为围栏育肥提供肉牛也能对环境产生益处，即每单位土地面积既能产生更高的生产率，也能使放牧对环境产生益处。

朗特里谈起巨大的蜉蝣群和用假蝇垂钓就和谈论农业研究一样轻松，他认为牛群的繁衍能够与蓝丝带级别的鳟鱼垂钓区和谐共存。湖城距离密歇根州众多著名的溪流不足 80 千米，其中，有多条溪流被誉为是中西部的最佳垂钓地点。朗特里虽然重点研究的是牛群，不过对于水流和其他自然环境造成的影响也心怀敬畏之心。

"我是在得克萨斯州的墨西哥湾长大的，所以，亲眼目睹了氮素渗漏、沉淀、流失能对渔业造成多大的危害，"朗特里说道，"我们不是支持一种方法并完全否定另一种方法，而是关注不同的牛群繁衍的方法，结果发现草料饲养和谷物饲养的方法兼顾了环境因素，是最佳的操作方法，具有改进的空间"。

同样，如果围栏育肥方法能够减少使用肥料，在饲料中加入谷物等元素，就可能不会对环境造成太大危害。如果土地管理者采用 AMP 放牧的方法，那么牛群（如迁徙中的野生牛群）就可以相对集中地在一片区域放牧，然后让该片土地自然恢复。这种方法让植物的根系更为健康，并深入地下，在土壤中形成有机物质，吸收可获得的水分。

朗特里总喜欢说这么一句话："不管使用什么方法，如果你想做到，就一定要做到。"看着湖城的牛群漫步田间，听着朗特里充满德州腔调的演示，似乎要达到既可持续发展又能做到最优繁衍方式的理想国，指日可待。

（来源：密西根州立大学）

研究人员发明更加环保低成本的生物燃料生产技术

新加坡国立大学（National University of Singapore，NUS）的一个工程师团队最近发现，蘑菇采摘后产生的废物中可分离出一种天然细菌——热解糖高温厌氧杆菌 TG57，这种细菌能够将纤维素（一种植物性材料）直接转化为生物丁醇。

由 NUS 工程学院土木与环境工程系副教授何建中（He Jianzhong）领导的

研究小组于 2015 年首次发现了新的 TG57 菌种。他们对这一菌种进行培养，研究其特性。

何教授解释说："使用非食品原料生产生物燃料可以大大提高可持续性并降低成本。在我们的研究中，我们展示了一种使用新型 TG57 菌种将纤维素直接转化为生物丁醇的新方法，这是代谢工程领域的一项重大突破，是可再生生物燃料和化学品可持续、低成本生产方面的一个重要里程碑"。

生物丁醇——富有吸引力的生物燃料

传统的生物燃料是用粮食作物生产出来的。这种方法成本高昂，与粮食生产在土地、水、能源和其他环境资源的使用方面存在竞争。

用植物生物质、农业废物、园艺废物和有机废物等未经加工的纤维素材料生产的生物燃料预计能够满足日益增长的能源需求，而不会增加化石燃料燃烧产生的温室气体排放。这些纤维素材料资源充沛、环保，且经济上可持续。

在各种生物燃料中，生物丁醇因其高能量密度和优异的性能很有希望成为汽油替代品。它可以直接替代汽车发动机中的汽油而不需要对发动机做任何改造。但是，由于缺乏能够将纤维素生物质转化为生物燃料的强大微生物，生物丁醇的商业化生产受到阻碍。目前技术成本很高，还需要复杂的化学预处理。

以绿色方式生产生物燃料

由 NUS 团队开发的这种新技术可能成为一种颠覆性的技术，实现生物燃料的廉价、可持续生产。

用过的蘑菇堆肥——通常由麦秸和锯屑组成，是蘑菇种植产生的堆肥残余废物。废物中的微生物自然进化超过两年就可获得这种独特的 TG57 菌种。

发酵过程很简单，不需要对微生物进行复杂的预处理或基因改变。在加入纤维素后，细菌会直接将其消化，而丁醇是这一过程的主要产物。

未来，该研究团队会继续优化 TG57 菌种的性能，并利用分子遗传工具对其进行进一步改变，提高生物丁醇生产比率和产量。

该团队于 2018 年 3 月 23 日在科学期刊《科学进展》（Science Advances）上发表了研究成果。

（来源：新加坡国立大学）

生物学家发现影响植物氮利用效率调控基因的内在时间联系

由生物学家和计算机科学家组成的团队采用基于时间的机器学习方法，根据全基因组表达数据来推断植物氮信号传导的内在时间联系。该研究可能提供新途径，以便在减少氮肥使用的情况下监测并促进作物生长，从而有利于人类营养和环境。

研究发表在期刊《美国国家科学院学报》（Proceedings of the National Academy of Sciences，PNAS）上，重点是基因调控网络（GRN）。这些网络识别出哪些转录因子用于调节对氮进行响应所需的基因，而氮这种营养物质对植物发育和人类营养至关重要。

"根据对氮处理的动态基因响应来构建这些调控网络，我们可以分时段详细了解氮摄入及转化成氨基酸所必需的遗传过程。所有含氮化合物包括 DNA、蛋白质和叶绿素的合成都要用到氨基酸。"纽约大学（New York University）生物系、基因组学和系统生物学中心教授兼该论文资深作者格罗利亚·古鲁兹（Gloria Coruzzi）解释道。"凭借这些新知识，我们现在可以设想怎样来提高粮食生产效率，并提供更多的可持续农业措施来降低氮的投入，从而有利于环境"。

来自普渡大学（Purdue University）、伊利诺伊大学厄巴纳香槟分校（University of Illinois at Urbana Champaign）、冷泉港实验室（Cold Spring Harbor Laboratory）和法国国家农业研究所（French National Institute for Agricultural Research）的研究人员也参与了该研究。

时间是基因调控网络的第四个维度，尚未得到很好的探索，而该研究对此进行探索，以便更好地说明与氮的遗传响应有关的转录因子（TF）。具体而言，理解转录因子在不同时间点的功能可以让科学家定位早期的应答因子，并对整个基因调控网络的时间运行进行预测。

这种基于时间的基因调控网络让我们了解到大量有关调控的知识，并根据这些知识研究有关 155 种转录因子如何对氮响应实施调控及这种调控对植物核心生命进程（如昼夜节律、光合作用、RNA 代谢以及其他影响植物生长、发育和产量的其他现象）的影响的可验证假设。

该研究得到了美国国立卫生研究院（National Institutes of Health，NIH）（R01-GM032877）、美国国家科学基金会植物基因组基金（National Science Foundation Plant Genome Grant）（IOS－1339362）、NIH 国家研究服务奖（GM095273）和 NIH 一般医学奖学金（1F32GM116347）的资金支持。

（来源：纽约大学）

研究发现作为覆土作物的萝卜可减少土壤氮流失

提到萝卜，你可能想到那种小小、圆圆、脆脆的红色或白色蔬菜，切成片放进沙拉里。你也许会觉得很意外，这种根菜也可以很大很长，当做覆土作物用于农业。

覆土作物是种植在小麦、玉米或大豆等主要作物之间的作物，为了防止土壤裸露。覆土作物可以控制水土流失、改土培肥、抑制杂草。萝卜这种覆土作物不仅可以带来上述好处，还能在其他方面有益。萝卜长长的根在土壤中形成深深的通道，可以让后续种植的作物更容易获得土壤中的水分。

萝卜也可以有利于水质，因为萝卜能摄入土壤中的硝酸盐，从而吸收氮，于是就有更少的氮从土壤流入附近的溪流和湖泊。

威斯康星大学麦迪逊分校（University of Wisconsin-Madison）的马特·鲁拉克（Matt Ruark）和同事在接下来的生长季中想了解更多关于萝卜吸收硝酸盐的影响。他们在威斯康星 3 处田地建立试验基地，研究了 3 年。在每个试验基地，一些地块上种植了覆土萝卜，而另一些没有。覆土萝卜是在 1 次小麦收割后于 8 月种植的。玉米是在接下来的春季种植的。

研究表明，和没有种植覆土萝卜的地块相比，种植了萝卜的土壤氮含量显著减少。这一发现证实了先前几个研究的结论，说明萝卜确实能够以摄入硝酸盐的方式从土壤中吸收氮。

研究支持了使用萝卜作为覆土作物来捕获氮的做法。然而，氮被吸收进萝卜后会怎样却不为人知。

没有一致的证据表明氮随着萝卜的腐烂而回到土壤中。萝卜也没有把氮提供给玉米。研究人员总结道，在中西部北部地区，萝卜里的氮无法代替化肥。

鲁拉克说："萝卜在夏末种植后生长良好，捕获了大量氮。但萝卜腐烂后并没有把氮肥提供给后种植的作物。我们不知道究竟怎么回事。我们希望萝卜通过氮提供更多好处，但真可惜并没有"。

那些被吸收的氮怎么样了？要更好地了解，需要进一步研究萝卜的腐烂过程。鲁拉克表示，也许萝卜和耐寒覆土作物一起种植可以发挥更大效益。

威斯康星化肥研究委员会（Wisconsin Fertilizer Research Council）为研究提供了资金支持，里奥·沃尔士研究生奖学金（Leo Walsh Graduate Fellowship）也提供了支持。

（来源：美国农学会）

控制土壤中化学反应速度以使植物获得更多氮

看看庄稼地里的土壤，你会发现不只有泥土、水和可怕的爬虫，还有能让你想起高中化学实验室的化学反应。

许多研究人员都在研究土壤中元素和化合物的反应，特别是因为有些元素和化合物是植物生长所需要的，例如，氮。氮通常作为肥料添加到土壤中。然而，并非所有添加的氮都能被植物利用。

复合尿素是目前最流行的土壤氮肥。这是让植物获得生长所需的氮的一种方法。虽然尿素中的氮不能直接被植物利用，但一旦尿素进入土壤，它就会发生化学反应，产生铵——一种富含氮的化合物，植物可用作养分。负责这一反应的催化剂是一种称为脲酶的酶。该酶由土壤中的微生物产生。

"由于脲酶的作用，尿素经历的化学反应飞快。"斯蒂凡诺·丘利（Stefano Ciurli）说。丘利是意大利博洛尼亚大学（University of Bologna）药学和生物技术系（Department of Pharmacy and Biotechnology）的化学教授。"脲酶加速了含氮化合物的形成，这些化合物迅速消散到环境中，而不是被植物吸收"。

控制脲酶加速化学反应的速度对于帮助植物获得尽可能多的氮非常重要。这通常通过改变尿素肥料来降低脲酶活性来完成。丘利和团队研究这些技术。他们希望证明用特定化合物——马来酸-衣康酸聚合物（MIP）来覆裹尿素肥料颗粒是否能帮助降低脲酶活性。以前的研究认为这没有效果。

他们发现，当土壤酸度处于某些水平时，MIP 能够有效缓解脲酶的作用。还发现，与用于此目的的另一种化合物 N-（正丁基）-硫代磷酰三胺（NBPT）相比，MIP 效果较好。除了被植物和土壤生物吸收之外，NBPT 已被证明对作物具有一些负面影响。

研究结果表明，农民可以根据土壤的酸度进行选择。

"对于已经使用我们测试过的这种化合物的农民来说，这项研究告诉他们为什么这种化合物是有效的。"丘利说道，"那些认为这种化学品不管用而一直不太想用的人，现在可以将它与市场上其他化学品相比，试试它的好处"。

是什么让植物在一开始不能吸收尿素？又是什么让植物无法获取某种养分？

"如果养分可溶于土壤中的水的话，植物就只能通过根来吸收营养。"丘利解释说，"植物没有牙齿可以咀嚼土壤；只有根部能够以几乎是被动的方式来吸收从身边'经过'的物质"。

土壤中有多种形式的氮。有些是气体，很容易消失在空气中。有的"有黏性"，有的没有黏性。没有黏性的氮，如硝酸盐，很容易被植物吸收，但也很容易被从土壤中冲走，进入河流和湖泊。河流和湖泊中富含氮可能导致藻华，形成死亡水域。

丘利说，他们下一步将在土壤中进行类似的研究，因为本次研究是在实验室中完成的。

这项工作对植物以及丘利感兴趣的其他研究项目——金属生物靶标药物有一定的意义。

"了解脲酶在分子、原子层面是如何发挥作用的，是开发脲酶抑制剂用于农业和解决医疗问题的第一步，"他说道，"脲酶是导致抗生素耐药性、癌症、肺结核、瘟疫和脑部疾病的一系列微生物的关键致毒因子。了解这种酶的化学性质将有助于人类在地球上生存"。

（来源：美国农学会）

"高产"农业的环境成本低于预期

一项新研究发现，看似更生态环保实则占用大量土地的农业，每生产单位粮食所耗费的环境成本，实际上可能要高于土地占用量少的"高产"农业。

越来越多的证据表明，要在保护生态多样性的前提下，满足不断增长的粮食需求，最佳途径便是以可持续的方式从我们已耕种的土地中获取尽可能多的粮食，从而使更多的自然栖息地"免遭耕种"。

然而，由此需要采取的集约化农业技术会造成不同程度的污染、水资源短缺、土壤流失等问题。近日刊登于《Nature Sustainability》期刊上的一项研究表明，事实可能并非如此。

科学家们汇总了针对高产和低产农业系统所产生的温室气体排放、用水与化肥使用等一些主要"外部现象"的应对措施，并对不同方法在生产既定数量粮食时所耗费的环境成本进行了比较。以前的研究方法是按照土地面积来比较这些成本。由于高产农业在生产同等数量粮食的情况下所需土地较少，因此，该研究的作者表示，这一研究方法高估了其环境影响。从农业领域的研究结果来看，与多数人的认知相反，土地占用量小的集约化农业造成的污染、土壤流失和水消耗等均更少。不过，这一由剑桥大学科学家所领导的研究团队也提出警示，若高产只是被用于提高盈利或降低价格，那只会让业已存在的灭亡危机不断加剧。与剑桥大学科学家共同进行这一研究的还有来自英国和全球其他地方的 17 个组织的成员，包括波兰、巴西、澳大利亚、墨西哥和哥伦比亚。

该研究团队表示，农业是地球生物多样性流失的最重要因素，栖息地不断被占用为耕地，使得野生动物的生存空间越来越少。利用高产农业，可以在不破坏更多自然环境的情况下，满足不断增长的粮食需求。然而，如果要避免大规模物种的灭绝，那么将土地集约化农业与保护荒地免耕相结合至关重要。

该研究将上百份调查信息划分为四大粮食类别，每种产品均占全球产出的较大比例：亚洲水稻（90%）、欧洲小麦（33%）、拉丁美洲牛肉（23%）、欧洲乳制品（53%）。高产策略的措施包括提升牛肉生产的放牧系统、增加牲畜品种、对农作物施用化肥、延长奶牛室内饲养时间。

科学家发现数据有限，并表示急需更多关于不同农业系统环境成本方面的研究。尽管如此，结果表明，许多高产农业系统造成的生态破坏更少，并且更重要的是，对土地的占用量更少。例如在田间试验中，化肥氮能够在很少或甚至不产生温室气体的情况下提高产量，且生产每吨稻米所消耗的水量更少。研究团队发现，一些系统通过增种树木来为牛群提供遮阴和饲料，从而提高产量的做法，可减少一半的温室气体排放。

该研究只调查了欧洲乳制品行业的有机农业，但发现如果生产同样分量的牛奶，与传统乳品业相比，有机农业系统所造成的土壤流失至少多 1/3，且所占用的土地面积也是传统方式的 2 倍。

该研究团队表示，在所有的乳制品系统中，他们发现单位土地产奶量越高，通常意味着更高的生产生态效益与经济效益。奶农对环境影响更低且更高效的系统比较青睐。有机农业系统通常被认为比传统农业更为环保，但研究表明，实则不然。生产同量产品的情况下，有机农业会占用更多的土地，这种做法最终会造成更大的环境成本。高产农业如果要具备环保效益，便必须与限制农业扩张的机制相结合。这些机制可包括严格的土地用途划分与调整农村补贴。研究结果进一步表明，采取高产农业系统来生产粮食，从而避免占用更多自然栖息地是副作用最小的推进方式。在农业补贴多的地方，公共支出可依赖于已耕土地中更高的粮食产出，而其他的土地则可不用于生产，而是恢复为野生生物或蓄洪的自然生境。

（来源：www.sciencedaily.com）

农田设置排水缓冲带可有效减少硝酸盐排放

春季，美国核心地带经常气候潮湿，导致该地区的土壤过于松软，不适宜种植。要解决这个问题，其中的一个解决方案就是瓦管排水。种植业农民会在他们的农田下插入一系列管道（排水瓦管），这些管道能够将土壤中的水排入附近的溪流和湖泊。

该地区许多现存的瓦管排水沟早在 50 多年前就已安装，它们曾帮助农民提高农田产量。农民们可以更早地进入田地开展种植活动，而无须压实土壤。

该办法将农作物的生长季节延长了几周，大大提高了农作物产量。

然而，20 世纪 80 年代后期出现了一个新的问题：来自中西部地区的硝酸盐正在流向墨西哥湾（Gulf of Mexico）。硝酸盐会沿着瓦管排水沟流入溪流，一路流向密西西比河（Mississippi River），最终汇入墨西哥湾。虽然移除瓦管排水沟可以解决这个问题，但如果这么做，这些农民将面临农作物产量的降低。

于是，科学家开始在农田边缘安装排水装置，以便农民继续依靠瓦管排水沟提早种植时间，同时又能保护附近的溪流和墨西哥湾免受硝酸盐污染。

其中一位科学家是来自爱荷华州立大学（Iowa State University）的农学家和教授汤姆·伊森哈特（Tom Isenhart）。2013 年，伊森哈特和他的同事公布的一些数据表明，通过在溪流附近设置饱和带状土地，就能够去除瓦管排水沟内水中的硝酸盐。这是个天大的好消息。伊森哈特说，"我们关于滨水饱和缓冲带的初步研究展现出了良好的前景，为此，美国农业部（USDA）还为这种做法制定了一项保护标准"。

这一小组研究的缓冲带能够带来明显的好处。在中西部地区，瓦管排水沟一般会安装在传统缓冲带下，而该小组试图让水流重新流回土壤内。伊森哈特说，"在装有瓦管排水沟的地形内，由于水流不是在土壤中流淌，因此，传统的滨水缓冲区无法大量去除水中的硝酸盐"。

伊森哈特和他的研究小组还将滨水饱和缓冲带的研究扩展到了爱荷华州的另外五个地点。伊森哈特表示，"这些额外的研究能够帮助我们确认首个研究地点的初步结果"。他们还确定了滨水饱和缓冲带在其他地点的效果。这些不同的地点有着不同的土壤和地形，两者对于农民而言都是非常重要的信息。此外，该研究的开展时间还增加到了几年，这能让研究人员获得不同天气条件下的缓冲带数据，特别是在降水量发生变化的时候。

为减少装有瓦管排水沟农田中的硝酸盐含量，其他科学家也在研究其他解决方案。伊森哈特和他的研究小组计算了运用各种硝酸盐去除系统时的硝酸盐去除成本。滨水饱和缓冲带的使用寿命为 40 年，每磅硝酸盐的去除成本为 1.33 美元（合每千克 2.94 美元）。反硝化木片生物反应器的使用寿命约为 10 年（到期后需更换木片），氮去除成本为每磅 0.95 美元（合每千克 2.10 美元）。

伊森哈特谈到，"与许多系统相比，滨水饱和缓冲带相对更为简单平价，安装更快，但这种方法并不适合所有农田。缓冲带只有在特定的土壤和地形特征条件下，才能正常运作，这可能会限制它们在某些流域类型中的使用情况"。

滨水饱和缓冲带通过让水流重新流回土壤，利用了土壤的自然清洁能力。当农田条件适合安装这种缓冲带时，它们能够有效减少流入附近溪流和湖泊的硝酸盐，并让农民得以继续使用瓦管排水沟。

（来源：美国农学会）

研究人员找到节水一半以上的番茄灌溉方法

塞维利亚大学（University of Seville）药剂系（Pharmacy Faculty）和农业工程高等技术学院（Escuela Técnica Superior de Ingeniería Agronómica, ETSIA）的专家发表了一项研究。研究表明，如果减少一半以上用于灌溉樱桃番茄的水量，作物产出的果实不仅保留了卖相好、营养价值高的优质特点，还提高了类胡萝卜素含量。类胡萝卜素是食品加工业非常重视的一种化合物。除了可以当做天然色素外，一些类胡萝卜素还是维生素 A 的前体，对人体健康有益，还可应用于化妆品。

研究成果发表在重要国际刊物《食品化学》（Food Chemistry）上。研究人员用了 3 年时间，在 ETSIA 试验田里分析了春、秋 2 个生长季的两类樱桃番茄品种和一些番茄新品种。

实验中运用了"控制减少用水"的方法，包括在耕作耐性最强的时期尽可能减少灌溉量以及在耕作初期对胁迫最敏感的时候增加水供应。

"我们不是随随便便就用一半的水，而是在研究植物的需水状况、了解它们的需求后，用合适的方式在最佳时机进行灌溉。"农林科学教师米雷亚·克雷尔（Mireia Corell）说。

一方面，这种方法通过减少水和能源的使用，为生产能在市场上脱颖而出的节水农产品开辟了新境界，给农民带来了实惠；另一方面，这种方法能给消费者带来额外的价值，因为消费者购买了营养价值更高、更加环保的优质产品。

"消费者要求获得更健康的食品以便延年益寿、提高生活质量。但是这不仅是增加寿命的问题，还是确保人们年老时依然健康的问题。"塞维利亚大学药剂系教师安东尼奥·J·梅兰德兹（Antonio J. Meléndez）说。

梅兰德兹是一个欧洲研究网络的负责人，该网络旨在促进类胡萝卜素研究及其在农业食品和健康领域的应用，主要目标是通过科学家、技术人员、企业和其他利益攸关方之间的交流和合作来推动类胡萝卜素领域的研究和创新。此外，他还与伊比利亚—美洲科技促进发展项目（Programa Iberoamericano de Cienciay Tecnología para el Desarrollo，CYTED）密切合作。

类胡萝卜素是用途非常广泛的化合物，一方面，在农业、食品、营养、健康、化妆品等领域十分重要，因此，将这类化合物用于食品和动物饲料添加剂的市场不断壮大；另一方面，许多研究都得出结论，在膳食中加入适量类胡萝卜素对预防眼部和心血管疾病以及不同类型的癌症具有积极作用。

这些结论是厄瓜多尔（Ecuador）基多（Quito）慈幼会理工大学（Salesian Polytechnic University）研究员伊莲娜·科亚戈·克鲁兹（Elena Coyago Cruz）的博士论文《功能性饮食背景下番茄和花朵中类胡萝卜素和酚类化合物含量研究》中的研究成果。这篇博士论文由克雷尔和梅兰德兹指导。研究也得到了来自阿利坎特（Alicante）米格尔·埃尔南德斯大学（Miguel Hernández University）、马德里理工大学（Polytechnic of Madrid）、塞维利亚自然资源和农业生物学院（Institute of Natural Resources and Agrobiology，IRNAS）以及穆尔西亚（Murcia）塞古拉土壤生态学和高等生物学中心（Centre of Edaphology and Advanced Biology，CEBAS）的专家的帮助。

这一技术可推广到橄榄和杏仁等其他作物。运用该技术栽培的作物在市场上具有优势。

（来源：西班牙塞维利亚大学）

研究人员发现杀虫剂残留正在威胁土壤安全

过去 50 年以来，众多控制植物病害的项目一直用来去除影响作物生长的杂草和其他害虫，这使得欧洲农作物的生产力大大提升。项目中杀虫剂的使用已经成为了近几十年农业集约化的主要关键所在，极大地提高了作物产量，但是这一优势是以牺牲欧盟国家农业土壤为代价的。

荷兰瓦赫宁根大学（University of Wageningen）欧洲多样化农业

（European Diverfarming）项目的科学团队的研究人员维奥莉特·吉森（Violette Geissen）和科恩·利策玛（Coen J. Ritsema）对 11 个欧洲国家的表面土壤样本进行了分析，寻找农业用杀虫剂的蛛丝马迹，结果他们证实了土壤中确实存在杀虫剂残留。

这项名为"欧洲农业土壤中的杀虫剂残留：被掩盖的真相浮出水面"的研究分析了 2015 年取自 11 个国家六种不同的种植体系的 317 个样本，得出结论为以上 83%的样本都含有杀虫剂残留（包含 76 种不同的化合物）。其中，相对于 25%的样本残留来自一种杀虫剂，约 58%的样本则混合了至少 2 种杀虫剂。发现的主要化合物为草甘膦、DDT（20 世纪 70 年代起禁用）、广谱杀菌剂等。

全社会对于这一问题的持续关注包含了两个基本规律：土壤中残留较多杀虫剂（依据研究结果）以及对某些非目标生物（非使用杀虫剂的目的）产生的毒性。由于这些残留累积在土壤的最上层，因此很容易因空气流动而在空气中进行传播。

为了解决这一问题，由欧洲委员会（European Commission）地平线 2020（H2020）计划资助的多样化农业项目提出了一种利用土地更为合理的方法，其中融合了水、能量、肥料、机械、杀虫剂。同时，还有一系列替代方案用来维持土壤微生物平衡，从而保证其生物多样性和健康，从使用新型无残留杀虫剂、生物刺激素、有机堆肥到结合作物多样性，让昆虫社群保持平衡，消灭害虫。

根据这项研究，土壤中出现混合的杀虫剂残留并不是特例，而是一种常见现象，这就表明我们需要评估就这些混合物而言造成的环境风险，以将它们的影响减少到最小。

在这些土地上耕种的农户也越来越意识到这一问题的严重性，因为要想获得好的收成，它们需要土壤保持健康，所以，像吉森和利策玛进行的研究以及多样化农业提出的策略都对欧洲农业起着越来越重要的作用。

多样化农业项目由欧洲委员会 H2020 资助，致力于解决"粮食安全、可持续农业和林业、海洋与海事和内陆水域研究和生物经济"方面的挑战，得到了多方参与，其中，包括卡塔赫纳理工大学（University of Cartagena）和科尔多瓦大学（University of Córdoba）（西班牙），图西亚大学（Tuscia）（意大利），埃克塞特大学（Exeter）和朴次茅斯大学（Portsmouth）（英国），瓦赫宁根大学（Wageningen）（荷兰），特里尔大学（Trier）（德国），佩奇大学

（Pecs）（匈牙利），苏黎世联邦理工学院（ETH Zurich）（瑞士）；研究中心：意大利农业经济研究委员会（Consiglio per la ricerca in agricoltura e l′analisi dell ′economia agraria）（意大利），西班牙国家研究委员会（Consejo Superior de Investigaciones Cientficas）（西班牙），芬兰自然资源研究所（Natural Resources Institute，LUKE）（芬兰）；农业组织：瓦伦西亚农民协会（ASAJA）；企业：Casalasco 和百味来（Barilla）（意大利），Arento、Disfrimur 物流和大卫工业（Industrias David）（西班牙），Tilburg 市 Lingehof 新型生态农业（Nieuw Bromo Van Tilburg and Ekoboerdeij de Lingehof）（荷兰），Weingut Dr. Frey（德国），水果生产商 Nedel-Market KFT 和 Gere（匈牙利），帕沃拉奶酪（Paavolan Koti-juustola）和吉斯图拉奶酪（Polven Juustola）（芬兰）。

（来源：西班牙科尔多瓦大学）

研究发现水稻具有过滤农田径流中农药的作用

水稻是全球重要的粮食作物，除了南极洲外，其他各大洲均有种植。新的研究表明水稻还有净化农田径流的作用。

美国农业部（USDA）生态学家马特·摩尔（Matt Moore）一直在想办法解决农田径流带走农药的问题。他希望能够找到一种对农民而言简单而又经济的方法，以阻止农田中施用的农药进入农田外的水体，而且这种方法可被运用于不同的地方，同时，还不具有侵入性。

研究人员连续两年种植了四块田，其中两块有水稻，另外两块没水稻；然后将含有 3 种农药的水倒入田中，以模拟暴风雨造成的农田径流。结果表明，在种有水稻的田中，3 种农药的含量均大大降低，下降幅度达 85%～97%。这些农药被水稻植株所捕获，而没有随着径流流出农田。这说明，水稻具有过滤农田径流中农药的作用。

在生产实践中，农民可将水稻种于农田的排水沟中，让水稻在径流进入河流、湖泊前对其进行清理。基于此，或可将稻田用作人工湿地，将径流引至水稻田，从而过滤掉径流中的农药。

研究人员下一步拟解决的问题便是明确这些农药最终是否会留在水稻的可食用部分——即稻谷。如果答案是否定的，那么水稻便可在为人类提供食物来源的同时，兼作天然的净水器。这一植物净化技术在水稻种植国家将会有较大的推广价值。

（来源：www.sciencedaily.com）

研究发现植物能够代谢环境中的抗生素

有时可能很难找到不含抗生素的牙膏、肥皂和其他洗漱用品。这些产品的流行已经导致三氯卡班（TCC）等抗微生物物质环境水平的提高，最终进入用于作物种植的水和土壤中。科学家在美国化学会（ACS）的期刊《农业与食品化学》（Journal of Agricultural and Food Chemistry）中报告称，TCC 以及相关分子可最终进入食物，对健康有潜在的负面影响。

美国食品药品监督管理局（U. S. Food and Drug Administration）最近禁止在肥皂中添加 TCC，因其安全性和有效性存疑。然而，TCC 仍然存在于许多其他产品中。有时用于作物灌溉处理后的废水中也发现了高浓度 TCC。TCC 对人类健康的影响仍不清楚，但它可能会干扰内分泌。由于人们不确定有多少 TCC 最终进入到了植物体内，以及植物如何代谢这一物质，因此，未能对环境中存在 TCC 所带来的风险有更好的了解。所以，道恩·莱恩霍德（Dawn Reinhold）及其同事对墨西哥辣椒进行了一项研究，以填补这一知识空白。

为了追踪抗生素从灌溉水到辣椒的过程，研究人员用放射性碳（C14）对 TCC 进行了标记。他们用水培法种植辣椒，12 周后，对根、茎、叶和果实中的 C14 进行采样。虽然辣椒果实本身的 TCC 含量相对较低，但它的分子中含有大量 C14，这些分子最初以 TCC 的形式存在，但随后被植物转化成了其他分子。研究人员表示，这一发现表明植物在代谢这一抗生素。需要研究代谢物对健康的影响，才能对使用 TCC 的安全性进行充分评估。

（来源：美国化学会）

特定肥料为转基因棉提供养分却抑制杂草生长

由于杂草对除草剂的抗性日益增强，化控的效果越来越差。目前迫切需要一种能抑制杂草的替代方案，以减少对除草剂和耕作的依赖。日前，美国 Texas A&M AgriLife 研究所新开发了一种肥料系统，在为转基因棉提供磷元素的同时，还能有效抑制杂草。

磷是所有生物必需的一种大量元素，但大多数有机体都只能利用正磷酸盐形式（磷的一种可代谢形式）中的磷。然而，表达亚磷酸盐脱氢酶（ptxD）基因的棉花植株具有将亚磷酸盐转为正磷酸盐的能力，而杂草却不具备这种能力。ptxD 基因/亚磷酸盐系统将亚磷酸盐作为表达 ptxD 基因的棉花的唯一磷源，可有效抑制杂草生长。该肥料系统有助于解决许多生物科技、农业和环境方面的问题。

该研究小组此前发表的一份报告认为，当来源于施氏假单胞菌 WM88 的 ptxD 基因在转基因植株中获得表达时，该基因能够对一种将亚磷酸盐转为正磷酸盐的酶进行编码。

试验结果表明，ptxD 基因/亚磷酸盐系统在抑制抗草甘膦长芒苋生长方面非常有效。这种杂草在 10~15 年前就已显现出对除草剂的抗性。杂草虽然也可能获得除草剂抗性，但要获得利用亚磷酸盐的能力，其中的一种脱氢酶基因必须经历一系列复杂的 DNA 序列多重突变，这仅仅依靠随机突变是很难达到的。

与磷酸盐相比，亚磷酸盐可溶性较高。在施用亚磷酸盐时采用恰当配方，防止淋溶，就可以在不损失作物产量的情况下减少亚磷酸盐的用量。即使一些亚磷酸盐最终流入河流、湖泊和海洋，藻类也无法利用，从而可以有效防止有毒藻类的生长。

接下来，研究人员将开展 ptxD 基因转化株在低磷土壤条件下的田间试验，并评估亚磷酸盐作为顶极"除草剂"的效力以及田间使用亚磷酸盐作为磷源对土壤微生物群落的长期影响。

（来源：www.eurekalert.org）

研究发现一种新玉米品种可利用细菌为其提供氮肥

2018 年 8 月 7 日出版的《PLOS 生物学》期刊上一项新的研究成果称，发现了一种新的玉米品种，能将自身糖分供给有益菌，而有益菌则从空气中捕获氮再输送给植物。这一玉米品种是由美国食品行业巨头玛氏公司现任首席农业官霍华德-雅娜·夏皮罗（Howard-Yana Shapiro）于 20 世纪 80 年代在靠近墨西哥瓦哈卡州（Oaxaca）的一块贫氮田首次观察到的。玛氏公司与加州大学戴维斯分校共同开展了对该玉米品种的研究工作。

研究指出，这一玉米品种非同寻常，可从空气中获取其氮需求量的 29%~82%。该品种的地表气生根会慢慢产生一种含糖分的"黏液"，吸引细菌从周围空气中固氮，并转化为植物可用的形态。如果这一特性能转移到传统玉米品种中，不仅可以降低化肥用量，还可以提升土壤贫瘠地区的玉米产量。

主要豆类植物早已建立了和细菌群落的互利关系，细菌群落为植物提供其生长所需的氮。然而玉米及其他谷类作物长期以来缺乏这种与细菌群落的良好关系。化肥来源于化石能源，为减少对化肥的依赖，各国研究人员始终致力于寻找一种方法，使玉米也能享受固氮微生物群落的裨益。团队负责人指出，个别本地玉米品种与固氮菌有关联，但始终很难识别具体的品种，也很难证明这种固氮关联确确实实提高了植物的氮营养水平。为此该跨学科研究团队已经在该领域研究了近 10 年，终于确定了这一玉米品种。

（来源：www.sciencedaily.com）

研究发现多次施用磷肥会影响利用效率

据联合国粮农组织（FAO）估计，2018 年全球将施用约 4 500 万吨磷肥。其中，大部分土地在过去几年中都已施用过磷肥。而根据一项最新研究的结果显示，其实这大可不必。

"以前用磷肥能够加强后续使用其他肥料的有效性。"该研究的第一作者吉姆·巴罗（Jim Barrow）说道，他同时也是西澳大学（University of Western Australia）的一名科学家。巴罗表示，如果能搞懂土壤和磷之间的动态过程，会带来很多好处，例如，在施用磷肥时能够更加明智。"从全球范围来看，磷资源是有限的，我们用的时候要更加谨慎一点"。

而从地区性范围来看，过度施用磷肥会造成水污染。在农业上来说，购买磷肥对于农民也是一笔不小的开支。"如果农民能够需要多少就用多少，其实对环境也是有利的，"巴罗说道，"还能省钱"。

其实磷肥施用在土壤上之后，只有很小一部分被植物吸收。因为大部分磷都附着在土壤颗粒上，只有一小部分溶解在了土壤中。"如果溶解的部分很多，植物就能快速从土壤中获取到肥料，"巴罗说道，"所以，其实很少的肥料就足够了"。

磷酸盐是肥料中的一种化合物，可以与土壤颗粒发生反应并渗透到土壤颗粒中。巴罗指出一旦磷酸盐渗透到土壤颗粒中去，"植物就很难吸收到肥料。这也就是为什么农民需要重复施用磷肥"。

不过这也有好处。巴罗解释说："磷酸盐渗透到土壤颗粒中后，会让土壤颗粒充满更多的负电荷。"由于同极相斥，充满负电荷的土壤颗粒就会排斥充满负电荷的磷酸盐。这样一来，溶解的部分就会增多，植物吸收肥料的速度就会加快，农民就不需要重复施肥了。

巴罗还和同事们一起研究了另外一个问题：随着时间推移，磷酸盐是否会以同样的速度持续渗透进土壤颗粒？据他们推断，渗透速度会随着负电荷的积聚而减缓。

同时，他们证明了如果一段时间内施用过多磷肥，磷酸盐的渗透速度就会减慢，直至最终停止。"一旦发生这种情况，只需要把前一年用过的磷酸盐换掉就行（并且从农产品中去除）。"巴罗说道。

这就像修复一条石子路，首先需要填满地上的坑洞和裂缝，再在最上面铺上一层光滑的功能性材料。

与巴罗共同进行研究的同事来自印度西孟加拉邦（West Bengal）的 Bidhan Chandra 农业大学。他们进行研究的土壤取自加尔各答（Kolkata）以西约 100 千米的一处地点。为了模拟磷酸盐一段时间内的施用效果，研究人员施用磷肥之后，将土壤温度维持在 140 华氏度（即 60 摄氏度）超过 1 个月。

"因为保持正常温度的话整个过程就很缓慢，"巴罗说道，"这样我们就不用等上几年才能做试验"。

研究结果能帮助农民更为有效地使用磷肥，还可以省下一笔费用。"但是这些结果需要让农民知道，"巴罗说道，"可溶性磷肥的有效性被严重低估了"。

（来源：美国农学会）

新方法让农药或肥料雾滴有效瞄准并黏附目标

在将油漆或涂料喷洒到表面上，或将肥料或杀虫剂喷洒到作物上时，雾滴的大小会产生极大的差异。较大的液滴在风中的飘移情况较少，从而可以更准确地撞击目标，但较小的水滴降落时更容易黏附目标，而不会造成反弹。

现在，麻省理工学院（Massachusetts Institute of Technology，MIT）的一支研究团队已经找到了一种方法来平衡这 2 个特性，并获得两者的最佳效果——液滴不会飘移得太远，同时，又能产生微小的雾滴粘附在目标表面上。该团队取得此项成果的方法非常简单：在喷雾喷头和预定目标之间放置一个网格，以此将液滴分解成原来的 1/1 000 大小。

今天，《流体物理评论》（Physical Review Fluids，PR Fluids）杂志刊登了这一研究结果，这是由 MIT 机械工程副教授克利帕·瓦拉纳西（Kripa Varana-si）、前博士后丹·所托（Dan Soto）、研究生亨利-路易斯·吉拉德（Henri-Louis Girard）以及其他 3 位来自 MIT 和位于巴黎的法国国家科学研究中心（The National Center for Scientific Research，CNRS）的研究人员共同完成的一篇论文。

瓦拉纳西及其团队早期的研究重点是：如何让雾滴更有效地粘附在它们的预定目标表面上，而不是反弹出去。而这项新研究的重点是问题的另一个方面——如何让液滴到达目标表面。瓦拉纳西解释说，通常只有不到 5% 的喷洒液体能够最终粘附在预定的目标上；有 95% 甚至更多的液体会遭到浪费，其中有大约一半的雾滴会飘失，并没有到达目标上，而另一半雾滴是由于反弹而损失的。

雾化器是一种能够以微小雾滴的形式喷洒液体，使其悬浮在空气中而不会沉降出来的装置，是许多工业生产过程的关键部件，这些过程包括：喷漆和涂层，将燃料喷射至发动机内，将水喷射至冷却塔内以及利用细小的墨滴进行印刷。该团队取得的新进展是以较大的液滴形式进行初始喷洒，这些液体受微风影响较小，更有可能到达目标，然后通过在喷头和目标之间放置网格，让大液滴在到达目标表面之前分解为更细小的雾滴。

瓦拉纳西说，虽然这个方法也许适用于多种不同的喷洒应用，但"主要动机是农业发展"。农药如果没有到达目标表面，而是落在地面上，就会汇聚为径流，形成严重的污染源，同时，造成昂贵化学品的浪费。另外，对某些植物而言，较小的雾滴所产生的损害或削弱影响也会更小。

过去，农民已经懂得如何用织物网格覆盖某些种类的作物，以防止鸟类和昆虫偷吃植物，因此，这一方法已经为农民所熟悉，并被广泛使用。研究人员表示，可供使用的网格材料多种多样，但关键是要确定网格中开口的大小和材料的厚度，而团队已通过一系列室内实验和数学分析，精确量化了这 2 个参数。在试验的开展过程中，研究人员主要使用的是常见而平价的不锈钢精细丝网。

研究人员提出，由植物茎干或框架支撑的网格放置于作物上方后，农民可以简单地使用产生较大液滴的传统喷雾器，这些液滴即使在微风条件下也能保持其喷洒路线。然后，当大液滴即将到达植物时，它们会被网格分解成细小的雾滴，每粒雾滴的粒径约为 1/10 毫米，这将大大增加它们粘附的机会。

而该方法还会额外带来一个好处：放置在作物上方的网格也可以保护它们免受暴风雨的破坏，网格会将雨滴分解成较小的雾滴，从而降低其撞击植物时产生的压力。研究人员表示，作物如果受到风暴的损害，某些情况下可能会导致作物产量的严重降低，而该方法能有效减少这一现象。此外，较大的液滴会导致更多的飞溅情况，造成病原体的扩散。

瓦拉纳西说，这一新方法除了能够提高效率，还可以减少农药飘移的问题，有时农药会从一位农民的田地吹到另一个农民的田地，甚至从一个州吹到另一个州，有时还会最终吹进人们的家中。"人们希望解决这一问题，因此，正在寻找解决方案"。

吉拉德指出，这一方法的原则也同样适用于其他用途，例如将水喷射到冷却塔中，这些冷却塔可用于发电厂以及许多工业或化学工厂。他说，在这些塔中，将网格放置于喷头下方"可以产生更细的雾滴，能够蒸发更快，并提供更好的冷却效果"。吉拉德还补充到，由于冷却效率与液滴的表面积有关，因此，使用更细小的液滴会让冷却效率提升 3 个数量级。

在最近的研究中，瓦拉纳西和他的团队发现了一个办法，能够通过在塔顶上使用一种不同类型的网格，将大部分从冷却塔中蒸发掉的水进行回收。这一新发现可与上一个新方法相结合，从而提高输入侧和输出侧的发电厂效率。

吉拉德说，在进行喷漆和涂覆其他种类的涂料时，雾滴越细，涂覆和粘附效果就越好，因此，该方法可以改善涂料的质量和耐久性。

吉拉德说，尽管目前大多数雾化方法需要依靠能量所产生的高压，来迫使液体通过狭窄的开口，但这种方法纯粹是被动和机械的。"而我们的方法可以让网格自行雾化，几乎免费"。

该团队成员还包括安托万·勒·艾洛克（Antoine Le Helloco）、MIT 的托马斯·宾得（Thomas Binder）以及巴黎 CNRS 的大卫·奎尔（David Quere）。该项研究得到了 MIT-法国项目的支持。

（来源：麻省理工学院）

美国开展了有机无机肥料对土壤健康影响的长期对比研究

关于施用有机肥和无机肥对土壤的影响，国内外的研究并不少见；但长期的定位试验却并不多见。最近来自美国威斯康星大学的研究人员公布了长达 13 年的研究成果，比较了长期施用有机肥和无机肥对土壤质量造成的影响。

2003—2015 年，美国威斯康星大学麦迪逊分校（University of Wisconsin-Madison）的研究小组，在南达科他州的玉米和大豆田里研究了粪肥和无机肥不同施肥水平对土壤的影响。试验设置了少量、中等、大量 3 种用量水平的粪肥处理，中等、大量 2 种用量水平的无机肥处理以及不施肥的对照。

研究人员取了不同深度的土壤样本进行分析。结果表明：一是粪肥有助于将土壤 pH 值维持在作物健康生长的范围内；无机肥则会使土壤的酸度升高。二是与无机肥和对照相比，粪肥提高了所测的各个土壤深度的有机碳水平，而碳水平越高，就越能改善土壤结构。三是与对照相比，粪肥极大增加了对植物生长至关重要的总氮水平。四是粪肥增加了由聚合在一起的土壤颗粒形成的水稳定性团聚体，从而促进土壤抵御水的侵蚀，而施用无机肥则会使水稳定性团聚体减少。五是与无机肥料和对照相比，粪肥提高了所测的各个土壤深度的导电率，而电导率越高，土壤含盐量也会越高。

该研究成果表明，如果长期施用粪肥，相比较施用无机肥而言，大多数土壤的质量特性都会得到提升，而电导率提高则是施用粪肥为数不多的负面影响之一。研究小组同时也测量了每种情况下，在不同土壤深度施用较多肥料和较少肥料的影响，这将为种植者提供有价值的指导信息。

（来源：www.sciencedaily.com）

合成生物学或可用来设计能够检测环境
有害物质的植物

2018年7月20日在《科学》（Science）杂志发表的一篇文章中，尼尔·斯图尔特（Neal Stewart）和田纳西大学（University of Tennessee, UT）的论文共同作者一起探讨了美感与家庭健康状况警报功能兼具的室内植物的前景。

这一创意是对室内植物进行基因工程改造来让其充当警报，告诉我们家庭和办公室环境中有哪些地方出了差错。斯图尔特是UT赫伯特农业学院（Herbert College of Agriculture）的植物科学教授，他还是植物分子遗传学专业的拉切夫卓越教授（Racheff Chair of Excellence）。苏珊和阿布达耶都是这篇文章的共同作者。

这不是科学家第一次提出将植物当做生物传感器。论文作者指出，截至目前，利用生物技术，已有几种环境相关的植物传感器被设计出来。事实上，曾经被称为基因工程的科技已经发展为一个完整的研究领域，该学科称为合成生物学，内容是设计和构建新的生物实体或系统。

合成生物学对农业生产而言是宝贵的工具，使农民可以种植专门抵御干旱或某些害虫的植物。斯图尔特著有或与人合著多篇涉及对植物进行基因工程以应对某些环境（如氮含量过多或过少）的研究论文。使用专门设计的过滤器观察这些植物时，它们会"发光"。一旦该技术得到商业化，就或许可以让未来的农民相应地调整其农业管理计划。

作者发表在《科学》上的这篇文章中讨论的新观点是将合成生物学应用于室内植物，不只是出于美学原因——如大花朵或多色叶子。"室内植物在我们的家庭环境中无处不在。"斯图尔特说，"通过合成生物学的工具，我们可以设计出可作为建筑设计元素的室内植物。这些元素既能取悦我们的感官，又能早早感知可能损害我们健康的环境因素，如真菌、氡气或高浓度的挥发性有机化合物。"斯图尔特解释说，我们可以设计出植物生物传感器来以多种方式对有害物质作出反应，例如，逐渐改变叶子的颜色或通过使用荧光。"它们可以做的不仅是被摆放在那里供人观赏。"他说，"它们可以提醒我们注意环境中存在的危害"。

作者假设，人们需要密集的生物传感器，因此像"植物墙"这样的建筑设计元素可能最适合作为环境监测器，同时也满足我们在室内与大自然联系的天性需求。

"亲生态设计的基础是我们与大自然的天然友好关系，因此，在室内空间中整合生物元素会在空间和体验上产生丰富的影响。"阿布达耶说，"赋予室内植物响应能力是革命性的创新。这可以使空间内的亲生物元素更加融入空间，从整体上为居住者的福祉作出积极贡献"。

虽然发表在《科学》上的这篇文章提出了这个概念，但斯图尔特和阿布达耶计划将他们的想法从实验变成未来蓝图，最终进入我们的家庭、学校、医院和办公室。斯图尔特和阿布达耶已经在一起准备拨款申请方案，他们计划在未来继续开展更多的项目。

阿布达耶说："我们的工作应当创造出一种内部环境，这种环境要能对其中居住者的整体健康和福祉更加敏感，同时，继续提供植物日常给人们带来的益处。我的学生将参与这项突破性的研究，将这种创新融入到室内空间设计之中，我感到很激动。这个长期项目是在室内建筑和植物科学两个看似无关的学科之间建立起独特而有趣的合作伙伴关系"。

正如作者在《科学》上的文章中所指出的那样，这种合作研究对社会的潜在益处是巨大的。

（来源：田纳西大学农业研究所）

植物保护

植物如何保护自己免受致命真菌的侵害

sRNA（small RNA）是通过干扰基因表达来调节各种生物进程的分子。加利福尼亚大学的研究人员多年来致力于研究 sRNA 在植物免疫和疾病中的作用，旨在制定有效的环保策略以控制植物病害和保证粮食安全。最近，这一团队以拟南芥为试材，重点研究了灰葡萄孢菌（*Botrytis cinerea*）——可致几乎所有水果蔬菜以及多种花卉感染灰霉病的一种真菌，阐明了植物如何打包和运输 sRNA 来抵御原体。成果在线发表于《科学》杂志上。

在一种被称为跨界 RNA 干扰的现象中，一些病原体和植物在相互作用期间交换 sRNA。病原体将 sRNA 输入植物细胞来抑制宿主的免疫，同时，植物也将 sRNA 转移入病原体来抑制其引发感染的能力。到目前为止，还不清楚 sRNA 如何在宿主和病原体的细胞间跨界移动。

团队的最新研究发现，在感染灰葡萄孢菌时，植物细胞将 sRNA 打包进被称为外泌体的泡状囊内，它们被送出植物细胞并在感染部位附近聚集。这些"战斗气泡"被真菌细胞高效吸收。转移的 sRNA 会抑制引发疾病所需的真菌基因的表达。发现外泌体在跨界 RNA 干扰中的作用将有助于研发出有效途径，将人造 sRNA 运送到植物病原体中以控制病害。

团队正在研究从植物转移出的保护性 sRNA 的目标病原体的特点，以帮助识别与病原体毒力相关的新基因。

（来源：www.eurekalert.org）

常居菌可保护植物免患有害微生物疾病

真菌和其他称为卵菌纲的丝状微生物会引起许多致命的植物疾病，并导致作物总产量减少 10% 以上。如今，一项开创性研究的结果显示，就算是一株健康的植物，也可能在根部存在有害真菌和卵菌纲。而之所以没有罹患疾病，是因为也同时存在各种常居菌（resident bacteria），调节植物根部不同微生物之间的平衡，让植物得以在自然中存活下去。该项研究由马克斯普朗克植物育种研究所（Max Planck Institute for Plant Breeding Research）（位于德国科隆）的斯蒂芬·哈卡尔德（Stephane Hacquard）和保罗·舒兹列菲特（Paul Schulze-Lefert）牵头，研究结果发表于《细胞》（Cell）杂志。

土壤的多样性之丰富令人惊愕，其中，包括大量不同种类的微生物，如细菌、真菌、卵菌纲。这些微生物隶属于不同的生物王国，相互之间会进行复杂的互动，还会形成一个称为"根微生物群"的亚群，定殖健康植物的根部。植物是依靠土壤生长发育的有机体，不管是地表以下，还是地表以上的部分都会持续受到不同的微生物病原体的侵害。虽然长久以来，人们都知道植物拥有一套先天免疫系统能够保护自己免受这些有害微生物的侵害，然而仅仅依靠这套机制是否能完全保护大自然中的植物，仍然不得而知。对于微生物群之间的互动能否影响微生物定植植物根部以及促进植物健康，也是同样扑朔迷离。

为了解决以上问题，研究小组首先获取了来自不同地点的模式植物拟南芥（Arabidopsis thaliana），对其健康植株的与根部相关微生物以及周围土壤中的各种微生物进行了一次大调查。结果显示，不同地点的与根部相关的真菌群落和卵菌纲群落都表现出极大的差异性，细菌群落的结构则较为类似，对于这些居住在植物根部的细菌来说也许具有较为重要的功能。此外，研究人员还发现了细菌和丝状微生物之间在根部可能存在相互排斥的标记，这表明要定殖根部"市场"，还需"竞争上岗"。

为了更为严谨地研究这些不同的微生物在植物根部是否存在竞争关系，研究人员单独培养了各种与健康的拟南芥根部相关的细菌、真菌、卵菌纲，逐步解析拟南芥的微生物群。然后通过重构的方法，将细菌、真菌、卵菌纲的不同组合植入无菌的植株，测试不同的微生物组对植物健康会造成怎样的影响。科学家们运用这一方法观察发现，如果真菌和卵菌纲共存，植物的生存就完全依赖于细菌能否同时存在。这些共存的细菌能约束真菌和卵菌纲在植物根部的生长，以促进植物健康。而且，只需要群落中的几种细菌就足以保卫植物，这就表明即便是关系疏远的细菌，也有着保卫植物的共同目标。

"我们已经证明了要避免土壤和根部的真菌、卵菌纲的为害，仅仅依靠植物的免疫系统是不够的，而与植物根部相关的细菌能作为这种免疫系统功能的外延，让植物在大自然中生存下去。"哈卡尔德博士说道。研究作者的发现，同时也为研究益生菌及保卫农作物健康的细菌群落的理性设计作出了贡献。现在，研究小组打算找到细菌中哪些基因和分子负责实施这一保护性功能。

（来源：马克斯普朗克植物育种研究所）

毛虫与真菌的共同作用对水果及坚果植株造成威胁

新研究揭露了黄曲霉（*Aspergillus flavus*）作恶"多端"的"共犯"：脐橙螟虫。黄曲霉是一种可产生致癌毒素、污染植物种子和坚果的真菌，脐橙螟虫则攻击部分已感染黄曲霉的坚果和水果植株。科学家在《化学生态学杂志》（Journal of Chemical Ecology）上发表报告称，上述两者通过协作来突破植物自身的防御机制、抵御杀虫药剂。

伊利诺伊大学（University of Illinois）昆虫学教授兼系主任梅·贝伦鲍姆（May Berenbaum），与昆虫学研究生丹尼尔·布什（Daniel S. Bush）、美国农业部（U.S. Department of Agriculture）昆虫学家乔尔·西格尔（Joel P. Siegel）一起完成了上述研究。贝伦鲍姆教授说："毛虫在有真菌的环境中生长得更好；真菌亦然"。

"黄曲霉是一种非常'机会主义'的病原体，它会感染各种植物，偶尔还会感染动物，乃至人类。"贝伦鲍姆教授表示，"黄曲霉还很善于分解毒素"。

脐橙螟虫也是"机会主义者"。不同于大多数昆虫幼虫，脐橙螟虫的幼虫可以突破杏仁、开心果、无花果等宿主植物的防御系统。它们一路蚕食植株，并通过排泄和结网的方式污染植株的果实。同时，脐橙螟虫还为黄曲霉创造了可趁之机。贝伦鲍姆教授介绍道，不同于许多其他昆虫，脐橙螟虫能代谢掉黄曲霉素，因此对黄曲霉的毒素免疫。

在该新研究之前，研究和种植人员就曾观察到植株同时感染黄曲霉和脐橙螟虫的现象，但当时未能确知两者只是单纯地共存，还是存在协作关系。

为了找到答案，研究小组进行了试验，观察在黄曲霉存在和不存在的情况下，脐橙螟虫对特定植物防御物质和杀虫药剂的反应。研究者测量了脐橙螟虫在不同条件下的死亡率和化蛹时间，2组受测对象分别对拟除虫菊酯农药具有易感性和抗药性。

测试表明，尽管有天然或人造毒素存在，脐橙螟虫在黄曲霉存在的情况下明显发育更快。面对植物防御物质花椒毒素时，有黄曲霉存在的情况下，幼虫发育速度提升近一倍。面对花椒毒素或香柑内酯（与花椒毒素同属的植物化学成分）时，有黄曲霉存在的情况下，脐橙螟虫的寿命也明显延长。

两组受测脐橙螟虫在黄曲霉存在和不存在的情况下，对杀虫药剂的反应不同。杀虫剂易感的幼虫在黄曲霉存在的情况下死亡率更高，而抗药幼虫则无论黄曲霉存在与否均不受杀虫剂影响。

然而，当研究人员在引入幼虫前事先将黄曲霉引入联苯菊酯杀虫剂时，幼虫死亡率则出现下降。研究人员表示，这说明黄曲霉可去除联苯菊酯的毒性，创造有利于脐橙螟虫生长的环境。

"脐橙螟虫之所以能成功寄生于大量新生作物，很有可能是因为黄曲霉分解掉了这些植株的防御物质。"贝伦鲍姆教授说，"同时，黄曲霉还能分解部分用于抵御虫害的杀虫药剂，这为脐橙螟虫的入侵创造了更加有利的环境"。

上述研究由加州开心果研究委员会（California Pistachio Research Board）和加州杏仁委员会（Almond Board of California）出资支持。

（来源：伊利诺伊大学厄巴纳-香槟分校）

研究发现大豆具有对蚜虫的天然遗传抗性

一只小小的害虫也会给种植大豆的农民带来巨大的损失。

美国最大的几个大豆种植州均位于美国上中西部地区（the Upper Midwest）。对这些州而言，大豆蚜虫是一种破坏力极强的害虫。每年，大豆蚜虫会造成数十亿美元的作物损失。在最近的一项研究中，研究人员在确定与蚜虫抗性相关的新大豆基因方面迈出了一大步。

该研究的主要作者亚伦·洛伦茨（Aaron Lorenz）说："新抗性基因的发现将有助于开发蚜虫抗性更强的大豆品种。市场上很难买到具有蚜虫抗性基因的大豆品种。如果目前使用的基因不再有效，新识别的基因则可以作为抗性的备用来源。"洛伦茨是明尼苏达大学（University of Minnesota）的农学家和植物遗传学家。

目前，杀虫剂用于控制蚜虫种群，以减少作物损害。但是，一些蚜虫种群已经对广泛使用的杀虫剂产生抗性，而杀虫剂的使用也会产生环境污染，成为令人担忧的问题。这些问题可能会限制杀虫剂在未来的使用。

洛伦茨说，如果能培育出对蚜虫具有天然抗性的大豆品种，就能够取代杀虫剂的使用。"但是，大豆蚜虫是一种具有遗传多样性的物种，能够迅速克服植物的抗性。因此，我们需要发现大豆蚜虫抗性的新来源"。

为了发现此前未知的蚜虫抗性基因，研究人员使用了已经发表的研究。这些研究已经测试了数千种大豆品种的蚜虫抗性，许多大豆品种也已经存在遗传信息。

洛伦茨及其同事将现有蚜虫抗性和遗传学数据结合起来。洛伦茨说，"我们的目标是找到大豆基因组的哪些部分含有与蚜虫抗性有关的基因"。

为此，研究人员扫描了大豆基因组中的小型遗传界标，称为单核苷酸多态性（single nucleotide polymorphism，SNP）。然后，他们进行了测试，想发现在具有蚜虫抗性的大豆品种中，是否有什么界标出现的频率更高。如果是这样，"我们就可以推断，在这个界标附近可能存在与蚜虫抗性相关的基因"，洛伦茨说。

尽管如此，研究人员也必须要十分仔细。洛伦茨说，"除了距离邻近，还有很多原因都可能导致这些界标与蚜虫抗性之间的关联。因此，我们会建立统计模型，来寻找其他原因"。

洛伦茨及其同事发现，有几种遗传界标在具有蚜虫抗性的大豆品种中更为常见。其中一些界标位于蚜虫抗性基因附近的遗传区域，但是许多其他界标所在的遗传区域之前并不具有与蚜虫抗性之间的关联性。

洛伦茨说，这一发现非常令人兴奋。"这些结果可以指导研究人员发现新的蚜虫抗性基因。这可能成为开发抗蚜虫性大豆新品种的关键一步"。

同样令人鼓舞的是，研究人员在几种不同的大豆品种中均发现了与蚜虫抗性相关的遗传界标。洛伦茨说，"这意味着，我们可以将多种不同的遗传背景用于大豆育种"。

不过，还有许多仍未完成的工作。最终目标是将多个蚜虫抗性基因导入单个大豆品种进行培育，使这一品种对蚜虫具有极强的抗性。

洛伦茨认为，对于维持大豆生产而言，蚜虫抗性将变得越来越重要。种植大豆的农民应该深谙这一点。如果农民种植的品种培育出了大豆蚜虫抗性，将有助于改善这些品种的开发和供应。

欲了解更多有关该研究的信息，请参阅《植物基因组》（The Plant Genome）杂志。该研究的资金由明尼苏达州农业部（Minnesota Department of

Agriculture，MDA）、明尼苏达州大豆研究和促进委员会（Minnesota Soybean Research and Promotion Council，MSR&PC）以及明尼苏达州入侵植物和害虫中心（Minnesota Invasive Terrestrial Plants and Pests Center，MITPPC）共同提供。

（来源：美国农学会）

植物利用化合物组合能更有效防御害虫

密歇根州立大学（Michigan State University，MSU）学者安德里亚·格莱斯麦尔（Andrea Glassmire）和她的同事们经过研究证明，植物的混合化学武器相比一体式的防御机制更能将害虫打个措手不及。这一深刻结论已经超越了生态学只研究植物具有的单一化合物的惯例，并为农业病虫害的管理提供了新方法。该研究成果已发表于近期的《生态快报》（*Ecology Letters*）。

MSU 昆虫学系（Department of Entomology）博士后学者格莱斯麦尔和内华达大学雷诺分校（University of Nevada，Reno）的同事们发现，新热带灌木植物 kelleyi 胡椒（黑胡椒野生近缘种）的化学防御机制及其相关的昆虫病虫害之间存在着重要的关系。

由于植物无法移动，因此它们防御啮食型害虫的方式是运用多种化合物组合。但是，即便进食昆虫会遇到多种植物化合物，生态学一直以来都偏向研究单一化合物的作用。结果显示，无论防御组合是含有同样的化合物还是不同的混合化合物都十分重要。

"如果我们能弄明白减少昆虫啮食最有效的防御组合的具体类型，就能把这些发现推广到农业系统里，以减少杀虫剂的使用。"格莱斯麦尔说道。

格莱斯麦尔和同事们一起在厄瓜多尔的安第斯山脉（Andes Mountains）进行田间实验，将植物悬挂在不同高度的森林树木下，接触不同范围的日光，以此研究植物的化学防御机制。

研究结果显示，kelleyi 胡椒拥有防御组合且含有多种防御化合物，相比较拥有防御束却仅含有一种防御化合物的植物来说，减少病虫害的效果更好。防御化合物的组成成分则取决于植物能获得多少日光。到处都是树荫的森林使得植物能接收到的日光有着细微的差别，因此防御束也有所不同。奇怪的是，比起接收日光多的植物，接收日光少的植物反而防御机制更有效。因此，拥有不同的混合化合物的 kelleyi 胡椒能将病虫害减少37%。因为对于昆虫来说，啃食含有不同混合化合物的植物要比啃食含有相同混合化合物的植物要困难。

如果能探明植物如何根据不同的地理景观生成不同的化学防御，就能对农业产生重要意义。格莱斯麦尔和同事们的研究结果表明，进食昆虫很难适应拥有不同化合物并能减少病虫害的相邻植物。由于单一作物耕作的农业体系中所有作物都是一样的，因此，在防御花束方面缺乏差异。

"我很期待能看到未来这一发现的应用能为农民带来帮助，"格莱斯麦尔说道，"在韦策尔（Wetzel）实验室，我们用商用番茄和野生番茄培育出的模式作物体系来研究植物的防御组合，这可以为以后防治农业病虫害创造出新的方法"。

该研究的共同作者为内华达大学雷诺分校的凯西·菲尔宾（Casey Philbin）、罗拉·理查兹（Lora Richards）、克里斯朵夫·杰弗里（Christopher Jeffrey）以及 MSU 的约书亚·斯奴克（Joshua Snook）。赞助方为国家科学基金会（National Science Foundation）、地球观察研究所（Earthwatch Institute）以及希区考克基金（Hitchcock Fund）项下的化学生态研究（Chemical Ecology Research）的捐赠。

（来源：密西根州立大学）

科学家分离出首个可识别可开启防御机制的锈病病原基因

饥荒可能在很大程度上已经成为历史。但在近几年，一种可以杀死小麦的秆锈病病害卷土重来。今年已经在瑞典出现，并且威胁着亚洲和美国。由于人类五分之一的食物来自小麦，因此，这种病害已经威胁到粮食安全保障。近期科学家宣布了一项研究突破，科学家使用自然技术分离出首个小麦锈病病原基因，让小麦可以识别并且随之开启天然防御机制。2篇相关论文发表在《Science》期刊上。

这项突破针对的是小麦秆锈病菌，历史上，这种病原体对小麦危害最大。有了这项突破，在紧急情况下，可疑样本能够在几小时内就分析出来，而不用花几周时间，这就可能使作物免于病死。

人类历史上第一次可以通过检测 DNA 的方法来预测锈病病原菌是否会抑制小麦中被称为 Sr50 的抗性基因，这种抗性基因正被引入高产量小麦品种中。这些基因决定着是否需要迅速向小麦喷洒昂贵的杀真菌剂以预防锈病，因为如果不使用杀真菌剂，受感染的作物会在短短几周内死亡。每次锈病疫情爆发，都伴随着谷物精细的选择性育种过程。

悉尼大学在读博士 Jiapeng Chen 对致病的锈病分离菌的基因组进行测序和分析，从而发起了这项研究。真菌不断变异产生新的锈病病原菌株，给病害诊断带来重重挑战，而这项研究在解决这些挑战方面迈出重要的第一步。另一位论文通讯作者、联邦科学与工业研究组织的 Peter Dodds 博士表示，发展中国家对小麦的需求到 2050 年预计激增 60%，就经济而言，锈病对粮食的影响是巨大的。该项研究明确了秆锈病菌株如何通过一种称为 AvrSr50 的基因突变抑制 Sr50 抗性基因，这一信息可用于帮助我们决定应该优先部署哪些抗性基因。

截至目前，结果表明，植物免疫系统可以直接识别出真菌蛋白质。研究者逐渐对整个过程以及在蛋白质和基因层面上的情况有更加全面的理解。研究者指出，研究致病基因的时候要通盘考虑各地锈病菌株，这一点非常重要，能帮助我们全面了解哪里的致病性最可能进化。在已有研究成果的基础上，我们也应该更好地理解锈病病原体如何感染小麦，避开小麦免疫识别，以免造成产量损失。

除了关于重要抗锈病基因 Sr50 带来的直接效益外，这项领先世界的发现也可能对未来 10~15 年产生长期积极的影响。

（来源：密歇根大学）

研究人员绘制出病原体入侵植物的路径图

在一次细菌"偷袭"中，一些致病微生物操纵植物激素，不受察觉地侵入宿主。圣路易斯华盛顿大学（Washington University）的生物学家通过描述"侵入者"合成生长素——植物发育中的中心激素——所使用的独特生物化学途径，揭示了一位"侵入者"的信息。

在 2018 年 1 月 12 日出版的《公共科学图书馆·医学》(PLoS Medicine) 杂志上发表的一篇论文中，研究小组展示了一种病原体——丁香假单胞菌 (Pseudomonas syringae) 如何利用生长素抑制寄主的防御，并促进寄生和疾病发展。坏细菌会感染各种各样的植物，造成斑点瑕疵，这是番茄种植户所熟知的一种灾害。

生长素控制着植物的一系列反应，包括细胞和组织生长以及正常发育。科学家早就认识到微生物能够制造它们自己的生长素版本，但源自病原体的生长素在促进疾病发展方面起到的作用不甚明晰。

艺术与科学学院生物学教授芭芭拉·坤科尔（Barbara Kunkel）说："病原体正在产生一种植物已经生成的重要化合物，但是良性物质过多最终还是不利于植物的生长。我们的数据表明，额外的生长素正在发生转移或重新引导宿主的反应，这一过程有利于叶组织内病原体的生长"。

坤科尔分子遗传学实验室的研究人员发现了丁香假单胞菌菌株 DC3000 用来合成生长素的一种新型酶。然后，他们在生物化学教授 Joseph Jez 和生物学教授 Soon Goo Lee 的帮助下对酶的生物化学特性进行鉴定，并绘制出酶的三维结构。他们还修改了细菌的基因组成，使其生长素所生产的酶失效，并测试了突变细菌在没有"秘密武器"的情况下传播疾病的能力。

他们的发现表明，由病原体产生的生长素促进了病原体在植物组织中扩散的能力，从而增加了受感染植物疾病症状的严重性。

坤科尔说："植物已经进化成一个由不同荷尔蒙控制的防御信号传导途径的精密平衡体。有趣的是，生长素抑制了水杨酸介导的防御反应，实际上它稍微降低了这种反应的强度，但足以使病原体增长到比正常情况下更高的水平"。

这一新的发现打开了新控制策略的发展之门，可以设想，人类未来可能阻断病原体的传播路径。

（来源：华盛顿大学（圣路易斯））

研究发现寄生生物可控制宿主植物基因表达

菟丝子是一种寄生植物，每年都会给美国乃至全世界的农作物带来重大损害。它从宿主植物那里获得水和养分，并能够限制这些宿主植物的基因表达。这种跨物种基因调节，包括那些有助于宿主植物防御寄生生物的基因，此前从未在寄生植物上见过。了解这一机制可以为研究人员提供一种植物基因编辑的方法，使它们具备对寄生生物的抵抗能力。该文章由宾夕法尼亚州立大学和弗吉尼亚理工大学的科学家合作撰写，于近日发表在《Nature》期刊上。

菟丝子是一种专性寄生生物，这意味着它不能独立生存。与大多数通过光合作用获取能量的植物不同，菟丝子通过利用一种称为吸根的结构将自身与宿主的脉管系统相连，从其他植物中吸取水和养分。目前可以证实，菟丝子除通过吸根从宿主植物吸取养分之外，还将微型核糖核酸（MicroRNA）传入宿主植物体内，这些核糖核酸可以非常直接地对宿主基因的表达进行调节。

微型核糖核酸是非常短小的核酸片段，是构成 DNA 和 RNA 的基本组成单位，可以与负责蛋白质编码的信使核糖核酸（messenger RNA）结合。通过直接阻断蛋白质的生成进程或是引发其他蛋白质将信使核糖核酸切碎成更小的片段，微型核糖核酸与信使核糖核酸的这种结合可以阻止蛋白质的生成。重要的是，信使核糖核酸的小型残留物此后能够像额外的微型核糖核酸一样发挥作用，与其他信使核糖核酸结合，进一步限制基因表达。

研究发现，菟丝子与宿主植物一接触，似乎就启动了这些微型核糖核酸的表达。真正有意思的是微型核糖核酸专门针对与植物抵御寄生生物有关的宿主基因。

植物在受到寄生生物攻击时会启动大量防御机制。其中，一种机制与创口出现后的凝血机制类似，植物会产生一种阻止养分流向寄生生物附着点的蛋白质。菟丝子产生的微型核糖核酸针对的就是负责这种蛋白质编码的信使核糖核酸，从而有助于维持养分向这种寄生生物的自由流动。多种植物中负责这种阻断蛋白编码的基因都有着非常相似的基因序列。研究人员指出，菟丝子产生的这种微型核糖核酸所针对的这一基因序列区域在各种植物中的保有度都是最高的。因此，菟丝子很可能可以限制多种植物中的这种阻控蛋白，从而使其受到寄生生物感染。

研究人员将单独的寄生生物组织中的微型核糖核酸、单独的宿主植物组织中的微型核糖核酸以及两者结合体组织中的微型核糖核酸进行了基因排序。通过比对这 3 个来源的基因排序数据，他们得以确认进入植物组织中的来自菟丝子的微型核糖核酸。他们之后测量了被菟丝子微型核糖核酸作为靶标的信使核糖核酸的数量，并发现，在菟丝子的微型核糖核酸出现后，宿主的信使核糖核酸水平下降了。

加上先前真菌和植物之间少量核糖核酸交换的案例，这项结果意味着这种跨物种基因调节可能更加广泛地存在于其他植物—寄生生物互作中。所以，了解这一情况后，研究人员希望最终能够利用基因编辑技术对植物宿主的微型核糖核酸目标区进行编辑，防止微型核糖核酸与这些基因结合并限制这些基因的表达。以这种方式进行基因工程培育植物对寄生生物的抗性能够减少寄生生物对农作物植株造成的经济损失。

（来源：宾夕法尼亚州立大学）

新研究发现玉米大斑病基因

玉米大斑病已经被人们所熟知。感染这种病害的玉米叶子呈现灰绿色病变，如果没有及时发现并防治，产量损失就会非常惨重。研究学者虽然在玉米中发现了抗性基因，但病原真菌能够绕开玉米的防御系统进行侵害。如今，研究人员已经了解真菌如何感染玉米，也许可以在此基础上帮助玉米来应对大斑病。

伊利诺伊大学作物科学系植物病理学家 Santiago Mideros 表示，在真菌中寻找引发玉米病害的基因基础上，玉米育种员有一天就可以培养出抗性更持久的杂交品种。新研究发表于《Phytopathology》期刊。Mideros 和同事发现 2 种导致玉米病害的基因。

Ht1、Ht2、Ht3 和 HtN 等抗性基因可以帮助玉米抵御不同菌株导致的玉米大斑病。这些基因可能会提醒保护植物免受真菌侵害的蛋白质，但具体机制还不了解。当真菌进化后能避开植物的探测时，防御机制崩溃，玉米就会再次受到侵害。

就像在机场安检的时候，安检人员会检查你有没有携带武器。同样的，植物也在检查病原体携带的"武器"。但是病原体可以丢开一件"武器"，拿起另一件植物无法探测到的"武器"。如果病原体确实有别的"武器"，那么仍会带来危险。

玉米和真菌基因间的互作几十年来一直为人所知，但直到现在，科学家仍然不清楚真菌中基因的分子构成，或它们在基因组的位置。为了获得这一信息，研究团队把真菌不同的株系交配：一种是能够引发具有 Ht1 基因的玉米病害的，另一种是不会引发病害的，然后找到后代的基因。

根据后代基因数据，研究者可以检测到真菌中的哪种基因可以引发病害。他们找到了在病害中起作用的真菌基因 AVRHt1 的确切位置，发现另一致病基因 AVRHt2 的可能位置。研究人员也找出了在未来能够帮助确定致病菌株的分子标记。

既然有了分子标记，研究者就可以从田间中取样，找出是病原体的哪种菌株在作祟。最终，农民可以种植能够抵御周围环境中存在的特定病原体的玉米品种。

（来源：www.sciencedaily.com）

研究揭示梨火疫病菌的耐药机理

梨火疫病是梨树、苹果树等蔷薇科植物最具毁灭性的病害之一。几十年来，果农一直通过给苹果树和梨树喷施链霉素进行防治，导致病菌对链霉素的耐药性越来越强。已经证明，两种新的抗生素——春雷霉素和灭瘟素能杀死苹果树和梨树上的火疫病菌，但其机理却不为人知。一个中美合作研究团队最新的研究成果揭示了梨火疫病菌的耐药机理。

梨火疫病菌是大肠杆菌的亲缘种。对大肠杆菌的研究表明，春雷霉素和灭瘟素都能通过贯穿细胞膜的两种运输介质进入细菌细胞。这些 ATP 结合盒式转运蛋白被称为寡肽透性酶和二肽透性酶，简称 Opp 和 Dpp。转运蛋白通常把小型蛋白从细胞膜一端转运到另一端，但是抗生素可以控制 Opp 和 Dpp 进入细胞中。一旦进入细胞，抗生素就会攻击一种称为 ksgA 的关键基因，从而杀死细菌。

研究团队培养出 Opp 和 Dpp 转运蛋白功能故障的突变菌株，让其接触春雷霉素和灭瘟素之后发现，突变菌株能抵御抗生素。研究还发现，一种称为 RcsB 的基因调节了 Opp 和 Dpp 的表达。如果在缺乏营养的状态下表达更高，就意味着抗生素可以被快速运输并高效杀死细菌。

通过全面了解抗药性机制，研究人员可以研制出预防细菌耐药性的方法。

未来，也许可以改变春雷霉素的成分，让其快速进入细菌，甚至在浓度较低时也能杀死细菌。

（来源：www.eurekalert.org）

麦类作物如何 "根" 除全蚀病真菌

在世界各地的粮田，真菌物种间对谷物根部的争夺战一直在上演。要是有害的一方赢得胜利，粮食安全就会受到威胁。有益真菌可以提升农作物对那些想要蔓延至整个根区的有害真菌的抵抗力。但这是一场势均力敌的较量。

确定适合有益真菌的生长条件并找出能将有益真菌的作用最大化的谷物品种难度很大，但是洛桑研究所（Rothamsted Research）一个由年轻科学家组成的团队找到了一些解决办法。他们的完整研究发表在《实验生物学报》（Journal of Experimental Biology）上。

全蚀病是全世界谷物面临的毁灭性根部病害，由真菌病原体禾顶囊壳小麦变种（Gaeumannomyces tritici）引起。一些近缘种，尤其是 G. hyphopodioides 可以使植株根部对禾顶囊壳病原体免疫。当前农民对全蚀病的防治收效有限，一是因为可用的种子化学处理方式不多；二是由于土壤类型的多样性限制了生物学策略。

文章合著者、植物病理学博士后研究员瓦内萨·麦克米兰（Vanessa McMillan）说："本研究的目的在于探索是否可以利用小麦遗传学研究，来帮助那些可以降低全蚀病真菌造成的病害程度的全蚀病抑制真菌生存下来，并增加其种群数量"。

该团队从洛桑研究所的实验农场收集了有益真菌样本，并在实验室中检验有益真菌定殖并保护大麦、黑麦、小麦以及黑麦与小麦杂交而成的黑小麦的能力。在田间试验中，他们发现了表现突出的商业谷物品种。

"如果我们可以驾驭并利用小麦品种维持自然或引入的有益顶囊壳属真菌生存并被其定植的能力，无论是通过拌种还是直接施放至作物的根部区域，就有可能为控制谷物全蚀病提供一种生物管理措施。"麦克米兰说。他还是洛桑研究所全蚀病研究小组的组长。

理解真菌及谷类宿主之间复杂的相互作用，可以为开发全蚀病控制措施提供更多信息。

"未来对全蚀病的控制不能仅依靠单一的措施。"莎拉-简·奥斯本 (Sarah-Jane Osborne) 说，她将该研究作为自己植物病理学博士研究的重点。"我们的研究结果显示，某些冬小麦品种可以很好地维持自然存在的全蚀病抑制真菌的生存"。

"如果我们可以驾驭小麦的这种能力，就可以帮助选种决策，因为这是控制全蚀病的另一个可行方案。"奥斯本补充道。奥斯本现任英国农业及园艺发展局 (Agriculture and Horticulture Development Board，AHDB) 作物生产系统的田间试验经理。

"我们当前对全蚀病的控制能力有限，而遗传学的有效解决办法对农民十分有利。"农学企业 Agrii 研发管理部主任大卫·兰顿 (David Langton) 说。"因此，Agrii 愿意支持莎拉-简的博士研究，以更好地理解全蚀病并找到可能存在的控制措施"。

AHDB 作物生产系统的主任西蒙·奥克斯利 (Simon Oxley) 也提供了积极支持。AHDB 同时也支持奥斯本在洛桑研究所及诺丁汉大学 (University of Nottingham) 的博士研究。他表示："全蚀病是一种危害严重的根部疾病，随着土壤内病原体的增多，会导致严重的产量及品质损失，尤其是后茬的小麦作物"。

"莎拉-简的研究极大地帮助我们理解作物品种、病原体及潜在有益的根部定殖真菌之间的复杂关系。可以预见，将来农民可以选择那些结合了良好性状的品种，把全蚀病的为害最小化，从而有助于可持续的作物生产"。

（来源：英国洛桑研究所）

研究人员在小麦抗锈病方面有新发现

黄锈病是小麦易得的一种严重的真菌疾病，奥胡斯大学 (Aarhus University) 的研究人员为防治黄锈病增添了新知识，其结果对全世界都具有重要意义。

20 多年来，包括了来自奥胡斯大学的一个国际研究人员的团队对 Yr15 抗体的功能和遗传性进行了有目的性的研究，Yr15 基因可保护小麦免受黄锈病侵袭。黄锈病是一种传播范围广、为害性大的真菌疾病，能导致全球小麦遭受巨大的损失。对于研发抗黄锈病的新的小麦品种来说，研究人员的新知识无疑为拼图补上了重要的一片。研究结果最近刊登于《自然—通讯》（*Nature Communications*）。

小麦是全世界最为重要的作物。全球种植小麦共 2.44 亿公顷，比其他作物种植面积都大，每年产量超过 7.5 亿吨，广泛用于食物、饲料，因此，保护小麦免受黄锈病侵袭十分重要。

小麦易感染的一种真菌疾病就是黄锈病。约 88% 的小麦生产易受黄锈病影响，据保守估计，黄锈病每年至少造成全球 500 万吨小麦收成损失。

病原体真菌进化迅速，能很快生产出新的剧毒性品种，因此植物育种者想要研发出抗病菌的小麦品种，和黄锈病真菌之间永远存在着一场军备竞赛。育种者如果能够更加了解小麦自卫的机制，就能助研发工作一臂之力。而这正是研究团队新的研究成果能起到巨大推动作用的领域。

研究人员将调查对象进一步缩小至小麦 Yr15 抗体基因的基因序列。Yr15 是抵抗黄锈病最为有效的抗体基因，研究人员由此发现 Yr15 有一种独特的作用模式。国际研究团队中的一些研究人员绘制出了 Yr15 的基因序列，奥胡斯大学的研究人员则对抗体基因如何预防真菌在受到感染的小麦体内生长进行了调查。

"Yr15 大家已经很熟悉了，植物育种人员早已收入囊中。"我们有一个新发现十分激动人心，就是 Yr15 和其他抗体基因的工作原理不同。在植物受感染前期，Yr15 就能制造出自卫机制，我们也只发现了一例真菌能够避开这一机制。奥胡斯大学生态农业系（Department of Agroecology）摩根斯·斯特乌林·霍夫莫勒（Mogens Støvring Hovmøller）教授表示，他同时也是国际研究团队的一员。

在培育抗病作物时，必须获得能代表作物所有作用模式的抗体基因。这样一来，如果真菌击败了一种自卫机制，其他抗体基因或许也能阻止真菌引起作物疾病。奥胡斯大学的研究人员利用先进的显微镜学观察到了与小麦 Yr15 抗体相关的真正的自卫反应。奥胡斯大学的研究人员利用的是 Flakkebjerg 的全球锈病中心（Global Rust Center）的大量真菌分离株，锈病中心存有全世界的真菌分离株供小麦锈病研究使用。

（来源：丹麦奥胡斯大学）

天气和适时栽培管理技术对有机杂草控制的影响

由于种植者的杂草控制"宝库"中并不包括除草剂，因此杂草治理是有机种植系统面临的艰巨挑战。然而，在期刊《杂草科学》（Weed Science）上发表的新研究表明，天气条件和适时栽培管理技术可让农作物变得更具竞争力，从而填补杂草控制方面的技术空白。

在马里兰州贝尔茨维尔（Beltsville）某处开展了一个长期农作系统项目，美国农业部（USDA）农业研究局（Agricultural Research Service，ARS）的研究小组评估了该项目收集的 18 年的天气数据。他们的目标是确定哪些气象和管理因素对杂草丰度的影响最大，并确定这种影响是直接的还是间接的。

结构化方程式分析表明，作物后期营养生长或早期生殖生长过程中的降水对作物竞争力具有极大的积极影响，而作物竞争力对杂草覆盖有间接负面影响。此外，研究发现，有机农作物栽培中常用的 3 种做法对作物竞争力有积极影响，并对杂草有负面影响，虽然其影响程度低于降水。精细的旋锄通过减少和延缓杂草相对于作物的出现时间来提高作物的竞争力。

延迟播种可使种植者有时间消灭早期出现的杂草并减少冒出的杂草数量。多种作物轮作可以抑制杂草种群并使其多样化，还能改善土壤肥力。

"根据我们分析得出的治理技术和天气条件之间的这种相互关系，很显然有机种植者需要采用灵活的杂草治理方法，以应对不断变化的条件和杂草种群的变化。" USDA ARS 可持续农业系统实验室的约翰·提斯达勒（John Teasdale）说。

（来源：剑桥大学出版社）

研究人员开发出农用有机驱虫剂

传统的杀虫剂是致命的：不仅杀死害虫，还会危及蜜蜂等其他益虫，并影响土壤、湖泊、河流和海洋中的生物多样性。慕尼黑工业大学（Technical

University of Munich，TUM）的研究团队如今开发出了一种替代品：驱逐害虫但并不毒死害虫的生物可降解药剂。

"这不仅关乎蜜蜂，更关乎人类生存，"TUM 维尔纳·西门子合成生物技术首席教授（Werner Siemens Chair of Synthetic Biotechnology）托马斯·布鲁克（Thomas Brück）说道，"如果没有蜜蜂给多种植物传粉，不仅我们的超市货架会空空如也，而且短期内无法养活全球人口"。

合成的杀虫剂让蜜蜂、甲虫、蝴蝶和蚱蜢置身于危险之中。杀虫剂会影响土壤、湖泊、河流和海洋的生物多样性，因此多年来杀虫剂的使用一直存在争议。

驱虫而非杀虫

如今，布鲁克及其团队找到了一种替代方案：他们研发出了一种驱虫剂，生物可降解、对环境无害。这种药剂可喷洒在植物上，就像夏天洗完澡喷的花露水一样，释放出的气味可以赶走害虫。

"用这种方法，我们促进了作物保护的根本性变革，"布鲁克说道，"我们不再喷洒毒剂，因为这肯定会危及有益物种，所以我们刻意只是给害虫一些刺激把它们赶走"。

充当化学工厂的细菌

来自慕尼黑的研究人员受到了烟草的启发，烟草的叶片产生西柏三烯醇（cembratrienol），简称 CBTol。烟草用这种化学分子来抵御害虫。

布鲁克教授的团队使用合成生物技术工具把负责形成 CBTol 分子的烟草基因组分离出来，然后将其置入大肠杆菌中。用谷物磨粉的副产品麦麸饲喂的转基因大肠杆菌可以产生理想的活性药剂。

无论生产规模大小，效率都很高

"生产过程中的关键挑战是在快结束时把营养液中的活性成分分离出来。"TUM 魏恩校区（Weihenstephan Campus）生物热力学教授米利亚·明斯瓦（Mirjana Minceva）解释道。

解决方案是用离心分离色谱法：这种方法非常高效，在工业化生产中也能很好地使用，但至今为止从没被用于从发酵过程中分离产物。

对细菌同样有效

最初的研究显示，CBTol 喷雾对害虫无毒，但仍然可以抵御蚜虫。由于是生物可降解的，所以，不会在环境中积聚。

此外，生物活性测试表明，CBTol 对革兰氏阳性菌有抗菌作用，因此，可用于消毒剂，能专门抵御金黄色葡萄球菌（MRSA 病原菌）、肺炎链球菌（肺炎病原菌）或李斯特菌（李氏杆菌）等病原菌。

（来源：慕尼黑工业大学）

研究人员找到决定线虫胁迫响应的蛋白质

人类经历胁迫时，内心的混乱也许无法被外界观测到。但是许多动物在经历具有胁迫的环境时（如拥挤的环境、食物缺乏），会完全改造自己的身体。这些因胁迫导致的形态，不论是为动物提供保护性的掩盖物还是更具有伪装性的色彩，都能帮助动物抵御恶劣的环境，渡过难关，直到环境有所改善。

但是，直到现在，科学家们仍然没有确认是哪些分子引起了这种困难时期结构上的改造。不过伊利诺伊大学（University of Illinois）和宾夕法尼亚大学（University of Pennsylvania）的研究人员却发现了秀丽隐杆线虫（C. elegans）中的相关蛋白质。

"我们用的是一种很简单的动物体系去了解一些基本生物问题，这些问题不仅和线虫相关，包括一些重要的作物寄生虫，还与高等动物包括人类相关。"伊利诺伊大学作物科学系（Department of Crop Sciences）助理教授、也是该项新研究的作者纳森·施罗德（Nathan Schroeder）表示。该项研究发布于《遗传学》（Genetics）。

秀丽隐杆线虫在经历胁迫时，会停止进食，生长发育也会停止，继而进入一种称为停滞状态的抗胁迫阶段。此时，它们的形态会明显变得更为细长，并从头到脚长出具有隆起的外表皮。

施罗德和他的团队当时正在为另一个无关的项目调查一种称为 DEX-1 的蛋白质，然后发现了处于停滞状态中、没有蛋白质的线虫是"矮胖"的，并且会保持这种又短又圆的状态。研究人员感到十分好奇，决定描述这种侧线细胞内的蛋白质及其功能，而这种细胞就与停滞状态的改造相关。

"我们破坏了 DEX-1 蛋白质之后，侧线细胞就没有在停滞状态中改造自己了，"施罗德说道，"侧线细胞拥有类似干细胞的特性，我们通常会认为干细胞控制着细胞分裂，但是我们发现实际上是这些细胞通过这种蛋白质在调整自己的形态，并且根据胁迫影响自己全身的形态"。

DEX-1蛋白质只是细胞外基质蛋白的一个例子，这是一种被挤出细胞形成细胞间黏合物的物质。这些蛋白质存在于每一个多细胞有机物中，不仅能将细胞黏合在一起，也能促进细胞间的互动。不过也不总是出现好的一面，许多细胞外基质蛋白包括DEX-1的相似体，都与人类的疾病相关联，如转移性乳腺癌。

施罗德表示他的团队是因为这些蛋白质与人类转移性癌症相关才作出了进一步研究，不过作为线虫学家，他更激动的是能够深入了解线虫本身的生物学和遗传学知识，尤其是对作物造成影响的寄生线虫。

"许多寄生线虫在准备进入传染阶段时，都会有一个类似的过程。许多调节着进入或是走出传染阶段的基因也调节着是否要进入停滞状态，"施罗德说道，"这一研究让我们能够了解这些生物的作用原理以及它们是怎样作出这些生长决定的"。

（来源：伊利诺伊大学农业、消费者和环境学院）

研究证明不同线虫物种之间存在神经元解剖学的多样性

线虫可能是最简单的动物之一，但科学家一直对这类用显微镜才能看清的圆虫兴趣不减。科学家已成功绘制出素有线虫界"实验室小白鼠"之称的秀丽隐杆线虫（*Caenorhabditis elegans*，C. elegans）的整个基因组图谱，还分析了这类线虫几乎所有的生物学特征，并对其神经元予以特别关注。多年来，科学家一直猜测，其他线虫的神经元与秀丽隐杆线虫的神经元相似，直到最近，来自伊利诺伊大学（University of Illinois，UI）的研究人员证明，不同线虫物种之间存在神经元解剖学的多样性。

担任UI农作物科学系（Department of Crop Sciences）助理教授的内森·施罗德（Nathan Schroeder）是先前研究的负责人，如今他表明，与秀丽隐杆线虫具有亲缘关系的其他线虫的性腺发育情况也会出现不同。他和研究生Hung Xuan Bui主要关注的是小卷蛾斯氏线虫（*Steinernema carpocapsae*），这是一种用于草坪和花园昆虫生物防治的线虫。

所有线虫的性腺发育都发生在一种称为性腺臂的结构中,性腺臂形似管状,在动物胚后发育的整个过程中,多个生殖器官都会迁移到性腺臂中的恰当位置。秀丽隐杆线虫的性腺发育过程具有高度可预测性,个体之间的变异性非常低。而对于斯氏线虫(Steinernema)来说,情况并非如此。

施罗德称,发现并了解物种间的变异性,能够帮助科学家更好地了解多样性是如何产生的,这是一个与进化和遗传过程有关的未解之谜。同时,开展有关差异性的研究还具有实际应用价值,对于线虫物种来说尤其如此。

他表示,"在将斯氏线虫生物防治产品进行商业化时,其中,一个问题就是,我们是否能够大量产生斯氏线虫。我们能否增加这种动物的整体繁殖产量?如果我们能够加深对斯氏线虫性腺发育(也就是产生子代的地方)的了解,我们或许可以更快达成目标"。

该研究不仅体现出斯氏线虫的发育过程和秀丽隐杆线虫有所不同,还显示出在关于有机体发育过程几乎完全发生在另一有机体内的研究方面,取得了一定的进步。

这类小圆虫的身体不到 1 毫米长,直立于尾部,为了爬到昆虫身上并传染细菌,它们的跳跃高度能够达到自己身体长度的 10 倍。一旦发现,斯氏线虫就会从肠道中排出共生细菌,让昆虫毙命。

此时,斯氏线虫就开始寄生在昆虫体内,并依赖已扩散到整个昆虫体内的共生细菌为生。这只充满细菌的昆虫提供了合适的外部环境,让线虫开始其胚后性发育,然后与其他线虫在同一只昆虫体内一起繁殖。可以想象,要在实验室中复制该环境相当困难。

施罗德称,"Bui 懂得如何欺骗线虫。他把线虫放在高密度的共生细菌环境中,并且哄骗它们从幼虫期进入性发育期,让线虫在不进入昆虫体内的情况下,开始进行正常的生殖发育"。

利用这种方法,研究人员就能够进一步研究斯氏线虫和其他以昆虫为食的昆虫病原线虫的解剖学和行为。

这篇名为《小卷蛾斯氏线虫的腹神经索胚后发育和性腺迁移》的文章刊登于《线虫学期刊》(Journal of Nematology)。Hung Xuan Bui 和内森·施罗德是伊利诺伊大学农业、消费与环境学院(College of Agricultural, Consumer and Environmental Sciences, ACES)农作物科学系的研究人员。Bui 还是菲律宾国际水稻研究所(International Rice Research Institute, IRRI)和越南肯特大学(Can Tho University, CTU)的研究人员。该研究由李氏基金奖学金(Lee

Foundation Fellowship）项目出资支持。

（来源：伊利诺伊大学农业、消费与环境学院）

研究人员可追踪杀虫剂在昆虫体内
发挥作用的全过程

杀虫剂的使用和蜜蜂数量的减少有紧密联系，人们因此提出了疑问：我们该如何用其他方式替代杀虫剂在农业中的诸多重要用途，同时，又能控制通过昆虫传播的疾病？各国政府正在积极设法限制杀虫剂的使用，有关杀虫剂对于不同昆虫造成的影响了解得越多，就越有益。如果能够更为深入地了解杀虫剂与昆虫之间的相互关系，就能研制出新的、更为安全的杀虫剂，并提供更为完善的应用方案。现在，大阪大学（Osaka University）的一支团队已经研发出一种新方法，能够直观地显现出杀虫剂在昆虫体内的作用过程。这一发现最近刊登于《分析科学》（Analytical Sciences），并且登上了封面。

第一作者 Seitaro Ohtsu 解释说："迄今为止，还没有关于农业化学品在昆虫体内分布的报告，很有可能是因为很难获取果蝇标本的组织切片来进行成像研究"。

大阪大学的研究人员分析了果蝇科中被广泛用于测试杀虫剂的一种。研究人员发明了一种技术能够将果蝇的身体切成薄片以供研究，同时，又能让脆弱的标本组织完好无损。

这一研究分析使用的是类尼古丁超高效杀虫剂益达胺，一旦将样本准备方法应用于接触了益达胺的昆虫，研究人员就能跟踪观察杀虫剂在昆虫体内的摄取、分解、分布情况。

研究人员的方法包括对昆虫身体薄片进行全面的激光扫描，从表面的小面积区域排出供研究物质。然后通过质谱仪分析不同位置被排出物质的化学成分，就能够建立起杀虫剂的基本画像以及在整个昆虫体内的分解产物。

资深研究员 Shuichi Shimma 表示："现在有越来越多的证据表明某些杀虫剂对于生态系统会造成负面影响，所以，这个研究来得很及时。希望通过我们的技术，其他研究人员能获得对杀虫剂代谢全新的深入了解，或许可以限制杀虫剂对目标昆虫的作用，也不会伤害到有益的授粉昆虫"。

（来源：大阪大学）

生物安全措施可降低植物病原体跨境传播

《公共科学图书馆·生物学》（PLOS Biology）2018 年 5 月 31 日发表的一篇文章回顾了真菌病原体 1 个多世纪的历史，发现有针对性的生物安全措施可以在当前国际贸易增长的情况下减少有害的真菌跨境传播。

"尽管真菌病原体跨境传播的数量与贸易间存在密切关系，但是如果采取有针对性的生物安全措施，我们就能打破这一关联。"第一作者本杰明·赛克斯（Benjamin Sikes）说。他是堪萨斯大学（University of Kansas）生态学与进化生物学副教授，同时，担任堪萨斯大学生物调查中心（Kansas Biological Survey）的助理研究员。"大部分数据显示，随着全球化的发展以及进出口的增长，来自世界各地的新入侵物种也在全球传播。现在我们面临的问题是：怎样才能延缓这一过程？这篇文章指出，实施具有针对性的生物安全措施可以延缓这一关联"。

作为一名微生物生态学家，赛克斯的主要研究方向是土壤真菌。在堪萨斯大学、新西兰生物保护研究中心（Bio-Protection Research Centre）和 Manaaki Whenua 土地保护研究所（Manaaki Whenua-Landcare Research）的合作项目中，他分析了新西兰一个可以追溯至 19 世纪的植物病原体及疾病数据库。

赛克斯表示："人们可以通过很多方式将植物病原体带入新西兰或者美国这样的国家。许多植物病原体通过农产品进口带入。种子或种植材料只要成功被带入境，其中的病原体就有可能感染土壤以及木材。如果不进行充分筛查，这些病原体就会开始定殖并传播至当地的农作物及植物"。

据赛克斯所言，在本研究所回顾的年份里，"生物安全"就像是一把不断进化的"超大雨伞"。该研究主要关注边界监控、植物检疫检查以及外来植物病害检疫等方式的结果。

"每个入境口岸都有类似美国农业部（USDA）的入境检查机构。例如，如果来自哥斯达黎加的一船香蕉正在入境美国，会有相关人员对其进行检查，查看是否有来源国常见疾病的症状并进行抽样检查。此外，还可能需要一定时间的检疫期，进口货物要被扣留一定时间，以确保没有害虫"。

赛克斯表示，入侵病原体在世界各地造成了"严重的"后果，不仅会造成经济损失，还会带来生态影响。

"就我们所研究的真菌病原体而言，它们每年都造成严重的农作物经济损失，可能高达数十亿美元甚至是全部农作物产量的20%。对于堪萨斯这样的农业州来说，我估计大多数年份的损失达数亿美元。并不是所有病原体都是外来物种，有些是本地物种。但是外来病原体还会给当地的生态造成问题。栗疫病就是一个很好的例子。这种真菌引起的枯萎病来自亚洲，给美国东部的栗树带来了毁灭性的灾害。疫情改变了森林的模样。来自20世纪初美国东部的人如果见到现在森林的样子肯定认不出来，因为这里曾经每3棵树中就有1棵栗树"。

新西兰每年都拿出国内生产总值的0.3%用于落实生物安全措施，赛克斯和同事利用新西兰的数据来评估该国的生物安全项目是否有效减缓了真菌病原体的入侵及传播。赛克斯认为新西兰是一个独特的案例，因为该国许多农作物都并非本地物种。

"因为新西兰的这些农作物都不是本地物种，所以，引起农作物病害也不是本地物种，而可能是外来物种。在新西兰，外来病原体的危害最为严重。而在美国或者亚洲这样的大陆中，本地病原体的危害可能要比外来病原体严重很多"。

在该研究所用数据库当中，新西兰所有已知的植物与病原体的联系有的可追溯至1880年。根据该数据库，研究人员分析了过去133年当中，外来新真菌病原体入境并在131种具有经济价值的植物上定植的频率。

赛克斯表示："我们之所以将新西兰作为研究对象，一是由于新西兰有数据库记录，二是因为这是一个相对年轻的国家。他们在生物安全方面走在世界前列。他们也需要知道自己所采取的生物安全措施是否有效并且值得投资"。

研究者发现，随着包括新西兰在内的世界各国间贸易越来越全球化，进入该国家的外来病原体种类也成正比上升。然而，在新西兰针对这些病原体的进入途径采取具体的生物安全措施后，农业等领域植物的病原体数量渐渐趋平。

"外来病原体的数量在一定时期内呈现指数上升。但临近19世纪80年代，如果从所有植物来看，上升速度开始减缓。外来物种数量开始减少。深入研究会发现，外来病原体数量上升速度的减缓是因为不同产业的两种相抵消趋势。一些农作物和牧草，如我们在堪萨斯常见的玉米和小麦，其病原体数量增长较六七十年代变缓。在此 10 年前，新西兰开始采取重要的生物安全措施，如对种子进行检查以确保不含病原体及病虫害，并成立了类似 USDA 的部门对农作物进行实地考察。正是这个时候，外来新病原体速度开始放缓"。

相反，在其他没有采取针对性生物安全措施的主要产业中，外来新病原体入境速度上升。

赛克斯表示："林果业每年仍遭受大量外来新病原体危害，而且这一趋势仍在加速。该趋势就与贸易增速相吻合"。

在研究过程当中，赛克斯与同事为外来新病原体入境以及该国的检出率均建立了模型。根据这些模型，该团队可以预测像新西兰这样的国家仍有多少已经存在的外来病原体仍未检测出来。

赛克斯说："我们首次可以定量分析这些外来病原体进入某个国家的速度，而这实际上非常难。鉴于美国或者说德国在生物安全上的投入，我们现在可以说：'你们已经检查出了这么多外来病原体，而且是经过多次检查得出的；如果你们能把所有病原体都检查出来的话，那么据我们所知实际数量也大概是那么多'"。

（来源：美国勘萨斯大学）

数据技术是现代农业作物保护的有力工具

随着科技进步，农民作物保护的措施也在不断完善和优化。数据技术是现代农业中一项最新颖的作物保护工具。现代农业新一轮的技术创新，使农民更容易获得相关数据，而且作物保护措施也越来越依靠数据驱动。

田间侦察：更多技术，更少投入

在作物生长过程中，杂草、病虫害等问题十分常见。因此，农民需要特别关注作物健康。过去，农民必须来到田间地头，用肉眼寻找发生病虫害的作物，耗费相当长的时间。现在，许多农民运用新一代精准数字工具、先进分析法和强大的成像仪器进行田间侦察，从而作出最明智的决策。

可视喷施

精准喷雾器让农民只要适量使用必要的农药就能解决问题，减少了过度喷洒的风险。如果和其他作物保护措施结合起来使用，这项技术能帮助农民更有针对性地使用少量农药，对农民的合理用药基线也有积极影响。

例如，在美国，大约 25% 的莴苣是通过"可视喷施"技术管理的。这种喷雾器可以拍下田间作物的照片，计算出作物中杂草的确切位置。然后，这些信息被传送到精准喷雾器中，于是喷头就只会瞄准杂草，不会影响作物。

先进的传感器

土壤健康的重要性再强调也不为过。水、农药和化肥的使用及作物整体健康都和土壤密切相关。哪怕是土壤矿物质含量、结构、空气、水和微生物的微小变化也会影响农民收成。土壤管理极其复杂。

最近的另一项创新是在不同类农作物周围安装地面传感器，这些传感器可以测量多种气候指标，如土壤湿度、温度和气压，同时也可以评估作物的胁迫指数。因此，农民能够就作物的健康状况作出实时决策，比如是否浇水或者施肥。

卫星

已经证明，卫星对于作物保护十分有用。许多公司让农民订阅在田间侦察时期收集到的卫星数据。这些卫星配备了高分辨率摄像机和热成像传感器，能够精确地捕捉到田间作物生长信息，为农民节约宝贵的时间。这些信息包括在历史田间数据范围内分析的作物表现数据，这样农民很容易就能找出问题所在。

让机器互相"沟通"的软件

厂家每年都会推出技术更加先进的农业设备。智能拖拉机记录产量数据、衡量作物损失，灌溉系统追踪用水情况。这些系统通常是独立工作的，产生大量数据。软件工程师面临的主要挑战是如何把海量数据转化为提供给农民的建议。把众多传感器、工具和机器连接起来能帮助农民提高效率。

据报道，精准农业软件市场发展迅速。根据全球市场调查公司 Markets and Markets 的最新报告，2016—2022 年，精准农业软件市场复合年增长率预计达到 14.03%，2022 年，该市场价值将达到 11.887 亿美元。产量监测软件是精准农业中最受欢迎的软件之一，预计未来将占据更大市场份额。产量监测软件给农民提供关于天气状况、土壤、化肥使用的信息，帮助农民了解产量变化，实现产量最大化。

数字耕作技术保护全球作物

对全球许多农民来说，作物保护这一挑战在不断变化。在作物保护方面，适时掌握准确的信息至关重要，这对所有农民都是如此，但对发展中国家的小农户来说尤其艰难。

农民、研究人员和现代农业的领军人物正在研发新型先进技术解决方案，促进作物的可靠、高效保护。软件、移动计算和数据分析不再是欧洲和北美的专有领域。作物保护的技术含量不断增加，也越来越依靠数据驱动，小农户也可以享受到。

例如，为了快速无缝地分享知识和先进经验，发展中国家的农民使用移动应用来保护作物。名为"智慧耕种（Plantwise）"的组织已建立起一个强大的平台，帮助促进农民和农艺师间的信息交流。只需利用智能手机或平板电脑，非洲、亚洲和南美的农民就可以记录病虫害相关数据，接收适合当地的农学建议，并与知识渊博的专家交流。

分享先进经验、农艺技巧和技术是帮助小农户改进作物保护方法的关键。

（来源：www. agronews. com）

一种植物保护新方法

科学家正在寻找新技术取代传统杀虫剂来保护植物，特别是可食用植物，如谷类。赫尔辛基大学与法国国家科学研究中心之间的新合作项目阐明了基于 RNA 的环境友好型疫苗的功效。这种疫苗可保护植物免受病虫侵害。

植物病虫害造成相当大的作物损失，并威胁到全球粮食安全。抵御病虫害的传统方式是使用化学杀虫剂，但化学杀虫剂会散布到环境中，且可能为害人体健康、有益的生物和环境。

该项目提出的植物保护新方法涉及用双链 RNA 分子给植物接种抗病原疫苗。这种双链 RNA 分子可以直接喷洒到叶子上。这种疫苗可引发一种称为 RNA 干扰的机制。这是植物、动物和其他真核生物对抗病原体的先天防御机制。利用与害虫基因序列相同的 RNA 分子，这种疫苗可抵御特定病原体，阻止害虫基因表达。

这意味着双链 RNA 分子不会影响受保护植物的基因表达，而仅针对植物

植物保护

病害或虫害。RNA 在自然界也是一种常见的分子，它能迅速降解而不会在环境中积累。但是目前在开发基于 RNA 的疫苗来保护植物方面，RNA 分子的产生是个挑战。双链 RNA 分子一直在通过化学合成产生，既可用来做药物分子，也用于研究目的，但这种方法对植物保护而言效率低下且成本昂贵。

芬兰科学院合成生物学研究计划的团队已经研发出一种产生双链 RNA 分子的新方法。与法国国家科学研究中心的研究人员一起，已经证明了用新方法生产的基于 RNA 的疫苗在抗植物病毒感染方面的功效。该方法利用噬菌体（即破坏细菌的病毒）的 RNA 扩增系统，RNA 就在细菌细胞中产生。这种新方法能够有效生产出基于 RNA 的疫苗，并促进基于 RNA 的植物保护方法的研发和采用。

（来源：Niehl Annette, et al. Synthetic biology approach for plant protection using dsRNA. Plant Biotechnology Journal, 2018）

· 181 ·

智慧农业

农业的新突破：数字农业技术

我们生活在一个令人兴奋的农业时代。不仅技术发展迅速，而且技术和数据也变得更容易解读。到 2050 年，地球人口将达到 97 亿，人人都需要食物和水。一直以来，各种变革改变了我们生活和生产的方式。随着我们不断突破对农艺学和农业决策相关技术的理解，下一次变革已经开始，并在不断发展。

数字农业技术能够提供世界各地农场的情况和信息。收集、传输、存储和分析信息的能力从未如此简单，但这带来了一个挑战。我们继续推进精准农业革命并使用 GPS，现在已经可以使用数据和技术来实现精确应用和决策，下一阶段就是利用数字信息，将其转化为"决策农业"，利用这些无尽的"大数据"和信息，进行更快、更复杂、更有效的决策，从而主动、被动地提高效率和盈利能力。通过数字工具掌握的情况不是为了取代实地农艺学，也不是为了开发能够为我们完成所有工作的技术，而是让我们利用比以往多得多的信息，更有效地发现、解读并制订决策。

"决策农业"包含各种数字信息和技术工具。下面是一些已经具有影响力的数字信息和技术工具。

人工智能（AI）

随着自动化、监测、控制和预测分析等领域的理念发展到决策和实施的最前沿，人工智能越来越受欢迎。机器人技术和自动化准备好进行机器操作和田间作业，再加上高效率，生产者就能确保作业的精确实施，不必到场，还能同时开展其他项目。模型预测分析可以帮助人们了解未来环境或虫害导致的潜在损失。

机器学习

一种更具体的利用人工智能的方式。机器学习可以使训练算法和机器从手头的任务中学习，而无须开发出明确的代码和程序。机器学习和训练利用大数据来找出趋势、模式以及异常，通过当前和未来农业领域产生的大量数据和知识来制订决策。

数据管理和可追溯性

随着加密货币在去年崛起，区块链流行起来。类似于区块链的技术具有数据可追溯性和稳定性，且便于管理，如今人们越来越关注粮食生产，而这些技术有望提供足够的粮食。管理存储和运输系统中的非转基因作物，同时提供信息和数据流的分类账，这有助于定向市场确保自身拥有合适的产品，并控制流动混乱，同时，为生产者提供进入高端市场的机会。通过验证的技术数据流向生产者即时付款，促进与农场更快交易，及早进行下一季的采购决策，同时一直保存记录，为未来决策提供信息。

物联网（IOT）

传感器技术将农场与数字世界相连，可源源不断地掌握大量信息。随着这些现存和正在研发的大量传感器技术的出现，物联网不断发展。物联网传感器可以在田地里进行有关土壤湿度、健康状况、肥料水平、燃料水平、灌溉系统监测等参数的现场数据收集、情况掌握和连通。这些与物联网相关的各种技术就是大数据池，可以继续用于改进诸如机器学习之类的人工智能技术，从而以比以往更快的速度改善决策。

虽然，这些技术很多都彼此交织，但就知识和效率而言，农业技术未来的前景是令人期盼的。关键的一点是这些新工具和技术并不能取代田地里正在进行的工作，并且工作流程和应用的效率问题可以通过利用这些新的技术进展来解决。数据完整性和所有权是当今农业发展当中的一个关键议题。了解数据所处的位置非常重要，有利于确保作出想要的决策，并让个人以及供应商的愿景相一致。我们目前面临的挑战是要为更多人种植更多粮食，了解未来的情况，使用新技术并作出最合适的决策。

（来源：www.agropages.com）

工程师开发出可测量用水效率的作物可穿戴传感器

美国爱荷华州立大学（Iowa State University）的植物学家帕特里克·斯赫勒伯（Patrick Schnable）飞快地介绍了一下自己如何测量2种玉米作物将水分从根部运送到下部叶，再到上部叶所需的时间。

这不是什么"高精尖"的技术探讨，仅是一名研究人员对一种新型、成本低廉、制造简单的石墨烯传感器所表达出来的兴趣。这种石墨烯传感器可以用胶带贴在植物身上,为研究人员和农民提供新型数据。

"有了这样的工具,我们就可以尝试培育水分利用效率更高的作物。"斯赫勒伯说,"这是一项令人振奋的工作,在以前是不可能做到的。现在我们既然已经可以测量植物的水利用率,那么就能对此进一步了解"。

能够测量植物水分运输的是一种微小的石墨烯传感器。这种传感器可以用胶带贴到植物身上,研究人员给它起了个外号称"植物纹身式传感器"。石墨烯是一种神奇的材料,是一种仅有原子厚度的蜂巢晶格碳结构,具有优异的导电导热性,而且十分稳固。本研究所采用的将石墨烯附在胶带上的技术也用于生产可穿戴式的张力和压力传感器,其中包括可以测量手部运动的"智能手套"内置传感器。

在2017年12月刊《先进材料技术》(Advanced Materials Technologies)的封面文章中,研究人员描述了各种各样的传感器以及"对石墨烯类纳米材料进行加工与转移的简单实用方法"。

研究主要由爱荷华州立大学植物科学研究所(Plant Sciences Institute)的教师学者计划(Faculty Scholars Program)支持。

爱荷华州立大学电子与计算机工程副教授董良(Liang Dong)是论文的第一作者,也是该技术的开发者。电子与计算机学博士生赛瓦尔·奥伦(Seval Oren)是共同作者之一,帮助开发了传感器制造技术。共同作者还有帕特里克·斯赫勒伯与哈利勒·塞兰(Halil Ceylan)。斯赫勒伯是爱荷华州立大学植物科学研究所所长、农业与生命科学"查尔斯·F. 寇蒂斯(Charles F. Curtiss)杰出教授"头衔获得者、爱荷华州玉米推广委员会(Iowa Corn Promotion Board)基因学讲座教授、贝克农业企业家精神奖(Baker Scholar of Agricultural Entrepreneurship)获得者。哈利勒·塞兰是民用建筑及环境工程学教授。

"我们在尝试制造价格低廉而表现出色的传感器。"董良说道。

为实现这一目的,研究人员开发出一种在胶带上绘制错综复杂的石墨烯图案的方法。根据董良介绍,第一步是在聚合物表面绘制压痕花纹,既可以通过造型工艺,也可以通过3D打印。接着将石墨烯溶液涂到聚合物表面,填满压痕花纹。然后用胶带清除多余的石墨烯。最后用另一条胶带将石墨烯图案取走,这时胶带上的传感器就制作完成了。

这种方法可以制作小至5微米宽的图案——这是人类头发平均直径的

1/20。董良介绍称如此精细的图案会增加传感器的敏感性。例如，用这种方法制作出了不到 2 毫米宽的爱荷华州立大学校队吉祥物红头鸟图案。"我想这大概是世界上最小的红头鸟了吧。"董良说道，"这种制造过程非常简单，只需要用胶带就可以生产出这些传感器。成本也就几美分"。

植物学研究中用到的传感器是用氧化石墨烯制成的，这种材料对水蒸气极为敏感。水蒸气可以改变该材料的传导性，因此可以用来对植物叶子的蒸腾作用（水蒸气的释放）进行精确的量化测定。

董良介绍，这种植物传感器已被成功用于实验室及田间试验。

美国农业部的"农业与粮食研究计划"（Agriculture and Food Research Initiative）已提供一项新的拨款，为期 3 年，总额为 47.236 3 万美元，用于支持更多关于玉米作物水分运输的田间试验。爱荷华州立大学的农学副教授迈克尔·卡斯特里亚诺（Michael Castellano）和土壤学教授威廉姆·T. 弗兰肯伯格（William T. Frankenberger）是该项目的负责人。合作研究者包括董良和斯赫勒伯。

爱荷华州立大学研究基金会（Iowa State University Research Foundation）已提出传感器技术的专利申请。该研究基金会也将技术授予 EnGeniousAg 公司以实现技术的商业化。EnGeniousAg 是一家位于爱荷华州阿姆斯市（Ames）的初创公司，由董良、帕特里克·斯赫勒伯、卡斯特里亚诺以及詹姆斯·斯赫勒伯（James Schnable）共同创立。詹姆斯·斯赫勒伯是内布拉斯加大学林肯分校（University of Nebraska-Lincoln）的农学与园艺学副教授，也是爱荷华州立大学另一个传感器项目的合作者之一，是他首先提出设立该公司的想法。

"到目前为止，在所有试验过的胶带传感器应用中，最令人激动的是植物传感器。"董良说道，"用于植物的可穿戴式电子传感器是一个全新的概念，而且植物传感器十分微小，能在检测植物蒸腾作用的同时，不影响植物生长或农作物产量"。

这类传感器的应用远不限于此。作者在文章当中提到，该技术可以为多种多样的应用"开辟新的途径"，其中，包括生物医学的诊断、建筑物结构完整性的检测、环境监测等，在适当改良后还可用于农作物的病虫害检测。

（来源：爱荷华州立大学）

科学家研发自主型机器人以解决农作物杂草问题

　　美国农业是一个价值 2 000 亿美元的产业，其中，仅伊利诺伊州占比就达到 190 亿美元。近年来，杂草的抗药性已造成每年 40 亿~60 亿美元的损失。专家表示，若化学除草剂继续失效，该损失可升至每年 1 000 亿美元。伊利诺伊大学 Urbana-Champaign 分校的科学家们正致力于由美国农业部资助的研究，这项研究将消除农民对化学药品的依赖，从而消灭杂草。

　　伊利诺伊大学的科学家们计划研发协作自主型机器人，通过运用机械工具进行除草，以代替因重复使用而失效的化学除草剂。草甘膦（glyphosate）这一除草剂已被用于商品作物近 20 年，尤其是杂草已对其产生了抗药性。

　　除了抗药性问题外，化学除草剂只能在作物冠层和覆盖所在地面之前施用。一旦作物生长到这一阶段，施用除草剂的农业器械可能会对生长中的作物造成损害。

　　专家表示，一旦作物生长到一定程度，大型设备便无法进入作物中间。这类机器人可不停地自主穿梭，处理植株叶片覆盖下的杂草。

　　除草剂抗性杂草基因扩散迅速广泛，加上新除草剂发现的减缓，使得农民对杂草管理日渐技穷。Urbana-Champaign 分校的科学家团队希望他们的研究能够为农民们提供可靠、纯熟且经济的机器人，作为一种可持续的杂草管理选择。

　　在外人眼中，行栽作物的幼苗与杂草可能极为相似。即便是在植株结果后，机器人仍需能够分辨作物秸秆与杂草植株的区别。

　　此时便需要同样来自科学实验室的科研人员发挥在机器学习与深度学习方面的专业知识，运用相关基本原则来使机器人能够适应田间真实存在的各种不确定性。从已有进展中可以看出，目前研发中的机器人能够实时辨别经济作物与破坏产量的有害杂草。

　　此外，该团队已成功研发一种能够穿越农田中不同条件的自主机器人。该项目可能对农民及农业整体造成巨大的影响。项目可彻底改革杂草综合管理，在减少对除草剂的依赖并改善除草剂管理工作的同时，为农民提供高效的新型物理杂草控制工具。

（来源：www.agronews.com）

用机器人除草是未来趋势

加利福尼亚大学戴维斯分校（University of California，Davis）农技推广专家史蒂芬·费尼莫尔（Steven Fennimore）表示，用于给特色农作物除草的机器人日益流行，部分原因是其必要性。特色农作物是莴苣、绿花椰菜、番茄、洋葱等各种蔬菜。这些作物不像玉米、大豆和小麦那样大规模生产。

对除草机器人的需求源于两个方面。一是缺少可用于特色农作物的除草剂；二是人工除草已经变得越来越昂贵。由于没有杀虫剂，农户一直以来不得不雇人对大片田地进行除草。

人工除草速度慢，且代价昂贵：每英亩花费可达 150～300 美元，因此，一些农户转而考虑除草机器人。

"我研究除草机器人到现在快 10 年了，这一技术才刚刚开始真正投入市场。"费尼莫尔表示，"农户考虑除草机器人的确是出于经济因素"。

费尼莫尔与大学科学家和多家公司一起合作设计并测试除草机器人。机器人用可伸缩的微型刀片来根除杂草，而不会伤害到作物。他表示，尽管这一技术尚不完美，但在不断完善。

除草机器人通过程序来进行模式识别，它们能够区分植物和土壤。但是，目前它们区分杂草和作物仍有困难。

即便如此，费尼莫尔解释称一些公司仍在对机器人进行训练，使其能够区分莴苣和杂草。他还在与大学的工程师合作研发一个系统来标记作物，以便除草机器人能够绕开它们。

"机器人目前的问题是，它们需要升级，并且还有巨大的改进空间。"他表示，"由于机器人无法区分杂草和作物，农户必须在使用除草机器人时做到非常精确。作物排列需要更笔直、整齐、连贯，因为机器人除草的时候还不能那么精细"。

除草机器人目前的市场售价在 12 万～17.5 万美元。对加利福尼亚有些农户来说，与昂贵的人工除草相比，长远来看这是一个更好的选择。另一些人认为，对一项新技术来说，这是一笔不小的花费，因此，在等技术变得更好、更便宜。

费尼莫尔相信用除草机器人给特色农作物除草是未来趋势。在欧洲，由于人工成本更高，农户也得到更多激励来减少杀虫剂使用、进行有机种植，因此，使用除草机器人已经有一段时间了。

费尼莫尔的工作重点是杂草的物理控制，因为这能最好地帮助除草机器人的开发。除莴苣外，他也已经开始研究如何给番茄和洋葱等其他作物除草。他还说，每种作物都需要一套不同的系统。

"我认为，除草机器人比除草剂好的原因在于这种基于电力的技术非常灵活，很容易进行升级。"他说，"我们都在不断地对手机和电脑进行升级，这表明技术是耐用、灵活的"。

（来源：美国农学会）

轻型机器人可收割黄瓜

在越来越多的农业环境中，自动化系统正在取代繁重的体力劳动。Fraunhofer 生产系统和技术设计研究所正在开发和测试用于自动收割黄瓜的双臂机器人。这种轻型解决方案有可能使德国的作物种植具有商业可行性。

在德国，黄瓜罐头用的黄瓜是借助"黄瓜飞行器"，一种带有翼状附件的农用车手工采摘的。采收工作者趴在车的"翅膀"上，摘下成熟的黄瓜。然而，这种劳动密集型和能量消耗型的手工收获作业越来越不经济。自德国实行最低工资以来，单位收获成本已经上升。因此，该国许多农业地区面临着不确定的未来。黄瓜种植已经开始搬迁到东欧和印度。因此，迫切需要改进收获技术来维持德国黄瓜种植的经济可行性。柏林 Fraunhofer 的专家以及其他德国和西班牙的研究人员正在欧盟项目 CATCH（即"黄瓜采集—绿色田间试验"）范围内研究黄瓜自动采收的潜力。项目合作伙伴是德国的 Leibniz 农业工程与生物经济研究所和西班牙的 CSIC–UPM 自动化和机器人技术中心。

CATCH 研究人员希望开发和测试由平价轻质模块组成的双臂机器人系统。最终目标是：该系统可以用于黄瓜自动种植和其他农业应用。机器人拾取器必须具有成本效益、高性能和可靠性。即使在恶劣天气下，也需要能够首先鉴定出成熟的黄瓜，然后使用其 2 个夹臂轻轻地挑选并存放它们。为此，尖端的控制方法为机器人提供触觉感知，并使其适应周边环境条件。这些方法也使得双臂机器人系统可以模仿人的运动。研究人员想要确保机器人不会损害作物或者防止将它们和根部一同带出土壤。但是，这些还不够。自动收割机必须至少与其经验丰富的人类"同事"一样高效，每分钟可以挑选多达13个黄瓜。

高成功率

设计出能进行光学和触觉感测、评估和评价的自主系统是一个巨大挑战。而黄瓜采摘使这个挑战更加复杂：机器人必须识别被绿色环境伪装的绿色物体—黄瓜。另外，黄瓜随机分布在田间，有的被植被掩盖。不同的光线条件使得采摘任务变得更加困难。使用多光谱相机和智能图像处理有可能来帮助定位黄瓜，并引导机器人的手臂抓住它们。CATCH 项目的这一部分工作由西班牙项目合作伙伴 CSIC-UPM 负责监督。他们使用一个特殊的相机系统，帮助确保机器人检测和定位约 95% 的黄瓜，如此高的成功率令人印象深刻。当然，项目组将继续提升技术，最终目标是让机器人选中并采收所有成熟的黄瓜，以促进新果的成长。Fraunhofer 根据 igus GmbH 有限公司开发的硬件模块研制了五个可自由活动的机器人手臂。

寻找人类灵感

Fraunhofer 项目专家的任务是开发 3 种夹具原型：一套基于真空技术的夹具，一套仿生夹爪和一套基于 OpenBionics 机器人手的定制"黄瓜手"。依靠先前的欧洲研究项目获得的成果，他们为 Workerbot I 开发了一个双臂机器人控制系统，一个能够进行工业装配的类人机器人，该系统具有高效的任务型编程。来自 Fraunhofer 的项目专家正在加强这一系统，以便能够计划、编制和控制收获黄瓜的机器人的行为。这些预编程的行为模式使得双向搜索成为可能，这意味着机器人可以像人一样寻找黄瓜。Fraunhofer 的科学家解释说："机器人可以使用对称或不对称，一致或不一致的运动将叶片推到一边。因此，它可以自动地改变方向接近并抓住黄瓜。"研究人员的目标是创建一个能够进行判断的智能控制系统：将特定任务分配给某个抓手臂，监控摘黄瓜并处理异常情况。

2017 年 7 月，Leibniz 农业工程与生物经济研究所利用各种黄瓜在其试验场进行机器人系统的初步现场测试。该研究所还测试了收割更易挑选的新型黄瓜。第一轮测试验证了基本功能。自 2017 年秋季以来，项目合作伙伴一直在 Leibniz 温室进行额外的测试。研究人员特别渴望仔细研究干扰或故障影响系统效率和稳健性的程度。一旦轻型机器人测试完成，项目合作伙伴将努力使其在商业上可行。公司、黄瓜瓜农和农业协会都对双臂机器人表示了浓厚的兴趣。CATCH 项目于 2017 年 11 月首次在国际农业机械博览会向公众公开。德国农业协会在其展位展出了该机器人，获得了来自农业专家和众多公司的热烈反馈。

（来源：www.sciencedaily.com）

科学家设计出可更快进行农作物数据收集和分析的机器人

一种轻便、低成本的新型农业机器人可以帮助农艺师、种子企业和农民改变数据收集和田间考察的方式。

由伊利诺伊大学（University of Illinois）科学家团队开发的"TerraSentia"作物表型机器人已于 2018 年 3 月 14 日在马里兰州国家港（National Harbor）举行的"2018 年能源创新峰会技术展"上亮相。

机器人在一排排作物之间自动穿行，使用包括摄像头在内的各种传感器测量各株植物的性状，将数据实时传输至操作员的手机或笔记本电脑。与机器人配套的定制应用程序和平板电脑可使操作员能够利用虚拟现实和 GPS 操控机器人。

根据研究人员的介绍，"TerraSentia"是一款可定制的学习型机器人。研究人员目前正在开发机器学习算法，"教"机器人检测和识别常见疾病，并测量越来越多的性状，如植物和玉米穗高、叶片面积指数和生物量。

"这些机器人将从根本上改变人们从田间收集、利用数据的方式。"伊利诺伊大学农业和生物工程教授吉利斯·乔杜里（Girish Chowdhary）说。他领导一个由学生、工程师和博士后研究人员组成的团队来开发这款机器人。

"TerraSentia"重 10.87 千克，非常轻便，可以在不损坏幼苗的情况下压过幼苗。这款 33 厘米宽的机器人结构紧凑、便于携带。农艺师可以轻松把它放在卡车座椅上或汽车行李箱中，带到田间地头，乔杜里表示。

数据收集和分析自动化有可能揭示各种植物为何以不同方式对环境条件作出反应的奥秘，进而改善育种，伊利诺伊大学植物生物学教授卡尔·波那契（Carl Bernacchi）说。他是该项目的合作科学家之一。

波那契说，由作物侦察机器人收集的数据可以帮助植物育种人员鉴定出哪些基因谱系很可能在特定地点培育出拥有最佳质量和最高产量的农作物。

他和斯坦利·艾肯波利（Stanley O. Ikenberry）讲席教授兼伊利诺伊大学作物科学和植物生物学教授史蒂芬·P. 朗（Stephen P. Long）帮助确定哪些是机器人要测量的重要植物特征。

"对于种植者来说，能够在短时间内测量地里的每一株植物，这将是革命性的，"波那契说，"作物育种人员可能想要种植数千种不同但彼此差异不大的基因型，并迅速测量每种植物。除非有大量人员，否则，这是不可能完成的，要花费大量时间和金钱，而且这是一个非常主观的过程"。

波那契说："一个机器人或一群机器人可以进入一片田地，完成人们现在手动做的那些事情，但是更客观、更快、更便宜"。

乔杜里说，大型机械可对大片土地进行快速耕种或是喷洒，而人工可执行一些要求精确的工作，但人工速度更慢。"TerraSentia"填补了"目前农业设备市场上的一块大空白"。

"这些机器人在美国有很大的市场，因为在美国，农业是一门有利可图的生意。不仅如此，这些机器人在巴西和印度等发展中国家也有很大的市场。在这些国家，以农业为生的农民与季风和烈日等极端天气条件斗争，还要与杂草和虫害斗争。"乔杜里说。

作为分阶段引进过程的一部分，今年春天，一些大型种子企业、美国大学和海外合作伙伴通过一项早期使用者计划正在对 20 台"TerraSentia"机器人进行实地测试。乔杜里说，该款机器人预计在 3 年内可供农民使用，其中，一些型号的价格低于 5 000 美元。

"我们要将这项技术交到用户手中，这样他们就可以告诉我们哪些对他们有用，以及我们需要改进哪些方面。"乔杜里说，"我们正努力化解技术风险，创造一件可立即为伊利诺伊州及其他地区种植者和育种人员带来效益的产品"。

供农作物科学家和商业育种人员使用的这款机器人正由"地球感觉"（EarthSense Inc.）公司生产。"地球感觉"公司是一家初创企业，由乔杜里和秦梅·P. 索曼（Chinmay P. Soman）共同创立。

（来源：伊利诺伊大学厄巴纳–香槟分校）

农民现在可随手进行挽救农作物的土壤检测

　　土壤病菌检测对土地耕种非常关键，但检测过程却极其漫长、昂贵。多亏了华盛顿州立大学（Washington State University，WSU）植物病理学家分享的研究成果，这种检测很快就会变得准确、快捷、便宜，且在实地就可以完成。

　　这些检测名副其实，可探测出土壤中能够引发病害并严重损毁作物的病原菌。

　　到目前为止，这种检测都需要大型、昂贵的设备或是进行实验室检测，耗时达数周。

　　土壤病菌分析程序的基础是聚合酶链式反应（polymerase chain reaction，PCR）测试，这种测试十分具体、敏感，只能在实验室进行。

　　WSU 的植物病理学家设计的新方法不但便携快捷，而且使用的是公众很容易获得的试验材料。研究人员撰写的一篇论文列出了组建测试装备所需的所有设备和材料以及对组装设备和进行土壤测试的说明。

响应种植户需求

　　"我们从很多种植户那里听说，将土壤样本送去实验室检测后，获取结果所需的时间过长。"WSU 植物病理学系助理教授田中合山（Kiwamu Tanaka）表示，"结果出来太晚都没用了。但如果他们现场就可以获得检测结果，就能在信息掌握充分的情况下决定怎么处理或是作出管理上的改变，甚至可以在种植作物前就做这些决定"。

　　源自土壤病菌的一些疾病可能在作物发芽数周后都不会很明显，田中表示。这时进行疾病治疗可能就已经太晚了，或是农户要被迫使用更多的治疗手段。

用磁铁打开突破口

　　论文第一作者 WSU 研究生约瑟夫·德谢尔德（Joseph DeShields）说，为让设备在田地上正常运转，他们花了约 6 个月的时间。从土壤中提取病菌DNA 要靠磁体。

　　"我们发现，很难从土壤里分离出基因物质并将基因物质纯化，因为土壤里含有太多可进行 PCR 检测的物质。"德谢尔德说，"因此，当我们实现突破的时候，我们真的很激动"。

瑞秋·邦伯格（Rachel Bomberger）是 WSU 的一名植物诊断学家，她参与了这种机器检测方法的概念设计。她说，她对田中和团队所取得的成就印象深刻。

"我们破除了土壤检测方面的重大障碍。"论文共同作者邦伯格表示，"我们发现了让检测系统在没有昂贵实验室设备或是检测材料的情况下在田地里正常工作的关键"。

全球应用

田中表示，这个系统已经在华盛顿东部附近的土豆田里进行了测试，但这一系统将来放到全世界任地方都能管用。

"这是一种真正通用的手段。"他说，"你可以将它用于全国范围的病原菌比对，或是调查全国各地各种病原菌的分布情况。我们起点虽低，但这种方法可对土壤健康与疾病检测产生巨大影响"。

田中表示让这一发现发布在开放式影像杂志上很重要。"我们一直关心怎样帮助每个种植户乃至整个农业界。"田中表示，"如果大家认为能够通过这种方式受益的话，那么我们希望每个人都来了解它、使用它"。

（来源：美国华盛顿州立大学）

美国研究开发出一种食物环境测量工具

博兹曼（Bozeman）蒙大拿州立大学（Montana State University，MSU）的研究人员发表了一篇论文，说明能否获得优质水果蔬菜对于健康食品能否进入人们餐盘至关重要。

论文题目是《通过农产品满意度（ProDes）分析工具发现，在美国蒙大拿州，越是偏农村结构的食物环境里，人们对水果蔬菜的满意度越低》，于 2018 年 1 月 23 日发表在《食品安全》（Food Security）期刊上。

研究人员开发并使用了一种食物环境测量工具——农产品满意度分析工具，评估消费者对水果和蔬菜的满意度。利用这一工具，研究人员发现，在蒙大拿州，越是农村地区，人们对水果蔬菜的满意度越低。

"这很重要，因为有可能影响到农村地区消费者的选择和消费，致使健康状况出现更大差异。"MSU 可持续食物系统学教授、论文作者萨利娜·艾哈迈德（Selena Ahmed）表示。食物与营养以及可持续食物系统学教授卡门·比克·肖恩克斯（Carmen Byker Shanks）是论文的共同作者。艾哈迈德和比克·肖恩克斯都来自教育、健康与人类发展学院健康与人类发展系（College of Education, Health and Human Development's Department of Health and Human Development），同时，也都是 MSU 食物与健康实验室主任。

研究结果表明，优质水果蔬菜的摄入情况可能会对健康有长期的影响。

"结果表明，某一食物环境里可获得的食物的整体质量确实很重要，"比克·肖恩克斯称，"在某一特定区域能否获得优质水果蔬菜影响人们的日常饮食选择。每天作出的饮食选择逐渐影响人们的整体饮食质量，进而影响长期身体健康"。

尽管任何地方都可能存在食物荒漠，即缺乏平价、优质食物的地区，但在蒙大拿州，这种情况在农村地区最为普遍，比克·肖恩克斯表示。

"我们对蒙大拿州整个农村和城市地区的水果和蔬菜质量用多种不同方法进行了测量。"她说，"在城市和农村的食品店里，我们发现了真正的差异。在蒙大拿州农村地区的食品店里，水果和蔬菜的质量要明显低于城市商店里水果蔬菜的质量。《美国人膳食指南》（Dietary Guidelines for Americans）建议每天摄入 5~13 份水果和蔬菜。如果消费者由于质量问题而不想吃新鲜水果蔬菜的话，那么这一摄入量将很难实现"。

（来源：蒙大拿州立大学）

未来可用智能手机评测果蔬味道

不用品尝就能知道食物是什么味道。这对番茄来说，得益于瓦赫宁根大学研发的味觉品尝模型。通过这一模型，评判食物的味道比评审团要容易得多，但是过程仍然相当繁琐。如果现在使用这一模型进行评测，至少需要将 3 千克的番茄搬进搬出实验室。最新的传感器也许能让这一过程变得更为迅速、简易，甚至可能用到智能手机。

瓦赫宁根大学采取消费者评审团和具有产品特性的传感器用以评定不同

产品的味道已为人所知。基于对这些传感器的了解，瓦赫宁根大学为多种产品研发了各种品尝模型。这些模型都很有用处，然而如果我们自己就能在温室或者蔬果棚中对某一种水果进行评测不是更为方便快捷？

即将上线的"随叫随到新鲜果蔬"（Fresh on Demand）项目致力于提升果蔬链的质量，更好地符合消费者预期，而味道就是其中的一个重要部分。这就是为什么在该项目内部，也在调查是否可以通过非侵入性传感器来评测味道。目前只有白利度测量仪通常能"快速地"评测出味道。但是，味道不仅只包括番茄的甜味。

因此，瓦赫宁根大学今年正在调查大量非侵入式传感器，包括可见/近红外超高速成像和透射光谱、不同的手持传感器、太赫兹等。目的就是要通过这些传感器研发一种新型味道模型，来评测食物的味道。这样就会简单很多，从而比现有的味道模型成本更低、出结果更快，评测的味道种类也比白利度测量仪更多。

用户友好性源于这些传感器都是"非侵入式"：番茄可以从外部进行评测，避免遭到破坏，并且还可以在培育人员的温室中进行味道研究了。此外，许多调查的传感器已经安装在智能手机中。

"随叫随到新鲜果蔬"项目得到了公众和私人的支持，包括培育人员、技术公司、贸易公司等。该项目旨在对果蔬链进行最优化调整，满足消费者的预期和要求，从而增加果蔬的消费量。

（来源：Nature）

信息技术助力实时作物类型数据获取

从太空往下看，种植玉米和大豆的田地看起来都差不多——至少以前是这样。但是现在，科学家们已经证实了一种可以使用卫星数据和超级计算机的处理能力来区分两者的新技术。

"如果要预测伊利诺伊州或全国的玉米或大豆的产量，就必须要知道种植地。"伊利诺伊大学（University of Illinois）自然资源和环境科学系（Department of Natural Resources and Environmental Sciences）的助理教授管开宇（Kaiyu Guan）表示，他同时也是国家 m 超级电脑应用中心（National Center for Supercomputing Applications，NCSA）"蓝水"（Blue Waters，电脑名）项目教授以及此项新研究的主要研究人。

这一发表于《环境遥感》（Remote Sensing of Environment）的新技术堪称一大突破，因为之前根据美国农业部（USDA）规定，国家的玉米和大豆耕地在收获后的4~6个月才能由公众使用。这一时间上的滞后就造成了政策决定的基础是过时的数据。但是，新技术则能够在7月底以95%的准确性区分出两大作物的每一块耕地（即种植后短短2~3个月，远未到收获期）。

研究人员认为，如果能对作物耕地作出更为及时的预估，许多监测和政策制定相关的应用就可以获益，包括作物保险、土地租赁、供应链物流、商品市场等。

不过对管教授来说，这项工作的科学价值和实用价值一样重要。40年来，陆地卫星计划（Landsat）的一组卫星一刻不停地绕着地球旋转，利用不同频谱的传感器收集图像。管教授表示，一开始科学家们尝试以可视频谱和近红外频谱获得的图像来区分玉米和大豆，不过他和他的团队想尝试点不同的方法。

"我们发现了短波长红外线（short-wave infrared，SWIR）这一波段，在辨别玉米和大豆之间异同时特别有用。"该研究的第一作者、博士生蔡亚平表示，他的研究在管教授以及另一位资深共同作者、伊利诺伊大学地理学系（Department of Geography）王少文博士的指导下进行。

研究结果显示，在大多数年份里截至7月，玉米和大豆确实有不同的叶片水分状态。研究团队在15年的时间里，利用SWIR数据和通过陆地卫星计划的3颗卫星搜集到的频谱数据持续收集叶片水分状态的信号。

"SWIR波段对于叶片中所含水分更为敏感，传统的三原色（RGB）（可视）光或近红外波段没法捕捉到叶片水分状态的信号，所以，区分玉米和大豆时SWIR就特别有用。"管教授总结道。

研究人员利用一种称为深度神经网络的机器学习类型来分析数据。

"虽然深度学习的方法才刚刚开始应用于农业，但是我们预计这项技术在农业领域的创新应用拥有巨大潜力。"伊利诺伊大学计算机科学系（Department of Computer Science）助理教授彭健表示，他同时也是该项新研究的共同作者和共同首要研究者。

研究团队重点把分析放在伊利诺伊州的香槟县，以验证这一理念。虽然香槟县面积较小，但是要以30米的分辨率分析15年的卫星数据仍然需要一台超级计算机才能处理兆兆字节的数据。

"这些卫星数据的量很大。我们以前在 NCSA 用的是蓝水和罗杰（ROGER）超级计算机来处理和提取有用的信息，"管教授说道，"在以前，利用智能技术处理这么多的数据，同时，还要应用先进的机器学习算法是一个很大的挑战，不过现在我们有了超级计算机，还有相应的技术可以处理这些数据集"。

现在，研究团队正在把研究范围扩展至整个玉米带（Corn Belt），研发进一步的数据应用包括产量和其他质量评估。

（来源：伊利诺伊大学农学、消费者与环境学院）

产学研结合创造农业新型成像系统

由格拉斯哥的产品设计公司韦德布卢牵头，西苏格兰大学、斯特拉斯克莱德大学和詹姆斯·赫顿研究所的科学家们联手开发了一种新型高光谱成像系统。根据设计，这种新系统要比现有技术更经济，并可提高作物产量。

这项合作得到了英国政府的资助，可能由此推出一种价格合理的光谱成像技术，帮助农业企业监测田间和温室作物生产，并最大限度地提高作物产量。正在研发的传感器预计将比目前市场上的同类设备便宜高达90%，并有可能使高分辨率光谱成像技术在农业及其他领域更加普及。

这一团队研发的高光谱成像技术系统正由韦德布卢公司进行生产。该系统使用西苏格兰大学设计的"线性可变光学滤镜"将植物反射的光线分散成特定的波长和波色。随后，光谱图像数据由斯特拉斯克莱德大学设计的复杂数据处理软件捕获并分析，向农民提供各种有关作物状况的重要指标。

预计采用该技术将使农民能够监测作物的各种特征，包括植物健康、水合作用水平和病害指标。因此，科学家设想，农民使用该技术后将能够优化施肥的影响、采用更有效的灌溉方法节约用水，并且重要的是，能在早期阶段发现病虫害，避免作物枯死。

综合来看，采用这些设备的预期效益可能会对整体作物产量产生重大影响，同时为农民额外腾出资源用来专注于其他重要事项。

该研发团体已经为这一总成本低廉的高光谱成像相机技术申请了专利。

目前包括敦提市的詹姆斯·赫顿研究所在内的众多机构正在试用该技术。

牵头研发光学滤镜的学者是西苏格兰大学 Des Gibson 教授和 Song Shigeng 博士。他们表示:"尽管类似的技术已经出现在农业部门一段时间了,但总是存在成本问题。西苏格兰大学的滤波器加上斯特拉斯克莱德大学的软件和韦德布卢公司的硬件,使得该技术更加普及且成本更低"。

从长远来看,他们希望在全球范围内提供该产品,尤其是在中国这样的国家。在这些国家,温室作物生产正迅速成为农业领域最常见的种植方式。

谷物加工商 Russell Allison 和农产品公司 Galloway&MacLeod 是项目合作伙伴和技术终端用户。他们表示:随着技术的发展,农业对技术的充分利用非常重要,有助于提高投入效率并最大化单位产量。这就是新高光谱成像技术相机发挥作用的地方。

初始成本低于市场上的同类产品,使得更多的农场可以试用这一技术。此外,通过早期的管理决策,预计这款相机将带来更多的好处,而不仅是目前在作物种植方面所能实现的好处。该团队正在寻找未来的项目和融资机会,以便进一步将这项技术商业化。

(来源:www. agropages. com)

研究人员设计出人造细胞的光合作用引擎

人工制造细胞有 2 种途径:一是重新设计活体细胞的基因组软件;二是根据细胞硬件,从头开始制造模拟活体细胞功能的简单细胞状结构。第二条途径的一大挑战是如何模拟复杂的化学、生物反应,而细胞需要这些反应才能表现出复杂的行为。

现在,来自哈佛大学(Harvard University)和首尔西江大学(Sogang University)的国际研究团队设计出一种细胞状结构,可以利用光合作用来进行新陈代谢反应,包括能量获取、碳固定和细胞骨架的形成。

该研究发表于《自然—生物技术》(*Nature Biotechnology*)上。

"本研究是哈佛大学和西江大学的众多合作项目之一,在细胞水平上开辟了几个新的境界,"项目共同主持者、哈佛约翰·保尔森工程与应用科学学院(Harvard John A. Paulson School of Engineering and Applied Sciences, SEAS)塔尔家族（Tarr Family）生物工程和应用物理学教授基特·帕克（Kit Parker）说道，"我们用光激活了新陈代谢活性，在活体细胞中构建了所需的蛋白质网络，并将各种所需元素装进单个细胞中"。

帕克也是哈佛威斯生物启发工程研究中心（Harvard Wyss Institute for Biologically Inspired Engineering）和哈佛干细胞研究所（Harvard Stem Cell Institute）的骨干教员。

"我们展示的机制应该是研发多个人造细胞管理网络的基础，这些人造细胞可以表现出内平衡以及复杂的细胞行为。"项目共同主持者、西江大学生物界面研究所（Institute of Biological Interfaces）所长及化学系教授申冠宇（Kwanwoo Shin）说。

为了构建人造系统，研究人员根据动植物中的独特元素设计出一种光合作用细胞器官。

"我们的想法很简单"论文第一作者、SEAS 博士后研究员李基永（Keel Yong Lee）说，"我们选了 2 个蛋白质光转换器，一个来自植物；另一个来自细菌，两者都可让整个细胞膜倾斜，触发反应"。

光转换器对红绿两种不同波长的光非常敏感。蛋白质被植入一个简单的类脂膜中，同时，植入的还原酶，能产生三磷腺苷（ATP），这是细胞的关键能量载体。当细胞膜被红光照亮时，光合作用化学反应就会发生，从而产生 ATP。当细胞膜被绿光照亮时，不再产生 ATP。由于能够开闭能量产生过程，研究人员得以控制细胞内的许多反应，包括肌动蛋白聚合，而肌动蛋白是构成细胞和组织的关键元素。

"该领域先前的研究使用这些蛋白来产生 ATP，但是 1 次只有 1 个。"SEAS 和威斯（Wyss）研究中心助理研究员、论文共同作者朴成镇（Sung-Jin Park）说。"我们把世界上动植物的精华相结合，从而能够调控细胞的能量产生。我们从最基础的单个蛋白开始设计这些细胞"。

由于能够控制并调节肌动蛋白的生成，研究人员可以控制细胞膜的形状，因此，也许可以设计出运动的细胞。这种从细节到整体的方法可以用于构建其他人造细胞器，例如，内质网或核状系统。该研究在构造模拟生物细胞复杂行为的人造细胞状系统方面迈出了第一步。

"把功能蛋白和细胞器网络引入人造细胞环境中可以帮助实现更远大的目标，也就是从头构造细胞"。

"从生殖医学到创面处理，再到外来疾病，我们现在基本认识到了用来控制细胞内部情况的工具和必要条件。细胞修复正越来越成为现实。"帕克说。

论文其他作者包括李健安（Keon Ah Lee）、金世焕（Se-Hwan Kim）、金熙岩（Heeyeon Kim）、亚斯明·梅洛兹（Yasmine Meroz）、L·马哈德文（L. Mahadevan）、江广焕（Kwang-Hwan Jung）和安泰奎（Tae Kyu Ahn）。

（来源：哈佛大学约翰·A·保尔森工程与应用科学院）

计算机模型帮助预测植物对高温天气的反应

一场热浪席卷了整座城市，闷热难忍的人们直奔屋内享受空调的清凉。但屋外田间的作物却没有这么走运。对于它们来说，热浪无处可躲。

澳大利亚的科学家正在努力研究热浪如何对小麦产生影响。通过将观察研究和计算机科学结合起来，科学家建立模型，以了解小麦如何应对某些特定条件。

高温会以许多不同的方式影响植物、土壤、水分、空气以及它们周围的微生物。了解所有这些因素如何影响作物，能够帮助农民保护他们的作物免受热浪的侵袭。

任职于澳大利亚经济发展、就业、运输和资源部（Department of Economic Development, Jobs, Transport and Resources, DEDJTR）维多利亚州农业部门（Agriculture Victoria）的詹姆斯·纳特尔（James Nuttall）表示，"热浪会大幅降低小麦种植地区的产量，而建模可以帮助我们找到策略，从而限制极端天气和气候变化带来的冲击。在作物的敏感时期，也就是开花阶段和灌浆阶段，建模将变得尤其有效"。

小麦2014年全球产量达7.29亿吨，是一种重要的作物，也是人类营养的重要来源。纳特尔称，要让小麦未来的产量保持稳定，就需要想办法减少高温胁迫对植物的影响。

纳特尔和他带领的团队开展了3个试验。他们希望全面了解高温胁迫的不同特点，例如，时机、强度和持续时长。他们的试验内容包括，植物如何应对持续数日的热浪天气，以及该热浪是否在植物的开花期和灌浆期影响更大。他们还研究了小麦在热浪天气下如何受到水资源可利用率的影响。

纳特尔表示，"这些模型能够让我们预测作物的生长和产量。在寻找对抗热浪的解决办法时，建模为我们提供了一个了解气候和天气变化如何影响小麦生产的工具，同时，可以帮助我们预测小麦如何作出反应，以便我们提前终止任何负面影响"。

研究结果表明，小麦如果在开花期开始前五天遭遇高温天气，单棵植株上的小麦籽粒数量将减少，而如果在灌浆期内遭遇高温天气，其籽粒大小则会受到影响。

研究人员随后将所有结果集中起来，导入计算机的仿真模型。该模型能让研究人员预测试验之外的小麦如何受到热浪影响。

纳特尔解释道："作物建模可以让我们测试植物如何对不同环境和处理组合作出反应，还能够测试这些反应之间的相互作用"。

他说，气候变化研究就是一个很好的例子，科学家开展气候变化研究，以此了解植物如何对二氧化碳水平、温度和降水作出反应。一种作物模型可以让他们任意组合以上因素，来测试其对作物生长和产量的影响。

纳特尔表示，下一步研究将在田间种植的小麦身上测试他们的模型，而非一小部分植株样本。他们的最终目标是将自己的研究纳入更大的作物模型，以作出改进。

他表示，"作为一名科学家，如果发现了作物生长和热浪等胁迫之间的联系，我会因此获得满足感。同时，我认为这项研究很有价值，因为我们能够利用作物模型找到可行办法，让我们持续保证作物产量，满足全球的粮食需求"。

该研究由澳大利亚谷物研究和发展公司（Grains Research and Development Corporation，GRDC）以及 DEDJTR 维多利亚州农业部门出资开展。

（来源：美国农学会）

美国研发出智能喷雾器

发明创造一种新设备，一年回本，而且还能减少环境污染，这种情况在农业生产中并不常见。然而，美国农业部（USDA）和俄亥俄州立大学食品农业及环境科学学院（CFAES）的研究人员却研发出了世界首个自动喷淋设备——"智能喷雾器"。

CFAES 研发人员表示，农民使用传统喷雾装置，就是在一排树的一端打开喷淋，在另一端关闭喷淋。我们到现在用的还是 60 多年前设计的喷雾装置。他们指出，"我们不能无视喷淋目标情况的变化，而保持农药喷雾速度一成不变"。

农药喷雾迈入数字化时代

研究团队运用高速传感器和计算技术，将农药喷雾带入数字化时代。团队运用激光传感器侦测喷雾器周围的树冠，再由专门开发的一套算法决定喷雾器 40 个喷头各自的最佳喷淋量。整个系统可以边行进边全自动喷淋，同时，操作人员也能通过内置的触屏进行手动控制喷淋。

该设备研发人员指出，全世界的研发人员都试图开发类似功能的喷雾器，但目前这款俄亥俄州当地研发的智能喷雾器是同类装置中运行情况最理想的。

田间试验结果也非常喜人。测试中，对比传统喷雾器，智能喷雾器可以减少空气喷淋飘散达 87%，减少喷淋原料落地损失 93%，减少农药使用量逾 50%。在以上条件下，智能喷雾器的防虫害水平仍与传统喷雾器相同。

节约成本，有利环境

新喷雾器能减少喷淋飘散、损失和化工原料使用量，从而为农民节约时间和成本。研发人员表示，"防止空气或水体农药环境污染的重要性与控制病虫害同等重要。智能喷雾器中应用的技术就是一个双赢的典范：既实现了理想的病虫害控制，又减少了相关的环境污染风险"。

苗圃农户表示，使用智能喷雾器减少了农药总使用量，从而实现了每年每英亩节约成本 230 美元。按这种显著的化工原料成本节约率计算，农户使用此款智能喷雾器喷洒 607 亩耕地，一年即可收回喷雾器的成本投资。

与此同时，研发团队也在开发一款智能喷淋组件，可安装到几乎任何传统喷雾器上使用，同样也能快速收回应用这项新技术的额外开销。

这款智能喷雾器已屡获殊荣，包括美国农业生物工程师学会颁发的国家级大奖和 2018 年俄亥俄州立大学食品农业及环境科学学院年度创新者奖。各家农机制造企业也对这一新技术表示出浓厚兴趣，关注该技术在各自喷雾器产品设计中的应用。

（来源：www.agronews.com）

美国研究人员找到土壤氮含量快速检测方法

健康的土壤造就健康的作物。农民深知这一道理，因而会尽其所能确保土壤健康。农民会将土壤样本送往实验室做测试，希望了解土壤是否缺少某种重要的营养物质。如果营养物含量的确过低，农民就会采取措施改善土壤的健康状况。可能会添加肥料或种植覆盖作物恢复土壤肥力。

作物生产欣欣向荣的关键营养物之一便是氮。然而多数商业土壤检测实验室的例行检测都无法衡量土壤中氮含量的多少。氮含量测试的确存在，但因为种种原因，测试效率和成本控制始终不理想。没有依据，农民就只能凭空猜测土壤是否健康。氮肥多少也难以控制。这样的方法并不可取。首先是成本问题。氮肥是最昂贵的土壤输入物之一，农民可能会花冤枉钱。其次是环境问题。如果氮肥的量大于植物的摄入量，那么氮就会在土壤中扩散，导致下游水体问题。

显而易见，缺乏快速经济的土壤氮含量检测手段就是一个难题。俄亥俄州立大学（Ohio State University）和康奈尔大学（Cornell University）的土壤研究工作者认为他们自己已经找到了解决之道。研究人员发现，一项原本专为提取土壤中某特定蛋白质而进行的测试实际上可以很好地检测多种蛋白质。而蛋白质又是目前已知土壤中有机氮含量最高的物质。因此，快速高效检测土壤蛋白含量，也可以间接验证土壤氮的可获得性。

这一方法检测的是一种名为球囊霉素（*Glomalin*）的蛋白质。球囊霉素一般是由一种与植物根系存在互利共生关系的常见土壤微生物产生的。这类微生物有个拗口的名字：丛枝菌根菌。

一项早期研究表明，球囊霉素提取方法可用于提取其他来源的蛋白质。史蒂夫·卡尔曼（Steve Culman）及其团队决定验证这一可能性。研究人员向土壤样本中添加了不同的蛋白质来源，包括（植物源）玉米、豆类及常见杂草的叶片、（动物源）鸡肉和牛肉、（真菌源）白蘑及平菇。

之后，研究人员运用所谓的球囊霉素法研究这些土壤样本，发现通过此法提取到了以上全部来源的蛋白质。因此证明，该方法不单能提取菌根菌产生的蛋白质。

据此，研究人员推荐使用新术语土壤蛋白代替球囊霉素，从而更准确地描述这一方法提取的蛋白质。

该土壤蛋白提取法经济、高效，适合商业土壤检测实验室推广。尽管如此，某些特定种类的蛋白质可能仍然无法通过这一方法获得。有待后续研究探讨。

卡尔曼表示，"能快速判断种植季土壤氮含量的方法寥寥无几。而这一方法或许能帮助我们快速测量土壤蛋白的重要来源组成之一。尽管仍然需要进一步研究了解土壤蛋白，但是我们认为这一方法大有潜力，可与其他快速检测方法并用，评估农场的土壤健康情况"。

（来源：美国农学会）

作物健康变化检测工具促进农田精准管理

加拿大农业公司 Farmers Edge 近期推出了一种创新性的数字化工具，能自动扫描卫星影像，并通知种植者田地里发生的变化。在 2017 年发布的每日卫星影像和今年发布的 70 多个新特征和工具的基础上，该公司设计了一套新的综合性"健康变化地图和预警通知"系统，以帮助种植者在面对作物相关问题时，更快作出决定。

这一独特、精确的数字化系统能够精确指出问题所在，包括虫害、病害、营养不良、恶劣天气、错过施肥时间、设备故障、排水是否通畅等问题。这一创新性的技术提高了日常卫星影像的价值，帮助种植者节省时间、更快地确认问题，并且在作物产量受到影响之前就对作物胁迫采取措施。

有了这种系统，无论种植者在哪里，检查每块田地的卫星影像所需时间加起来平均仅为 3~6 分钟。他们不再需要在百忙之中抽出一个小时或更长时间来查看影像，而且只需要在"健康变化地图"发现警报区域，并通过自动"通知"系统告知他们之后再开始采取措施。

去年开发者把日常卫星影像并入平台，解决了很少见的种植者接收到不一致影像的问题。相关人士表示，种植者每天能看到至少一幅、多则好几幅卫星影像，这是个好现象，但是也可能会很费时间。

种植者的需求驱使他们去创建更为简单迅捷、值得信赖的数字化解决方案，因此，现在开发了这款革命性的工具，能自动侦测、调取、传送种植者需要的图像。

这一工具的重要贡献在于其独特的算法，能侦测到高频、高分辨率的卫星影像中出现的重大变化。这些算法能自动触发通知功能，通过邮件向用户大致描述田地中植物出现的积极的或消极的变化。用户只需轻击鼠标，即可转至一站式农田管理平台，查看"健康变化地图"和发生变化的确切地点以及具体情况。

种植者想要轻松获得和使用这些数据，并且不断累积经验，这就需要开发建立一个精准的数字化平台，集合农业耕种的方方面面，给用户发送通知，帮他们作出有利的决策。种植者还可以轻松分享这些有价值的信息，只需选择设定通知参数，添加其他用户接收通知即可。系统功能还包括降水通知、生长阶段通知等，帮助生产者快速精准地做好农田管理。

（来源：www. agropages. com）

育种软件的开发与应用

以色列公司 Phenome Networks 开发出一种软件，该软件可使用户在育种过程中捕获、整理、管理产生的数据。软件以一种非常人性化的方式来整理数据，并支持育种员、品种测试员和遗传研究人员找出将来值得培育、最有可能成功商业化或用于进一步栽培的最佳品种。

这套软件支持育种前期、育种和品种测试等各个阶段，从早期对有价值遗传数据的收集，到杂交种的选择和评估，均满足了育种项目的需求。软件重点关注病虫害抗性、高产量、口味和外观等性状。该软件和 Excel 连接后，便可在相互之间轻松上传、下载数据，适用于所有植物，包括庄稼、蔬菜、观赏植物、大麻、树木等物种。

该育种软件有 6 个模块。

（1）数据管理。可管理育种和测试过程中产生的所有数据。支持育种员选择品种并作出决策。

（2）库存管理。以数字化方式追溯种批和种子库存。

（3）移动端应用。可让用户通过平板、智能手机或其他移动设备收集田间数据。

（4）人性化的数据分析。可统计分析育种和观测数据，分析结果直观形象。

（5）基因组。将基因组数据管理与育种过程相结合，可计算 DNA 标记和受其影响的植物性状之间的关联。

（6）智慧育种。该算法可根据育种项目的设定目标向育种员建议哪些杂交种潜力巨大。

该软件最重要的优势是对育种项目产生巨大影响，从而让人们花更少的时间培育出更好的品种。其他优势有数据标准化以及可能让研究人员、遗传学家、育种员、品种测试员和管理人员形成更好的团队合作。该软件让育种过程的所有参与方都能实时、顺畅沟通，共享信息，集思广益，并且每个用户都能根据商业需求和信息相关度，从个性化角度定制信息，其愿景是帮助种子企业解决问题，将遗传信息应用于对各种植物的更好选择，以满足与日俱增的人口对粮食不断增长的需要，同时，确保科学界能够继续探索这些植物物种的重要性状。

（来源：www. agronews. com）

研究人员开发出可简化易腐作物收获作业的新算法

农民是数据分析领域的最新受益者。在过去的几年中，精准农业一直在帮助农民作出更明智的决策、获得更大的收益。但是，迄今为止的大多数研究都针对大型机器收割的原料作物，由无人机等其他工具完成数据收集。

然而，伊利诺伊大学厄巴纳——香槟分校（University of Illinois at Urbana-Champaign）的工业和企业系统工程数学教授理查德·索尔斯（Richard Sowers）和学生开发了一种新算法，该算法有望为农民提供关于手工采摘作物的有价值的信息。

索尔斯与学生尼斯·斯瑞瓦斯塔瓦（Nitin Srivastava）和彼得·马内科斯基（Peter Maneykowski）一起开发了这种算法。该算法将有助于简化高度易腐烂的手工采摘作物的收割作业。他们的论文《人工采摘农业中的收获算法地理定位》（Algorithmic Geolocation of Harvest in Hand-Picked Agriculture）发表在《自然资源模型》（*Natural Resource Modeling*）上。该论文介绍了在加利福尼亚州（California）奥克斯纳德（Oxnard）克利萨利达农场（Crisalida Farms）草莓采摘时进行的研究结果。不到一年前，索尔斯联合发表了一篇题为《手工采摘作物已准备好迎接精准农作技术》的论文，讨论了这些作物的时令和运输问题。

"你们放在冰淇淋或麦片上的草莓，现在是由 10 名左右的工作人员手工挑选出来的，基本上每个工人的工资都是按盒计算，"索尔斯指出："对于消费者来说，重要的是草莓质量卖相都不错"。

索尔斯认为，在市场或当地杂货店出售的塑料保鲜盒中的草莓与在田间采摘时的草莓基本处于相同的状态。它们被装在一个箱子里，然后套上一个更大的箱子，再放在托盘上，最后装进卡车里。进入市场后整个流程便倒了过来。

索尔说："我感兴趣的一个点是这个采摘过程有人的参与。就像互联网浏览历史因人而异一样，工作人员采摘草莓的能力也不尽相同。这引出了一个问题，你如何看待该行业的数据？因为人的差异会产生巨大的影响"。

"弄清楚田间情况是一个重要的问题，"他补充说："鉴别出哪些地区产量更高或更低对于采摘策略可能大有价值"。

收获期间，索尔斯的团队没有要求工人输入数据——这样会减慢收割进程，而是通过每个工作人员随身携带的智能手机上的 GPS 跟踪来确定每个工作人员的确切动作。根据这些数据，该团队开发了一种算法来预测装箱的数量。

这些数据有望最终带来更精确的采收技术。例如，人们通常在田间的边缘地区开展质量控制，而且通常会有一些滞留的工作人员在排队等候。更多的数据可以更好地帮助规划提供这种控制的最佳时间，更好地安排叉车拾取托盘并将其放入冷却器。时间至关重要，因为炎热的天气会对农产品的质量产生巨大的影响。

索尔斯说："目前，我们只是在努力追踪。你无法管理不能衡量的东西。我们在试着测量田间实际发生的情况，而不是收集已经有人在收集的田地边缘的数据。如果你知道每段时间的收获量，你就能更好地安排和重新安排收割人员或者重新布置工作任务"。

索尔斯进一步强调这种测量对行业的重要性，因为错误计算劳动力可能会使利润全无。

他说："如果发生这种情况，投入的所有营养物质（水、肥料、氮等）都会被浪费掉。如果你能更好地分配资源，并防止或减少一些浆果留在田间的时间，这就成功了"。

该团队成功证明，这些行为可以被追踪和分析，并计划返回加利福尼亚州进行改进。

索尔斯说："人们对这个行业的数据越来越珍视。我想回去做更大规模的研究，以便尝试将它扩大到生产级别。为了产生实际影响，我们需要有确定性地了解和处理数据，以帮助作出重新分配人员和优化领域布局的决策"。

（来源：伊利诺伊大学工程学院）

利用新的表型研究技术可加速作物性状分析

在一个飞盘大小的盘子上，放置着一棵九叶盆栽玉米植株。植株像大型音乐盒上的装饰物一样开始旋转，每秒旋转 3 度，2 分钟后，植株旋转到了起始位置。

又过了一分钟，在植株附近的屏幕上出现了苏斯博士（Dr. Seuss）风格的彩色数字 3D 图像：品红、青绿和黄色。每片叶子都渲染成了不同的色相，但与现实中对应的叶片保持相同的形状、尺寸和角度。

该渲染技术及其相关数据依靠光学雷达（Light Detection and Ranging, LiDAR）实现，这种技术会向物体表面照射一束脉冲激光，并测量脉冲激光返回所需的时间，间隔越久，距离越长。通过对旋转过程中的植株进行扫描，360 度光学雷达技术能够收集到数百万个 3D 坐标，随后由一种复杂的算法对数据进行聚类处理，并将数据分为植物的不同部分：叶片、茎秆和果穗。

内布拉斯加大学林肯分校（University of Nebraska-Lincoln, UNL）的葛玉峰（Yufeng Ge）、苏雷士·撒帕（Suresh Thapa）和其他同事设计了一种方法，来自动、高效地收集植物的表型数据（表型是植物遗传密码所体现出的物理性状）。表型数据收集的速度和精度越高，研究人员就越容易对育种产生的作物或为获取某些特殊性状（最理想的是能够帮助增产的性状）的基因工程作物进行比较。

研究人员表示，由于全球人口预计将从目前的 75 亿人增长到 2050 年的近 100 亿，加快推动这项研究对满足粮食需求至关重要。

UNL 生物系统工程助理教授葛玉峰说，"我们目前已经可以迅速开展 DNA 测序和基因组研究。为了更有效地利用这些信息，就必须和表型数据进行对比分析，这样能够让我们回过头去更加细致地研究遗传信息。但目前我们的研究遇到了一个瓶颈，因为我们还无法在低成本下达到理想的研究速度"。

葛玉峰说，该研究小组的装置对每棵植株的研究时间仅需 3 分钟，比其他大多数表型研究技术都高效许多。但如果没有精确度，速度再快也是徒劳。所以该小组还使用了这一系统来估测玉米和高粱植株的四种性状。前 2 种性状为单个叶片的表面积和整棵植株所有叶片的表面积，它们可以帮助确定该植株能够进行多少光合作用来产生能量。其他两种性状为叶片从茎秆中伸出的角度以及单个植株各个角度的差别，它们将影响光合作用和作物在田间的种植密度。

研究人员对比了玉米、高粱植株的系统估测数据和精确测量数据，得到了一些喜人的结果：单个叶片表面积的数据一致性为 91%，整棵植株的叶片面积数据一致性为 95%。而角度估测数据的精确度整体稍低，但仍然在 72%~90%，具体取决于变量和植物的种类。

目前，3D 表型分析最常见的形式依赖于立体视觉：两台相机同时捕捉同一株植物的图像，根据两张图像对应点间的位置偏差，将各自的视角融合成一张近似的 3D 图像。

成像技术尽管在许多方面革新了表型研究，但也有它自身的缺点。葛玉峰表示，成像技术最大的缺点就是在 3D 向 2D 的转换过程中，会不可避免地损失空间信息，特别是当植物的某部分遮挡住了相机拍摄另一部分的视线时。

葛玉峰谈到，"对于叶片面积和叶片角度这些性状来说，成像尤其困难，因为图像无法很好地保存这些性状"。

研究人员称，360 度光学雷达技术则很少遇到这类问题，并且在根据数据生成 3D 图像的过程中，需要的计算资源也较少。

UNL 生物系统工程博士生撒帕表示，"从生产能力、速度、精确度和分辨率方面来说，光学雷达都具有很大优势，而且这种方法的成本还（比以前）更为低廉"。

下一步，该研究小组准备在光学雷达装置中加入不同颜色的激光。根据植株反射这些新加入激光的方式，研究人员将了解到植物如何吸收水分和氮

（两者都是植物生长的必要成分），也可以了解植株如何产生光合作用所需的叶绿素。

葛玉峰说道："如果我们能够解决这3个化学方面的变量和其他4个形态学方面的变量，然后将它们组合起来，我们就可以同时测量7种不同的性状"。

（来源：内布拉斯加大学林肯分校）

可持续发展

气候变化

新发现的基因有助于生菜在高温天气正常生长

加利福尼亚大学戴维斯分校植物科学研究人员发现一种生菜基因及其相关的酶，会让生菜在高温天气下延缓萌发。这项研究发现可能会使生菜能够全年发芽，甚至在高温天气下也能正常生长。

对于加利福尼亚州和亚利桑那州规模近 20 亿美元的生菜市场而言，该研究发现尤为重要，因为超过 90% 的美国生菜都产自这 2 个州。该研究结果刊登于《Plant Cell》上。

研究者表示，由于生菜种子内的这种高温抑制萌发的机制在其他许多种植物中似乎也很常见，因此猜想其他作物也可以接受基因改造，从而改善萌发情况。由于全球气温预计会日益攀升，这项研究因此变得愈发重要。

大多数生菜品种在春季或初夏时节开花，随后掉落种子，这一性状很可能是因为生菜起源于地中海地区，而加利福尼亚州的气候也与其类似，拥有夏季干燥的气候特征。科学家在这些年观察到，一种内在的休眠机制似乎可以防止生菜种子在过于炎热或干燥的条件下萌发，从而维持生长。该天然抑制机制在野生生菜内非常有效，但要将其运用于商业生菜品种生产则存在阻碍。

在加利福尼亚州和亚利桑那州，生菜行业每天都在各处播撒种子，即使是在九月份，也会在加利福尼亚州的 Imperial Valley 和亚利桑那州的 Yuma 播撒生菜种子，这 2 个地点的秋季气温常常高达 110 华氏度（约 43 摄氏度）。

为了让生菜这类冬季作物在高温天气下能够开始种子萌发过程，农民曾使用喷灌技术冷却土壤，或在播种前通过冷水浸种再晾干进行催芽，但这些方法成本高昂，也并不一定奏效。

在最近的这项研究中，研究人员从生菜遗传学入手，以便深入了解与温度有关的机制如何控制种子萌发。他们在商业生菜品种的一种野生祖先内发现了第六号染色体区，它能够让种子在温暖的条件下萌发。当研究人员将该染色体区导入生菜栽培品种进行杂交时，这些品种则获得了在温暖条件下萌发的能力。

进一步的基因定位研究集中在一种特定的基因上，该基因能够控制一种被称为脱落酸的植物激素的产生，而脱落酸能够抑制种子萌发。当种子暴露在温暖湿润的条件下，这一新发现的基因就会在大多数生菜种子内"启动"，提高脱落酸的含量。而在研究人员分析的野生生菜祖先品种中，这种基因在面临高温时并不会起作用，因此，脱落酸含量不会升高，此时种子便可萌发。

研究人员随后证明，他们可以"沉默"或改变栽培生菜品种中的发芽抑制基因，从而使这些品种即使在高温下也能发芽和生长。

（来源：www.agronews.com）

气候变暖将导致全球玉米市场波动

日前，由华盛顿大学牵头，研究了气候变化对全球玉米产量和价格波动的影响。结果显示，到21世纪末，气温上升将导致全球玉米减产，而且年际间产量波动很大，多个高产地区可能会同时减产，从而导致玉米短缺及价格上涨，这将给全球粮食安全带来重大影响。这一研究结果反映出对耐热品种培育的迫切性。

研究表明，在成功遏制温室气体排放，到本世纪末全球气温只上升2℃的情况下，玉米歉收的风险增加到7%。如果温室气体排放率居高不下，全球气温上升4℃的情况下，四大玉米出口国（美国、巴西、阿根廷和乌克兰）同时，经历歉收的可能性是86%。

该研究使用全球气候预估数据和玉米生长模型证实气温上升会对玉米产生负面影响。结果表明，气温上升会严重降低美国东南部、欧洲东部和撒哈拉以南非洲的玉米平均产量，并增加玉米市场的波动性。即使在温室气体排放减少这种最乐观的情况下，由于生长季平均温度的升高，美国玉米年产量变率会在21世纪中期增加1倍。其他主要的玉米出口国也如此。

由于降水变化更加难以预估，因此，研究中没有涉及。预测表明，与年际间降水量的自然变化相比，气候变化导致的降水量变化很小。研究也假设，未来的气温变化将和当前一致，尽管一些模型预计气候变化情况下气温会更加多变。

（来源：www.eurekalert.org）

科学家警告气候变化使有害寄生虫更为常见

如果牛群或羊群放牧的草地上存在寄生虫，就可能感染肝吸虫，这种寄生虫会在感染动物的肝脏内成长，导致牛羊患上片形吸虫病。根据目前的估算，这一疾病每年造成英国各农场生产力损失约 3 亿英镑，全球农场损失 30 亿美元。

到目前为止，作出风险预测的基础一直是对降水量的估计值和温度，而没有考虑到寄生虫的生命周期以及土壤含水量对其的控制程度。加上因气候变化导致片形吸虫病发作的时机和分布出现转换，都使得对该种疾病的控制难上加难。

如今，布里斯托（Bristol）大学的团队开发了一种新工具，帮助农民缓解家畜所面临的这种风险。该工具能明确地将片形吸虫病的盛行率和关键的环境诱导因素如土壤含水程度联系起来，指导农民是否该避开某些更易患病的放牧草地，或者依据感染风险何时达到最高的时机来确定家畜的处理方式。更为重要的是，这一工具能够评估未来可能出现的气候条件对感染水平产生的影响，以此对干预措施进行指导，减少未来的疾病风险。

布里斯托大学的土木、航空航天和机械工程学院（School of Civil, Aerospace and Mechanical Engineering）的路德维卡·贝特姆（Ludovica Beltrame）是该项研究的参与人员之一，她表示："近几十年以来，英国乳牛患片形吸虫病的盛行率已经从48%升至72%，而这一新工具将能帮助农民管控与片形吸虫病相关的风险，并为未来的气候变化影响建模提供一个更为稳健的方法"。

布里斯托卡博特研究院（Cabot Institute）的托斯腾·瓦格纳（Thorsten Wagener）教授补充道："与水相关的疾病对现有药物的抗性正在增强，所以，仅仅使用药物是很难根除的。我们需要利用疾病风险的预测性模型来量化快速变化的环境对传染风险的影响，开发替代性的干预策略"。

（来源：布里斯托大学）

科学的土壤管理有助于管控气候变化相关风险

粮食生产并不一定会成为气候变化的受害者。密歇根州立大学（Michigan State University, MSU）的一项新研究表明，只要对粮食供给中至关重要，同时，又经常被忽略的合作伙伴——土壤善加利用，就能妥善保护作物产量和全球粮食供给链。

该研究由 MSU 基金会教授布鲁诺·巴索（Bruno Basso）牵头，研究结果刊登于《农业与环境快报》（*Agriculture and Environmental Letters*）上。这是该领域首次对于土壤在管控气候变化相关风险方面的重要性提出关键性见解。

"农业体系能否长期可持续发展，很大程度上依赖于我们利用土壤的方式，"巴索说道，"这一研究证明了通过使用创新的方式更好地管理土壤，我们就离保护粮食供给的目标更近了一步，就能进一步缓解气候变化和全球变暖对我们的生活造成的影响"。

巴索的团队通过研究如何以科学的方式利用、保护、促进土壤健康，证明了作物产量能够保持现有的生产水平，甚至辅以适应性农业实践的话可以达到更高的生产水平。

"截至目前，对于土壤能够在应对气候变化过程中所发挥的积极作用，还没有任何研究进行过解释，虽然按理来说，土壤应该是缓解气候变化影响最关键的自然资源，"巴索说道，"毕竟，土壤是所有植物的'家'，如果我们不好好照顾土壤，植物和作物就失去了庇护，只能任由它们自己去面对气候变化了"。

巴索的研究是农业模型比较与改进项目（Agricultural Model Intercomparing and Improvement Project, AgMIP）的一部分，该倡议项目汇聚了全球气候、作物、经济模型的各个团体，共同评定气候变化背景下的粮食生产走势。

AgMIP 的土壤倡议即由巴索牵头，他提议随着项目的不断深入，土壤应成为粮食生产循环过程中的重中之重。"当初加入这一项目时，我们就知道随着气候越来越热，作物产量预计会减少。这样一来，返回到土壤中的碳含量也会减少。那么问题就是：'如果这一过程循环往复地继续下去，最终结果会是什么？土壤会在其中起到什么作用？如果我们不好好照顾土壤，我们面临的情况会不会恶化?' 所以, 我们开发了作物模型和土壤模型, 模拟天气对作物产量和土壤有机碳造成的影响, 来评估土壤对气候变化的反馈。" 巴索说道。

为了测试土壤对气温变化和二氧化碳水平变化的不同反应, 巴索在坦桑尼亚、巴西、阿根廷、荷兰、法国、美国、澳大利亚等地开发了一系列模型, 并对其土壤有机碳和氮水平进行了研究分析。

研究人员发现, 二氧化碳能够充当自然化肥的角色, 促进作物生长, 因此能够补偿由气候引起的作物产量减少。然而如果把土壤有机碳的减少也囊括在分析之中, 大气中二氧化碳的增加量就不足以弥补作物产量的减少了。

巴索表示:"所以说'在正确的时间对作物做正确的事', 也就是我们说的农事管理, 就能改善土壤的质量和健康状况"。

接着巴索解释了农民该如何进行更好的农事管理来保护土壤、抵御气候变化造成的影响。其中包括利用覆盖作物、保护性耕作、在土壤中加入有机碳、通过应用先进的遗传学和农艺学来增加产量等。

通过这种前瞻性的思维方法来提升作物管理和全球粮食供给, 其基础就是植物在其生长土壤中生命周期的根源。

"在使用作物模型和想要确定适应性战略的时候, 我们需要把这种解释土壤反馈的方法变成规则确定下来," 巴索说道, "因为当我们面对 2050 年时的土壤时, 情况肯定会和现在不一样, 所以, 要明确现在的管理方式和未来的适应性战略就变得尤其重要了。" 巴索的研究由美国农业部国家食品和农业研究所 (National Institute of Food and Agriculture) 和英国国际发展部 (Department of International Development) 提供资助。

(来源: 密歇根州立大学)

研究发现土壤无法有效缓解气候变化

自 1843 年就开始的洛桑试验站长期田间试验证明, 当前排放的碳无法被封存在土壤中, 因此, 土壤无法缓解全球变暖。

19 世纪中期以来的长期试验得出了独一无二的土壤数据, 这些数据证明, 把碳封存在土壤中抑制气候变化的方法是不可行的, 而这一举措一度被视为科学研究的突破而深受欢迎。

上述结论来自洛桑试验站科学家对土壤中碳交换率的分析。科学家从1843 年起就从田间采集样本。研究结果于近日在《Global Change Biology》上发表。

利用农作物收集更多大气中的碳并把这些碳封存在土壤有机质以抵消化石燃料排放的想法在 2015 年巴黎《联合国气候变化框架公约》第 21 次缔约方大会上提出。

这一想法旨在于 20 年内每年增加 4.0‰的碳封存量。该倡议曾广受欢迎、备受赞誉。任何对减缓气候变化的贡献都会广受欢迎，而且可能更重要的是，土壤有机碳的增加会改善土壤的质量和功效。该倡议被包括英国政府在内的多国政府采纳。

但这个倡议也遭到了严词批评。许多科学家称，在地球大范围内达到这样的土壤碳封存率是不切实际的，此外，土壤碳的增加不是持续无穷尽的：会逐渐达到一个新的平衡，然后就停止了。

洛桑研究所的科学家在 3 种不同土壤类型上进行了 16 个试验，用所得数据给出了超过 110 个处理对比。结果显示，4.0‰的土壤碳增加率在一些情况下可以实现，但通常只有用极端方法才行，而这些方法大多不现实或不可接受。

例如，每年大量使用动物粪肥导致土壤碳持续好几年增加，但是需要的粪肥量远远超过欧盟规定的限制，而且会造成大规模氮污染。

研究人员发现，在洛桑研究所的试验中，退耕导致土壤碳大量增加，但是在大片土地上采取这种措施对全球粮食安全极其有害。

他们补充道，把作物残茬埋到土壤，对增加碳封存也是有效的，但是在一些国家已经采取了这种方式，因此，不能被看做全新的举措。

例如，在英国，约 50%的谷物秸秆正在还田，大部分残茬都用来做动物饲料或草垫，其中，至少有一些后来也作为粪肥回到土壤。然而在许多其他国家，作物残茬通常被用做燃料。

研究人员指出，从持续的耕作到农作物长期轮作加上偶尔放牧的转变导致土壤碳显著增加，但只有在每 5 年或 6 年至少进行 3 年的放牧才行。虽然这种农业体系会带来环境效益，但大部分农民发现在当前条件下这么做是不划算的。要想大规模改变的话需要作出关于补助调整和农场支持的政策决定。这样的变化也会给整个粮食生产带来影响。

研究者总结指出把 4.0‰倡议作为对减缓气候变化的主要贡献是不符合实际的，而且有可能误导人们。他们指出，要想宣传增加土壤有机碳的举措，更合理的理由是，这些措施是保护和改良土壤肥力所迫切需要的，这样才能既保证可持续粮食安全又有利于整个生态系统。要想通过改变农业实践来减缓气候变化，则减少一氧化二氮排放的措施也许更有效。一氧化二氮是一种比二氧化碳强大约 300 倍的温室气体。

（来源：英国洛桑研究所）

加拿大化肥产业将引领农业产业减排温室气体

加拿大帮助农户采取气候智能型农业实践，有望成为全球农场温室气体减排的引领者。该国联邦、省和地区农业部长有望为加拿大农业部门构建全国范围内的框架，帮助农业部门助力低碳经济，并从碳定价机制获利。

全国 4R 气候智能议定书可以实现这一目标，该议定书也称为氧化亚氮减排议定书。4R 气候智能议定书是一种易于适应的、基于科学的解决方案，能够提供实用性强的科学举措，帮助加拿大种植者优化耕作系统中的氮素管理，并显著减少碳排放。

实施 4R 气候智能议定书包括 4R 养分管理，即选择正确的肥料品种（Right Source）、采用正确的肥料用量（Right Rate）、在正确的时间（Right Time）将肥料施用在正确的位置上（Right Place），为农户提高经济效益，同时，减少每单位产量的投入成本。

加拿大化肥协会相关人士表示，如果该议定书在加拿大西部实施，那么每年氧化亚氮的排放量就能减少 100 万~200 万吨二氧化碳当量，并且除了可见的温室气体排放减少外，也会给予农户碳信用额度，奖励他们在环境管理上的努力。

加拿大肥料协会委托 Viresco Solutions 撰写报告，制定议定书的全国实施战略。该报告指出，全国范围内实施议定书的体制平台已经到位，现在必须协调各方共同努力，挖掘潜能。

当前，全国的 4R 研究人员、专家、实践者和利益攸关方已经被动员起来，实施加拿大 4R 气候智能议定书，并根据氧化亚氮 4R 实践的最新研究进展更新其中的科学举措。除了达到国际标准外，该议定书还可能帮助减少百万英亩土地上的温室气体排放。

加拿大肥料协会愿意继续与农业产业、加拿大政府合作，实施这一因地制宜的解决方案，让加拿大成为全球农场环境管理的引领者。

（来源：www.agropages.com）

研究证明温度上升和局部降温会促进玉米增产

自 20 世纪 40 年代以来，美国中西部的玉米生产一路向好，产量增加了 5 倍。此前，人们认为增产主要归功于农业技术的进步，但哈佛大学（Harvard University）的研究人员提出了质疑：气候和当地温度的变化所发挥的作用是否比我们之前认为的更大？

在最新文献中，研究人员发现，由于温度升高导致的生长季延长，再加上大面积种植区的自然降温效应，对美国玉米增长起到了重要作用。

哈佛大学地球与行星科学系（EPS）兼哈佛大学约翰保尔森工程与应用科学学院（SEAS）环境科学与工程教授皮特·惠博斯（Peter Huybers）表示："我们的研究表明，作物产量的提高部分取决于气候的变化。在本案例中，气温的变化对农业生产产生了有利影响，但无法保证随着气候的持续变化，有利效益能否持续。地球环境持续变化，人口不断增加，在这种情况下，深入认识气候与作物产量之间的关系十分重要"。

该研究发表于《美国国家科学院院刊》（PNAS）。

研究人员提取了所谓的"玉米生产带"，即伊利诺伊、印第安纳、爱荷华、堪萨斯、肯塔基、密歇根、明尼苏达、密苏里、内布拉斯加、俄亥俄、南达科他和威斯康星等各州，1981—2017 年玉米产量和温度的相关数据，并进行建模。结果显示，随着全球气候变化导致气温逐渐升高，玉米播种时间也越来越早，每 10 年约提早 3 天。

"对于农民来说，最重要的决定之一就是'种什么'和'什么时候种'。"该论文的第一作者、EPS 前研究生伊桑·巴特勒（Ethan Butler）说，"我们发现，农民播种的时间越来越早，这不仅是因为种子更好了、设备更优了，而且还因为温暖季节来得更早了"。

巴特勒目前是明尼苏达州立大学（University of Minnesota）森林资源系（Department of Forest Resources）的博士后研究员。

提早播种意味着在生长季结束前，作物有了更长的时间来发育成熟。

此外，另一个出人意料的因素也促进了玉米增产。尽管上世纪内气温总体在上升，但中西部地区生长季节的最高温实际上有所下降。

"密集种植的高产植株能够在炎热的日子里从叶子和土壤中蒸发更多的水分。"该论文的共同作者、哈佛大学环境中心（Harvard University Center for the Environment）的前博士后研究员纳撒尼尔·穆勒（Nathaniel Mueller）说，"蒸发速度的增加显然有助于避免极端高温，降低周边环境温度，保护玉米植株并促进产量提升"。

穆勒目前是加州州立大学欧文分校（Irvine）地球系统科学（Earth System Science）的助理教授。

据研究人员估计，1981年以来，玉米产量增量的1/4都归功于生长季延长和最高温降低的双重作用，这也表明作物产量比我们此前认为的更容易受到气候变化的影响。

研究人员同时还发现，与几十年前相比，现在农民所遵循的播种和收获时间明显能更好地适应气候。

惠博斯教授表示："现在，农民非常积极主动，他们能有效利用气温变化来促进产量。但问题在于，他们未来是否能持续地适应气候变化"。

该研究得到了帕卡德基金会（Packard Foundation）和美国国家科学基金会（National Science Foundation）的部分支持。

（来源：哈佛大学约翰·A. 保尔森工程与应用科学学院）

科学家在作物耐低温特性研究方面取得重要进展

气温下降时，促进植物生长、提升植物产量的二磷酸羧化酶（Rubisco）的活性就会下降。为了弥补这一损失，许多作物会生成更多的二磷酸羧化酶，但是，科学家推测一些作物的叶片可能缺少增加生成这种酶的空间，使得它们更易受到低温的影响。伊利诺伊大学（University of Illinois，UI）和麻省理工学院（Massachusetts Institute of Technology）一项新的研究则对这种理论作出了反驳，他们发现这些作物的光合作用潜力远远不止如此。

植物科学家以前就知道大豆、稻米以及其他 C3 作物的叶片还有空间容纳增加的二磷酸羧化酶。但是，如玉米和甘蔗这样的 C4 作物使用的是叶肉细胞通过生物化学的方式将二氧化碳注入内细胞，即维管束鞘中，这里的二氧化碳浓度是大气中的十倍，而二磷酸羧化酶就存在于其中。二氧化碳越浓，二磷酸羧化酶就越有效。

"但是如果只是把这种酶隔绝在叶片的一部分之外，是不是在低温的时候就有足够的空间生成更多的二磷酸羧化酶了呢？" UI 卡尔·乌斯基因组生物学研究所（Carl R. Woese Institute for Genomic Biology）伊肯伯里作物科学和植物生物学名誉教授（Ikenberry Endowed University Chair of Crop Sciences and Plant Biology）斯蒂芬·隆恩（Stephen Long）说道。

该研究分别测量了玉米、甘蔗、耐低温芒草（*Miscanthus*）的（维管）束鞘中含有二磷酸羧化酶的叶绿体的容积，研究结果刊登于《实验植物学杂志》（*Journal of Experimental Botany*）。研究团队总结出这些 C4 作物的叶绿体拥有足够的容积来容纳二磷酸羧化酶，并在低温环境下进行光合作用。奇怪的是，芒草的叶绿体容积最小，也就是说叶绿体容积和耐低温之间没有联系。

"不过，这些植物仍然没有达到潜在最大的能量输出。既然我们已经把空间这个限制因素排除掉了，就需要想想还有什么其他因素在影响这些重要的作物的耐低温性。"该研究的第一作者、UI 的博士后研究员查尔斯·皮尼翁（Charles Pignon）说道，他的研究得到了爱德华·威廉和简·玛尔·古特塞尔（Edward William and Jane Marr Gutgsell）基金的资助。

植物科学家们如果能解开植物耐低温的关键所在，就能扩大这些作物的种植面积、延长种植季节，从而增加全球的粮食产量和生物能源。因此，研究人员的下一步就准备将各种芒草的耐低温性进行比较，查明其中重要的差异。

（来源：伊利诺伊大学）

科学家利用核技术研发新的 "抗气候变化" 作物品种

尽管气候变化引起气温上升，科学家们仍然在推出新的水稻和豆类作物品种，来帮助农民提高这些主要农作物的产量。这些新的"抗气候变化"的作物品种是一个 5 年项目的内容之一，该项目旨在促进各国保障粮食安全，并适应不断变化的气候条件，致力于提高水稻和豆类作物在干旱地区的耐高温能力。

古巴农业科学院相关人员表示，气候变化正在迫使粮食生产商和农民改变进行农业活动的方式，新的作物品种，例如，这些"抗气候变化"的稻谷和豆类作物能适应气候变化的一些负面影响，对于保证现在和未来的粮食安全都至关重要。

气候变化主要后果之一是造成全球气温的极端波动。较高的温度对植物的发育和产量有直接和破坏性的影响。在全世界许多农业地区，极端气温都会让作物遭受灾害，其中，包括主要作物如稻谷和豆类等，是全球数百万人口的日常饮食必不可少的组成部分。

为了保护以作物为基础的食物来源，一些植物育种人员、植物生理学家、农学家、植物生物技术学家、国际原子能机构的专家与联合国粮食及农业组织合作，通过为期五年的研究合作，来研发新的"抗气候变化"的作物品种。

研究团队首先研究了水稻和普通豆类植物对正常和异常的（即各种作物无法正常适应的任何气候条件）气候条件作出的反应，并确认与耐高温和高产量相关的基因。利用这些信息，他们以具有所需性状的植物为目标，并用辐射来培育这些性状，以加速植物的自然突变过程。这种育种过程增加了植物特性的多样性，，让科学家更快测试、选取具有理想特征的植株。最后培育出了一系列"抗气候变化"的稻谷和豆类植物，和当地品种相比，能更好地耐高温并提高产量。

这些新品种中有一种耐干旱品种称为"Guillemar"，目前种植在古巴，并已提高 10% 的产量。其他国家如印度、巴基斯坦、菲律宾、坦桑尼亚、塞内加尔等也正在准备推出新的、适应各国温度条件的高产稻谷品种，哥伦比亚和古巴的专家们则已成功研发出耐高温、高产的豆科植物新品种，预计在 2020—2021 年向农民推广应用。

研发新的作物品种能帮助农民种植更多粮食并适应气候变化，同时，也能让科学家更好地了解植物受气候变化影响的过程和方式，以改良植物育种过程。

在这个为期 5 年的项目中，研究团队创建了多种方法来筛选植物的生理、遗传、分子因素，并对作物的基因组成作出精确评估，以鉴定、选择和培育具有理想性状的植株。

例如，改进了田间筛选技术，以帮助植物育种者在温室或生长室等受控条件下加速对植物品种的评价。通过这一方法，育种人员就能从几千株植物中将可能进行进一步测试的植物范围有效缩小至不到 100 株。一旦缩小范围，研发时间就能从 3~5 年缩短至 1 年，意味着农民就能更快获得新的作物品种，适应气候变化造成的影响，保障粮食安全。

目前其他研究人员都可使用该研究团队使用的许多方法和技术来进行进一步的研究。具体获取渠道包括原子能机构与其他科学家团队合作的研究和技术合作项目以及 40 多种出版物，包括最近出版的关于水稻耐热突变体田间筛选议定书开放获取的手册等。

学界认为气候变化是全球所面临的几大挑战之一，作物适应气候变化则对保障粮食安全和营养安全至关重要。跨学科研究需要植物育种人员、生理学家、分子生物学家的共同参与，这对于研发新品种适应极端环境非常关键。该项研究通过研发稻谷和大豆品种，向解决作物如何适应气候变化的方向迈进了一大步。

（来源：www.agronews.com）

综合 2 种作物模型预测气候变化对作物产量的影响

科学家如今可用一种新工具来预测气候变化对作物产量的未来影响。

伊利诺伊大学（University of Illinois）的研究人员尝试在 2 种作物计算模型之间建立联系，以便更准确预测美国玉米带上的作物产量。

"一种作物模型是基于农业经济学的，另一种嵌入气候模型或地球系统模型中。2 种模型的开发目的不同，应用范围也不同。"伊利诺伊大学环境科学家、项目主要研究员关凯宇（Kaiyu Guan）说。"因为每种模型各有优劣，所以，我们初步想结合两者之长，开发出一种预测能力更好的新型作物模型"。

关凯宇和他的研究团队运用了一种新的玉米生长模型，并进行评估，该模型称为 CLM-APSIM。新模型结合了通用陆面模式（Community Land Model，CLM）和农业生产系统模拟模型（Agricultural Production Systems sIMulator，APSIM）的优越特性。

"CLM 原本的玉米模型只有 3 个生育期或生命周期，不包括花期等重要发展阶段，因此没法在这些特定发展阶段应用水应力或高温等临界应力。"关凯宇实验团队博士后研究员、研究论文首席作者彭斌（Bin Peng）说，"我们的解决方案在 CLM 中加入 APSIM 的生命周期发展体系，该体系有 12 个阶段。通过这种整合，高温、土壤水和氮缺乏导致的应力可以被考虑进新模型里"。

彭斌说，选择 CLM 作为基础框架来开发新模型是因为 CLM 更基于流程，而且可以与气候模型相结合。

"这是很重要的，因为新工具在我们将来的研究中可以用于探索农业生态系统和气候系统的双向反馈"。

除了用 APSIM 中原有的玉米生育模型代替 CLM 中原有的模型之外，研究人员还对新模型进行了其他的创造性改进：增加了新的碳分配系统和粒数模拟系统，并对原有的冠层结构系统进行完善。

"最吸引人的改进是，我们的新模式能更好地利用正确的机制得出正确的产量。"关凯宇说，"原先的 CLM 模型低估了地上生物量，但是高估了玉米的收获指数，结果错误的机制得出了貌似正确的产量模拟。我们的新模型修正了原先 CLM 模型中的缺陷"。

彭斌补充说，APSIM 的生育系统非常通用。"我们可以很容易拓展新模型，模拟大豆和小麦等其他主食作物的生长过程。这当然包括在我们的研究计划内，我们已经开展工作了"。

"所有的研究都是在蓝水（Blue Waters）上进行的，这是一台非常厉害的千兆级超级计算机，位于伊利诺伊大学的国家超级计算应用中心（National Center for Supercomputing Applications，NCSA）。"彭斌说，"我们目前正在对新模型进行参数灵敏度分析和贝叶斯（Bayesian）校准，对美国玉米带进行高分辨率区域模拟，如果没有蓝水提供的宝贵计算资源，我们将一事无成"。

研究名为"改善通用陆面模式中的玉米生长过程：实施和评估"，发表在《农业与森林气象学》（Agricultural and Forest Meteorology）上。这项工作由来自伊利诺伊大学的关凯宇和彭斌以及马里兰州西北太平洋国家实验室（Pacific Northwest National Laboratory）全球变化联合研究所（Joint Global Change Research Institute）的陈敏（Min Chen）发起并设计。研究论文由来自多个研究所的科学家团队共同撰写，包括国家大气研究中心（National Center for Atmospheric Research）的大卫·M. 劳伦斯（David M. Lawrence）和卢亚琼（Yaqiong Lu）、密歇根州立大学（Michigan State University）的亚都·伯克莱尔（Yadu Pokhrel）、内布拉斯加大学林肯分校（University of Nebraska - Lincoln）的安德鲁·苏克（Andrew Suyker）和蒂莫西·阿克鲍尔（Timothy Arkebauer）。

为研究提供资助的是美国国家航空航天局（NASA）新研究学者奖（NNX16AI56G）、美国农业部（USDA）国家食品和农业研究所（NIFA）基础项目奖（2017-67013-26253）、授予关凯宇的蓝水教授奖（伊利诺伊大学国家超级计算应用中心）、授予大卫·M.劳伦斯的 USDA NIFA 奖（2015-67003-23489）。

研究属于蓝水可持续千兆级计算项目，该项目得到国家科学基金会（National Science Foundation）（奖项编号 OCI-0725070 和 ACI-1238993）以及伊利诺伊州的支持。

除了在伊利诺伊大学农业、消费者和环境科学学院（College of Agricultural, Consumer and Environmental Sciences）自然资源和环境科学系（Department of Natural Resources and Environmental Sciences，NRES）担任生态水文学和地理信息副教授外，关凯宇还被 NCSA 授予"蓝水教授"头衔。彭斌在 NCSA 攻读博士后学位，并在 NRES 任职。

（来源：伊利诺伊大学农学院消费者与环境学院）

高效措施可减少18%农业活动温室气体排放

据研究显示，印度或可通过采取降低成本的措施减少近18%因农业活动造成的温室气体排放。研究人员表示，高效利用肥料、实施免耕农业以及种植水稻时，改进水资源管理的方式等3项改进的农业措施，可以减少一半以上的温室气体排放。

近期，发表于《Science in the Total Environment》上的一篇论文中，科学家预计到2030年，印度由农业活动而"照常排放"的温室气体将达到每年515兆吨二氧化碳当量（MtCO2e）。研究表明，印度农业有能力在保证粮食生产和营养的情况下，每年减少85.5MtCO2e。据估算2012年的排放量为481MtCO2e，减少量接近18%。研究人员表示这些缓解措施在技术上可行，但是仍需要政府从宏观上实施。

该研究遵循一种"自下而上"的方法，其中运用了与作物（约45 000个数据点）和畜牧业生产（约1 600个数据点）相关的大型数据集，以及包括土壤、气候和管理信息，来估计和分析农业的温室气体排放。研究人员为了评估缓解措施及其相关的成本和收益，使用了包括查阅文献、与利益相关方进行会谈、咨询种植业、畜牧业和自然资源管理专家等多种资源和渠道。

研究者也确认会存在一些"热点地区"，即这些缓解实践会在哪些地区拥有最大的潜力减少温室气体排放。例如，通过精准的营养管理来减少肥料消耗，首先在北方邦（Uttar Pradesh）获得的成效最佳，其次是安得拉邦（Andhra Pradesh）、马哈拉施特拉邦（Maharashtra）、旁遮普邦（Punjab）。种植水稻时，首先改进水资源管理的措施则在安得拉邦可能获得的成效最佳，其次是泰米尔纳德邦（Tamil Nadu）、奥里萨邦（Orissa）、西孟加拉邦（West Bengal）。

印度是世界上第三大温室气体排放国，其中，农业排放量占到近1/5，因此，已经被确定为政府减排的重点领域。以上研究的结果能够帮助印度向着减排目标跨出一大步。但是，只有农民采用了这些新措施，缓解气候变化的效益才会显现，而其中有些措施需要先期的投入。政府的激励性政策将至关重要，能促使农民走出第一步，确保这些缓解措施得到大范围的实施，最终让印度达到粮食安全目标和减排目标。

三大可行的缓解措施

高效利用肥料不仅能减少田间温室气体的排放，也能降低对肥料的需求以及化肥生产、运输过程中相关的排放。同时，也能为农民减少开支。缓解措施包括在合适的时间、合适的地点施入适量的肥料供作物吸收，或者使用缓释肥料、硝化抑制剂等综合措施。国际玉米和小麦改良中心（CIMMYT）科学家、该研究的作者表示，印度农业如果能高效使用肥料，可能每年会减少大概17.5MtCO2e。

研究表明，实施免耕农业和对水稻、小麦、玉米、棉花、甘蔗实施残茬管理，保证作物残茬留在土壤表面使其不受侵蚀，每年可以减少约17MtCO2e的排放。CIMMYT已经在印度成功开发、推进这些措施。

种植水稻时改进水资源管理，如在水稻田里采取合理的干湿交替，可以每年减少约12MtCO2e的排放。其他针对主要谷物的水资源管理技术还包括激光平地、喷灌或同时运用微型喷灌和滴灌施肥，都能极大减少温室气体的排放，仅激光平地每年就能减少约4MtCO2e。

（来源：www.cimmyt.org）

长期研究表明作物轮作可减少温室气体排放

玉米大豆轮作可以避免连作导致玉米减产。美国伊利诺伊大学的最新研究成果揭示，玉米大豆轮作不仅可以增加产量，还能减少温室气体排放。与玉米连作相比，玉米—大豆轮作中，玉米平均增产 20% 以上，并累计减少氧化亚氮排放量近 35%。

本研究是在玉米连作、大豆连作、玉米—大豆轮作、玉米—大豆—小麦轮作的情况下，在耕作和免耕的两种不同土地管理方式下，从田间收集温室气体排放样本，试验时间长达 20 年。时间跨度大，是本研究最突出的亮点。因为轮作或耕作模式对温室气体排放的影响在短短几年内是不明显的或者根本无法观察到。

氧化亚氮是一种温室效应很强的气体，其全球变暖潜能是二氧化碳的近300 倍，它是土壤中的细菌分解氮时产生的，其排放与氮肥的施用频率和时间密切相关。农民通常在春季施氮肥，因而氧化亚氮的浓度在生长季初期很高；生长季中氮肥慢慢被作物吸收，其浓度也在作物生长末期达到较低值。

因为种植大豆没有施肥，所以和连作相比，轮作没有影响氧化亚氮的排放量，但却使大豆增产约 7%。从不同土壤管理模式（耕作或免耕）来看，是否耕作不影响温室气体的排放，但耕作比免耕模式下的玉米每公顷增产约 405千克。

（来源：www.eurekalert.org）

生物多样性

一些常见昆虫也面临着灭绝的威胁

森肯伯格自然研究学会和慕尼黑理工大学的科研人员以蝶类为研究对象，近日在《生物保护》杂志上发表的最新研究成果表明，当前分布广泛的昆虫很快会受到物种多样性严重减少的威胁，而栖息地碎片化和农业活动加强被列为"常见物种"减少的原因；蝶类的遗传多样性预计在未来将急剧下降，昆虫对环境变化会更加敏感。

近几十年来昆虫的数量在持续减少，一些地区记录在案的下降率甚至高达 75%。原先认为昆虫中的一些特殊群体，如那些依赖特定栖息地的昆虫才会受到灭绝的威胁，但该研究表明，即便是所谓的"无所不在的物种"未来也会面临重大威胁。

对栖息地要求不高的物种依赖于不同种群之间的基因交换。该研究表明，分布广泛的物种与适应特定栖息地的物种相比，种内基因库更加多样。一旦这些物种由于栖息地碎片化失去了通过基因交换而维持遗传多样性的机会，未来就无法适应环境变化。在本研究中，首先受到威胁的是那些生活在特定生态系统的昆虫，如阿波罗绢蝶（*Parnassius apollo*）等，由于失去高质量栖息地而面临灭绝危险；但是随着栖息地进一步恶化以及栖息地网络的崩溃，隐藏珍眼蝶（*Coenonympha arcania*）等分布广泛、对生活环境"要求不高"的物种受到的威胁也在增加。

研究还预测，在未来仅仅建立小型、孤立的栖息地保护区是不够的，虽然这样可以保护遗传结构简单的物种，但从中长期来看不利于大部分依赖于当地种群间基因交换的物种，这会进一步导致大量昆虫物种减少，给整个食物链和生态系统带来严重影响。

（来源：www. eurekalert. org）

遗传构造使野草具有入侵性

不列颠哥伦比亚大学（University of British Columbia，UBC）的新研究发现，菊芋等入侵性杂草植物成功入侵的原因在于基因。

菊芋的块茎也属根类蔬菜，味道可口，可作为美味的配菜，但该植物在欧洲被认为是一种主要的入侵物种。了解入侵植物的进化过程以及使它们在新环境中茁长生长的遗传基础，对于更好地理解它们为什么会对世界各地的自然景观和粮食生产造成严重破坏至关重要。

"大量繁殖块茎是菊芋入侵成功的主要原因。"研究的第一作者丹·博克（Dan Bock）说。这是他在 UBC 攻读植物学博士时完成的一项研究。"此外，我们可以看到，在入侵种群中，这一性状多次独立进化"。

该植物是向日葵家族成员，原产于北美中部和东部，于 17 世纪早期被引入欧洲。在欧洲，人们把它种来当食物。但在土豆成为更受欢迎的作物后，人们就对菊芋放任自流，菊芋的迅速蔓延导致很多本土植物受到排挤，尤其是在沿河水资源丰富的生态系统里。菊芋现在是欧洲最常见的入侵物种之一。

"在中东欧国家，包括我的祖国罗马尼亚，这种植物十分常见。"博克说。他现在是哈佛大学的博士后研究人员。"常常有成片的入侵菊芋，看起来像是大面积的耕地，一眼望不到头"。

为了开展这项实验，研究人员在 UBC 温哥华校区内的实验地块上种植了700 多株入侵性和非入侵性的菊芋。一旦植物达到成熟期，他们就对一些特征进行记录并比较。其中，一个特征是块茎的数量，这一数量在入侵性种群中总是远超正常标准。

"这项研究的结果对于我们更好地了解一些植物如何入侵、为什么能成功入侵很重要。"UBC 植物学系教授、博克的博士生导师洛伦·李斯伯格（Loren Rieseberg）说。

当研究人员将遗传分析与这些测量结果进行综合考量时，他们发现这种性状已经独立进化不止一次了。博克说，他们确定了至少 4 个独立的遗传来源，这意味着入侵性可以反复演变。

"单一性状正在促使成功入侵，这很有趣。"论文共同作者之一、曾任

UBC 博士后研究员的迈克尔·坎塔尔（Michael Kantar）表示。他目前在夏威夷大学任职。

入侵物种是许多地区的一个重要问题，因为它们很难根除，取代了原生植物，并且可能干扰粮食生产。此前的研究估计，各种类型的入侵物种——植物、昆虫和病原体，每年给美国带来的损失超过 1 200 亿美元。

入侵物种霸占资源丰富地区的现象也很常见。就菊芋而言，这一资源就是水。在欧洲，这种入侵植物排挤河道沿岸的本土植物；在美国，它们就是农田上的杂草。

"我们容易认为进化是很缓慢的，但在这里，我们看到进化在不断发生。"坎塔尔说。"真正了解植物和人类之间的不断互动很有意思。因为人类活动，过去 100 年内发生了很多植物入侵情况"。

研究人员说，这些发现有朝一日可以用来帮助控制入侵物种，且可有助于防止别的物种成为入侵物种。

（来源：不列颠哥伦比亚大学）

新技术在研究植物生物多样性方面前景广阔

"因为人类的干扰和气候变化，生物多样性和生态系统功能都在发生变化。我们的研究为评估这些变化提供了一种新工具，并为改善环境监测工作带来了新的希望。"地球与大气科学系兼生物科学系（Departments of Earth and Atmospheric Sciences and Biological Sciences）教授、研究论文共同作者约翰·加蒙（John Gamon）解释说，"这项技术能让我们以切实可行的方式研究大型地貌上的生物多样性和生态系统功能"。

该方法运用了与传统相机类似但具有 1 000 种颜色的成像光谱仪，光谱仪安装在移动机器人手推车上，测量可见光、近红外和短波红外区域内植物反射光的光谱，衡量植物性征的差异。反射出的辐射差异使科学家不仅看到肉眼不可见的，还能了解环境中单个植物的功能多样性和进化历史。

这项工作特别重要，因为正如之前一篇研究论文指出的那样，由于全球变暖，预计 2050 年全球经济生产力会下降，威胁到 1/5 的维管植物物种。本论文中介绍的技术进步为研究人员提供了一种新工具，有利于监测生物多样性、对抗这些威胁并提高人们对生物多样性重要性的认识。

观察植物生物多样性的传统方法需要大量的时间、金钱，还需要对植物物种有深入了解的生物学家实地考察。然而，通过遥感来观察和评估生物多样性，研究人员不仅可以观察更大的区域，包括那些实地考察难以到达的区域，而且可以更快地揭示植物多样性和功能的差异。

该研究的主要作者安娜·施魏格尔（Anna Schweiger）在一篇博文中写道："为了有力证明全球范围内保护和恢复生物多样性的必要性，量化生物多样性为我们提供的服务很重要，这些服务包括营养、清洁水和空气、安全、健康和愉悦"。

该技术最初由约翰·加蒙（John Gamon）和曾在阿尔伯塔大学（UAlberta）读博的王然（Ran Wang）共同开发，王然在博士论文研究中涉及了这一领域。

跨学科方法

"该研究的跨学科性是关键。"在谈到该研究的协作性和跨学科性时，加蒙表示。

"遥感能够探测电磁辐射与物质的相互作用，是物理学、植物生理学和生态学的神奇交汇点。不同的植物展示了一系列不同的解决方案，使我们能够检测植物多样性"。

"在阿尔伯塔大学，我们利用新型成像光谱仪和机器人手推车开发出测量这些相互作用的新途径，这 2 种工具对本研究都有重要的作用。分类学、生理学和进化学的观点，光谱数据分析、图像处理和大量有力的统计数据，都在这项工作中结合起来。这是团队合作的一个很好的例子"。

（来源：加拿大阿尔伯塔大学）

新的研究发现生物多样性或可破坏生态系统稳定性

生态系统可为我们提供食物、水等资源以及游憩空间，使我们受益颇多。尤其是在气候变化和环境污染愈演愈烈的情况下，让生态系统保持稳定有效地运转就十分重要。苏黎世大学和瑞士联邦水生科学与技术研究所的生态学家们通过一种独特而又全面的实验方法对影响生态系统稳定性的各个因素进行了研究与分析。

纤毛虫的微生态系统

科学家们研究了生物多样性影响生态系统稳定性的过程。他们使用了 6 种纤毛虫作为现代生物研究对象,纤毛虫是一种生活在水中的微小原生动物。研究人员将不同数量、不同组合的纤毛虫放入样品瓶中,让纤毛虫处于适宜生长繁殖的 15~25℃,由此创造出多个微型的生态系统。由于试验使用的纤毛虫生活在 15℃ 的环境下,不断升高的温度就模拟了真实的气候变化。

然后,研究人员使用了新型视频评价技术,对这些微型生态系统中的生物质生产的稳定性进行分析。该团队研发的一项算法能够在用显微镜记录的无数样本的约 2 万个视频序列中辨别出纤毛虫。

相反的结果

乍看之下,试验结果似乎自相矛盾:丰富的生物多样性对生态系统的稳定性会同时起到促进和阻碍的作用。研究团队指出,生态的稳定性是一件很复杂的事,其中包含了很多不同的因素,试验表明了生物多样性会以不同的方式对个体稳定性因素造成影响。也就是说,无论温度是多少,微型生态系统中的种群多样性越是丰富,对生物质产生的影响波动就越小。不过,研究人员发现在高温下,原生动物产生的生物质越少,就越受到生态系统的困扰。

在管理生态系统时,应该把这一事实考虑进去,即不同因素会作出不同的反应。因为多样性会让非线性关系的因素发生联系,而整个生态系统的稳定性则视各个因素的比重而定。

其他生态系统中的类似效应

文献研究表明,科学家也在其他生态系统中,如牧场种群和藻类种群中发现了生物多样性和稳定性之间的矛盾关系。专家表示,如果只是增加物种数量,是无法保证生态系统的整体稳定性的。除了物种的多样性,该物种还必须通过不同方式适应环境变化。

(来源:Nature)

生物多样性有助于提高作物产量

植物和动物的多样性群落通常比单一栽培更好。然而,迄今为止,造成这种现象的机制一直是科学界的一个谜。苏黎世大学的生物学家现在已经能够识别出这些效应的遗传原因。他们的发现可能有助于提高作物产量。

全球生物多样性的丧失是人类目前面临的最紧迫的挑战之一。生物多样性对人类至关重要，尤其是因为它支持诸如提供清洁水和生产生物质和粮食等生态系统服务。许多试验表明，不同的生物群落在这方面比单一栽培功能更好。苏黎世大学进化生物学和环境研究系的帕斯卡·尼克劳斯解释说："在混合群落中，植物参与一种分工，这种分工可以提高效率，改善整个群落的功能"。

但是，由于具有相同基因的作物品种更容易种植、处理，因此，就成为了现代农业实践赖以存在的基础，多样化群落也就成为了一片仍未被开发的领域，另外，一个原因是科学家还未完全揭开其中隐含的运作机制，目前还不清楚是什么特性让植物在这种混合群落里成长得更好。

植物在混合群落里生长更佳

2名研究人员结合了现代基因学和生态学的方法解开了以上谜题。作为一个测试体系，研究人员采用了有着大量研究纪录、较常见的一种小型十字花科植物拟南芥，以各种组合方式将不同的品种种植在花盆中，并进行系统性的杂交。几周过后，研究人员将产生的生物量称重，然后比较不同品种的生长情况。正如预期的一样，不同品种杂交的花盆一般来说生长情况更好。

基因小变化提升产量大变化

研究人员通过分析统计数据，将混合群落增加的产量与杂交品种的基因组成联系在一起，由此获得的遗传图谱就能帮助研究人员确认是哪些基因组让植物组合成为表现更佳的群落。结果显示，即便只对基因组作出一点改变，也能让不同的植物组合增加产量。

研究者表示，像适应性这么复杂、人们却又一无所知的植物特性，能够形成表现良好的植物混合群落，居然在基因层面的原因如此简单。他们认为该种研究方法或可帮助培育出适合混合群落生长的植物，从而提高作物产量。这一研究结果也为农业生产开辟了新途径。

（来源：www.agronews.com）

科学家们找到植物能维持多样性的原因

由曼彻斯特大学（University of Manchester）的研究人员牵头的一个国际小组找到了为什么有些植物"快速生长却英年早逝"，而有些则健康长寿的原因。

这篇发表于《科学进展》（Science Advances）的研究能帮助我们理解植物是如何维持多样性的。反过来，也能推动自然保护、自然栖息地的修复以及种植更健康的品种。其中答案似乎一直就隐藏在我们脚下土壤微生物和植物根系间错综复杂的关系中。长久以来，科学家们都怀疑解开植物多样性的关键在于它们的仇敌，包括土壤中各种有害的真菌。但是，众所周知研究土壤中的微生物难度很大，甚至在学界有"黑箱"之称。

研究人员利用了新的分子技术和有关真菌在土壤中的活动的现有知识，发现有些植物在根部藏匿着许多不同的有害真菌，有些则让有害细菌不得近身，同时，吸引许多有益的真菌来促进自身健康。

该研究的第一作者、曼彻斯特大学地球与环境科学系（School of Earth and Environmental Sciences，SEES）的玛琳娜·期琴科（Marina Semchenko）博士表示："当你走过一片鲜花盛开的草地时，可能会想为什么这么多植物能一起生长，而没有哪一种能占据支配地位。我们发现，植物根部吸引了不同的有害真菌和有益真菌的数量极大地决定了其生长状况"。

研究人员还发现有害真菌和有益真菌之间的平衡依赖于植物的生活方式，帮助他们理解为什么有些植物能快速生长但是死得也快，而有些生长缓慢却能长期生存。

期琴科博士解释道："就像龟兔赛跑的故事一样，有的植物长得很慢但是会和有益的真菌合作，就能活很久。有的长得很快，一开始看起来很棒，但是后来因为有害真菌引起了疾病，就很快倒下了"。

和人类一样，日常饮食也对植物健康十分重要。科学家们发现含有丰富营养物的土壤有助于茂盛的植物生长，但同时也会把天平从有益真菌的一端转向有害真菌的一端。

曼彻斯特大学的生态学教授理查德·巴杰特（Richard Bardgett）说道：

"虽然这些结果来自于英格兰北部的草地，但是同样的运作机制可能适用于全世界的生态系统。不过还需要进行更多的实验来进行验证"。

这些研究结果可能为农业领域开发新手段来设定正确的微生物平衡奠定了基础，以通过将植物根系的天平从有害微生物倾向于有益微生物来生产健康长寿的植物。

期琴科博士补充道："我们知道，土壤微生物对人类干预如集约化农业十分敏感，因此，根据我们的研究发现，土壤微生物遭受的负面影响可能对于保护植物多样性产生连锁反应"。

该研究得到了曼彻斯特大学的配合以及 9 所机构的合作，其中，包括科罗拉多大学（University of Colorado）、塔尔图大学（University of Tartu）、柏林大学（University of Berlin）、爱丁堡大学（University of Edinburgh）、兰卡斯特大学（University of Lancaster）等。

（来源：英国曼彻斯特大学）

微生物

构建微生物群落帮助植物应对养分胁迫

　　植物和微生物之间有着各种共生关系，但是找到对植物健康有利的特定微生物或微生物群非常困难。在近期发表在《科学公共图书馆·生物学》(PLOS Biology) 上的一篇论文里，研究人员设计了一种大体上的试验方案，可确认并预测哪些菌种小群落有助于植物应对磷缺乏这种养分胁迫。

　　通过在植物根部定植和植物在地表的其他部分如叶子上定植，微生物可为植物带来各种令人惊叹的有益作用。这些微生物构成了所谓的"植物微生物群系"。全世界多个研究小组和生物科技公司希望能够明确并运用这些有助于植物提高生产效率并减少农业对化肥依赖的单个微生物群或由多个微生物种组成的小群落。

　　该研究表明，通过仅测试所有可能的微生物组合中的某个子集，植物根部微生物组的功能复杂性或许可以得到简化。

（来源：www.sciencedaily.com）

研究发现有害菌抵御农药和有益菌威胁的机制

　　供养农田上农作物的土壤中充满了生命。无数细菌和真菌争夺土壤里的空间和食物。其中，大多数都对农作物无害，许多还对于土壤的健康至关重要，但也有一些会造成毁灭性的植物疾病，因此，农民很烦恼，经常使用化学农药来抑制这些病原体。

　　一项最新研究显示，有害微生物需要对付的不仅是农民的化学攻击，还有微生物邻居。而且这些微生物邻居也同样采用化学战来抵御威胁。

　　威斯康星大学麦迪逊分校（University of Wisconsin-Madison）微生物医学及免疫学教授南希·凯勒（Nancy Keller）数年来一直致力于研究土壤病原菌

的隐秘世界，监听它们之间互相发送的化学信号。她团队的最新研究破解了其中一种信号：当导致青枯病的雷尔氏菌（*Ralstonia solanacearum*）试图感染镰胞菌属真菌水稻恶苗病菌（*Fusarium fujikuroi*）时，水稻恶苗病菌会释放大量抗菌化合物来抵御入侵者。

有很多研究旨在弄明白脚下土地里的微生物群落，该研究只代表了其中一小部分。和研究动物微生物学的时候一样，科学家试图弄清土壤当中都有哪些微生物，它们释放出什么信号，这些信号都有什么含义。对这些丰富群落的更多认识有望帮助科学家应对微生物给农作物带来的持续威胁。

该研究于 2018 年 5 月 22 日发表在生物学期刊《mBio》上。凯勒的合作研究者来自美国康奈尔大学（Cornell University）、伊利诺大学芝加哥分校（University of Illinois at Chicago）以及德国明斯特大学（Westfälische Wilhelms-Universität）。

"雷尔氏菌是一种全球范围内具有很大杀伤力的青枯病病原体，可损害200 余种植物。"凯勒说道。她同时在细菌学系担任职务，还是植物病理学讲师。水稻恶苗病菌所在的镰胞菌属（*Fusarium*）是导致农作物真菌枯萎病的主要原因。这 2 种微生物可以在同一个宿主身上定植，例如番茄植株。

凯勒开始研究细菌与真菌之间的相互影响纯属偶然。她所在实验室的一些真菌孢子无意间到了隔壁植物病理学教授凯蒂林·艾伦（Caitilyn Allen）实验室的细菌培养皿当中，一些学生发现这 2 种微生物看起来既在竞争又在交流。

数年的细致研究表明雷尔氏菌可以诱发附近的真菌产生独特且坚硬的厚壁孢子（chlamydospores），而厚壁孢子可以帮助真菌在胁迫下存活。接着雷尔氏菌会侵入这些孢子，或许这是一种度过寒冬的方式。凯勒的实验室于2016 年发表了这些发现。

他们还注意到，真菌镰胞菌属的厚壁孢子变成了锈红色。在当前研究中，他们发现锈红色是由比卡菌素（bikaverin）导致的，这种化学物质可以帮助真菌抵御细菌的感染。

凯勒的团队发现，雷尔氏菌分泌的一种化合物可以导致镰胞菌属发育出厚壁孢子，并合成包括锈红色比卡菌素在内的一系列抗微生物因子，以保护这些孢子免遭感染。当科学家去除镰胞菌属合成比卡菌素的功能后，雷尔氏菌就能更有效地感染镰胞菌属。

除镰胞菌属之外，其他真菌也可以合成比卡菌素。另一物种灰真菌（*Bot-*

rytis cinerea）也是具有破坏性的植物病原菌，在古老的基因转移当中获得了镰孢菌属合成比卡菌素的机制。如果把灰真菌也放置在导致镰孢菌属发育厚壁孢子的细菌群落中，灰真菌也会发育出同样的厚壁孢子结构，而且也开始合成比卡菌素。想必是因为比卡菌素的抑菌效果。

令研究人员感到惊奇的是，无论处于什么样的环境当中，雷尔氏菌都可以诱发两种真菌合成比卡菌素。通常情况下，镰孢菌属和灰真菌合成这一红色比卡菌素的条件差别很大，主要取决于可用的营养素。但是雷尔氏菌感染的威胁超越了两种真菌在合成条件间的差异，令两者均释放比卡菌素以自我防御。

凯勒表示，这种应答式的攻守策略当然仅是隐秘世界微生物之间互相传递的化学信号的冰山一角。各种细菌与真菌组成的乐团无时无刻不在演奏着这些信息组成的交响乐。科学家要做的就是去探寻交响乐背后传递的信息。

"我们对这些微生物之间互动及交流的了解仅仅在初期阶段。"凯勒说道，"我们尚不清楚它们之间如何交流，这也是我们实验室接下来的研究方向"。

（来源：威斯康星大学）

美国：大规模研究确定了玉米根际的核心微生物群

植物的健康不仅受到水和温度等条件的影响，还受到根际微生物的影响，它能调节植物从土壤中获取营养的能力，从而影响植物的生长和产量。2018年6月25日出版的《美国国家科学院院刊》（PNAS）上，来自德国和美国的国际研究团队报告了一项关于玉米根际微生物群的大规模实地研究的结果。

该研究的基础是先前同样发表在PNAS上的一项研究，当时利用了在同一个时间点采集的3个州5块田地里27个玉米品系的500个样本。而这一次，该团队在整个生长季节内从同一块田地里的玉米品系的一个子集中采集了近5 000个样本。从500个增加到5 000个，对于样本处理和生物信息学而言，都是极具挑战性的，因为后者有5亿多个16S序列。

这些信息使该团队能够将微生物种群的丰度与植物基因型联系起来，同时，还能区分株龄和天气等条件的影响。通过这一大规模实地研究，科研人员找出了143种可遗传微生物。不同样本间这些微生物的数量差异，有一部分原因是植物基因型差异所引起的。此外,该研究小组还确定了一个核心根际微生物组,它由 7 个操作分类单元(OTU)组成,都属于变形菌门,在每一个样本中都有发现。

这项工作是美国能源部联合基因组研究所(DOE JGI)"根际大挑战"试点项目的一部分,包括玉米和模式植物拟南芥。"根际大挑战"的首要目标是确定与植物相关的微生物群落构成的主要驱动因素,例如植物区系(Plant compartment)、土壤类型、株龄和植物基因型。此前的研究论文使用焦磷酸测序来证明植物基因型对根际微生物群落结构的影响,但在统计上未能建立基因型和表型之间的联系。而本研究使用 Illumina 测序,获得更高的时间分辨率来改善统计分析。扩大研究规模让研究人员了解了植物遗传、环境和时间的相对重要性。

(来源:www.eurekalert.org)

研究人员发现可用工业微生物制造"绿色"饲料

目前,牛、猪、鸡的农业饲料栽培会对环境和气候造成巨大影响,包括森林砍伐、温室气体排放、生物多样性减少和氮素污染。如果在工业设施而非耕地里进行饲料栽培,或许可以帮助我们减轻农业食品供应链所产生的严重影响。由大规模工业设备制成的富含蛋白质的微生物,越来越有可能代替农作物为主的传统饲料。最近,一项发表于《环境科学与技术》(Environmental Science & Technology)期刊的新研究首次估测了在全球范围内给猪、牛、鸡喂食微生物蛋白质所带来的经济和环境潜力。研究人员发现,只需将 2% 的家畜饲料替换成富含蛋白质的微生物,就可以让农业温室气体排放、全球耕地面积损失和全球氮素损失分别减少 5% 以上。

该研究的作者本杰明·里昂·博得斯基(Benjamin Leon Bodirsky)来自莱布尼茨学会(Leibniz Association)成员之一波茨坦气候影响研究所(Potsdam Institute for Climate Impact Research,PIK),他表示:"在全球范围内,用耕地栽培的蛋白质饲料中有大约一半都是被鸡、猪和牛食用掉的。"但如果不对农产品系统做大幅改变,人们偏好肉类食品的饮食习惯会使得对粮食和动物饲料的需求增加,进而持续导致森林砍伐、生物多样性减少、营养盐污染以及影响气候的温室气体排放。"然而，目前出现的一种新技术或许能避免这些对环境造成的负面影响：在工业设施内可以用能量、氮素和碳培养微生物，来生产蛋白粉，代替大豆充当动物的饲料。在实验室而非耕地中培养饲料蛋白质，或许可以减轻饲料生产所带来的一些环境和气候方面的影响。根据我们的研究预计，由于微生物蛋白可以带来经济回报，即使没有获得政策支持，这种技术也依然会诞生"。

饲料上的小变化会产生巨大的环境影响

该研究通过计算机模拟，评估了截至 21 世纪中期的微生物蛋白生产的经济潜力和环境影响。模拟结果显示，全球有 1.75 亿~3.07 亿吨微生物蛋白可以替代大豆等传统浓缩饲料。因此，通过改变 2% 左右的家畜饲料，就可以让耕地面积扩大所造成的森林砍伐、农业温室气体排放和氮素损失减轻 5% 以上，具体分别为：全球耕地面积损失减少 6%，农业温室气体排放减少 7%，全球氮素损失减少 8%。

澳大利亚昆士兰大学（University of Queensland，UQ）的伊尔杰·皮卡尔（Ilje Pikaar）解释道，"实际上，培育细菌、酵母、真菌或藻类等微生物，能够代替大豆、谷物等富含蛋白质的作物。这种方法最初是为'冷战'期间的太空旅行而开发，人们在实验室内利用能量、碳肥和氮肥，来生产富含蛋白质的微生物。"为了开展新研究，研究人员考虑了 5 种培育微生物的方法：通过使用天然气或氢气，饲料生产可完全脱离栽培耕地进行。这种不需要土地的生产方法可以避免任何由农业生产而导致的污染，但仍然需要大量能量。其他的方法利用光合作用，通过将最初农业形态下的糖、沼气或合成气升级成高价值的蛋白质，但给环境带来的益处较低；另外，一些方法甚至会加剧氮素污染和温室气体排放。

仅依靠微生物蛋白不足以让农业发展变得可持续

来自 PIK 的作者伊莎贝拉·文德尔（Isabelle Weindl）强调，"使用微生物蛋白饲料不会影响家畜的生产力，相反，这样做可能对动物的生长表现或产奶量产生积极效果。"但即使这种技术能够带来经济回报，在我们采用该技术时，仍然可能面临一些限制因素，例如，农场管理中的习惯因素、对于新技术的风险规避或缺乏市场准入。"在农业领域，饲料定价通常会包含对环境的破坏，从这个角度而言，微生物蛋白饲料可能会更加具有经济竞争力，"文德尔表示。

来自 PIK 的共同作者亚历山大·波普（Alexander Popp）谈到，"我们的研究发现清楚地表明，生产微生物蛋白还不足以促成我们农业领域的可持续改革。"为了减少食品供应链对环境造成的影响，就需要对农产品系统进行大幅的结构改变，还需要让人们的膳食结构更加偏向蔬菜。"为了我们的环境、气候和健康着想，我们其实可以考虑减少甚至去除食品供应链中的家畜部分。在科技进一步发展后，微生物蛋白或许也能成为人类饮食结构中能够直接食用的一个部分，人们可以食用这些航天食品，为身体补充营养"。

（来源：波茨坦气候影响研究所）

作物叶片上的健康微生物组能保护其免受病原体侵害

一项有关微生物群落如何影响植物叶片的新近研究表明，施肥可能会导致作物更易受植物病害威胁。

加州大学伯克利分校（University of California，Berkeley）的生物学研究人员发现，向番茄喷洒取自健康番茄的微生物能保护其免受致病菌的侵害，而喷洒前施肥则会抵消这种保护作用，在植物叶片上催生更多致病微生物。

尽管研究人员尚不能确定叶片有害菌数量飙升是否会造成番茄病害，但研究清晰表明，肥料导致植物叶片微生物群落失衡，从而可能导致致病有机物进入植物体内。

本研究第一作者、伯克利分校整合生物学副教授布里特·考斯科拉（Britt Koskella）指出，"改变植物所在的营养环境，就是根本改变植物——生物群系的相互作用方式，而更重要的是改变了由微生物群系调节保护的天然植物/调节作用"。

考斯科拉指出，肥料的影响并不是本研究唯一一个让人意外的结论。考斯科拉与研究的共同作者研究生莫林·博格（Maureen Berg）一道研究了叶片微生物群落密度对植物抗病能力的影响，发现向叶片喷洒低剂量的有益菌往往比高剂量喷洒更能有效保护植物免受病害感染。博格喷洒的人造微生物群落包括从健康番茄天然微生物群系上获得的 12 种细菌。

博格指出，"研究发现浓度最低、剂量最小的群落喷洒才是保护性最好的。这和直觉简直大相径庭。而中等剂量的保护性居中，高剂量保护性最差"。

植物益生菌

尽管上述现象的原因尚不明确，但研究发现仍具有重要意义。如今有机农业都在探讨向作物喷洒益生菌，从而加速作物生长并抵御病害，这一过程类似于人服用含"有益"微生物的益生菌产品，希望能更健康。

考斯科拉表示，"剂量越低/保护性越好的现象表明，施加过程不是微生物多多益善那么简单。仍有待后续大量研究揭示如何使用一种植物益生菌"。

两位作者将于2018年8月6日出版的纸质版《当代生物学》（Current Biology）期刊上发表该研究发现，文章将于2018年7月26日刊于网络。

考斯科拉研究的重点是至今人类仍知之甚少的植物地上部分的微生物群系，即叶围微生物，而非已经充分研究的根系相关地表以下微生物群系，即根际微生物。研究发现了叶围微生物的未知活动，如与根部细菌类似的空气固氮活动。多项研究均表明，根系微生物群落可促进植物的营养吸收和抵御病害，而考斯科拉在考证的便是植物地表微生物群系是否也有类似的作用。

考斯科拉的研究实验恰恰切中向植物施加有益菌问题，而且有助回答下列疑问：哪些细菌组合才适合某种植物？最优组合的最佳施加方式又是什么？

为了研究这些问题，考斯科拉和博格先对加利福尼亚大学戴维斯分校室外种植的健康番茄天然叶片微生物进行采样。

之后向伯克利分校种植箱中的无菌番茄植株喷洒采样群落，1周后再向叶片注入番茄斑点病致病菌丁香假单胞菌（*Pseudomonas syringae*）（抵御这一病害往往依赖农药）。试验证明，尽管不同区域的取样作用有所偏差，但新的微生物群落确实保护了植物免受病原体入侵。

考斯科拉坦言，"叶围微生物群落就像我们的皮肤一样，是抵御病害的第一道防线，尽管尚不能确定，但我们预计会观察到其发挥保护作用"。

人造微生物群落

令人意外的是，研究还通过调整向叶片喷洒的微生物浓度，发现低剂量喷洒保护作用好于高剂量。

为一探究竟，两位研究人员人工合成了一个微生物群落，含12种源自天然植物的细菌品种——基本上是细菌培养中繁殖生长最好的12种。研究人员向番茄喷洒不同剂量的合成群落，获得了一致的试验结果：相比大剂量、高浓度的喷淋，低剂量、稀释的喷淋更能有效保护植株免受假单胞菌侵害。

博格重复了试验，希望确认这些看似莫名其妙的发现，但在随后的试验中博格决定先给萎蔫的植株施肥。在该试验中，任何微生物群系剂量都未能抵御假单胞菌。而无施肥重复试验则再次印证了结论：施肥破坏了之前试验当中观察到的保护效果。

考斯科拉猜测肥料之所以会改变微生物群系，最有可能是因为肥料让叶片更健康，从而充分供养了所有微生物，因此，也就不再需要有益微生物竞争驱逐有害微生物了。考斯科拉及其团队目前正在进行有关试验，希望能验证这一假说。

研究人员目前仍然不知道低剂量益生菌更能有效保护植物的原因，但希望后续研究能破解这一难题，推动指导益生菌在农业中的合理应用。

在每组试验当中，研究人员都会记录假单胞菌与其他有益微生物的数量比，从而判断植物对病原体的抵御能力，因为一个健康的微生物群系应该能够与病原体有效竞争，并削减病原体数量到较低水平。

尽管如此，考斯科拉和博格仍然表示，肥料对植物叶片茎秆微生物群系的影响应能指引生物学研究者去探索肥料对根际微生物群系的影响以及对植物总体健康状况的作用。

考斯科拉坦承，"作物施肥的历史由来已久，但让我意外的是，我们并未看到长期施肥究竟如何影响植物及其微生物群落的相互作用。很多研究都显示，人工栽培种植的植物往往具有与其野生近缘种迥异的微生物群落"。

重要的问题是：微生物群落不同是否会影响植物的整体健康状况及其背后的原因何在？

（来源：加利福尼亚大学伯克利分校）

作物能利用有益微生物来促进自身生长

植物周边有合适的微生物环绕时，就会发生一些美妙的事情。对豆科植物豌豆的研究表明，与固氮菌中的高效菌株慢生根瘤菌结伴而生的植株，其生长增加了 12 倍。

农学家注意到了植物利用有益微生物来促进自身生长的能力。一些育种人员认为，了解那些使作物能够吸引表现优异微生物的性状是可持续农业未来发展的关键。

在利用微生物有益作用的时候，存在一个障碍，就是那些控制其在植物生长过程中的作用的复杂遗传因素和环境因素。在无人看管的情况下，植物并不总是能吸引到有益的微生物，相反，它们周边既有有益细菌，也有无效细菌。人们尝试通过接种有益菌株管理植株在土壤中遇到的微生物种群，但这些尝试已经基本上都失败了。

"很难预测哪些微生物组合在田间会成功，因为对实验室植物有益的微生物并不总能成功超越田间已经存在的微生物。"加州大学河滨分校（University of California，Riverside）进化生态学教授、该校综合基因组生物学研究所研究员乔尔·萨克斯（Joel Sachs）说。"一个很有前途的替代方案是培育出能够更好地管理自己的微生物伙伴的植株，这种先进的性状将遗传给后代"。

发表在《新植物学家》（New Phytologist）上的一篇研究论文中，萨克斯的团队增强了我们对植物遗传因素和环境因素如何影响田间微生物土壤种群的认识。该论文的第一作者是萨克斯研究小组里的一名研究生卡米力·温德兰特（Camille Wendlandt）。

对于环境变化时豌豆植株是否会改变与不同固氮菌株的关系，研究人员进行了调查。令人惊讶的是，他们发现通过给土壤施肥改变植物的环境并没有改变植物与微生物联系的方式。相反，在研究植物是否与最有益的微生物培养关系时，研究人员发现，豌豆植株之间的基因差异最为重要。换句话说，在培养这种有益的伙伴关系时，该植物的某些品种比其他品种更擅长。

与其他豌豆品种相比，最擅长与有益微生物培养关系的豌豆植株品种获得了非常高的生长助益，而那些没有充分培养关系的品种获得的生长助益较少。

"管理这种伙伴关系的性状在同一物种的植株之间存在差异，并且这些性状是可遗传的，这表明它们可以由育种人员来进行选择。"温德兰特称，"最终，我们希望农艺师会利用这项研究，来开发能够充分利用所遇到的土壤微生物的植物品种。这可以减少对化肥的依赖。对种植者来说，化肥昂贵且会污染环境"。

实验室未来的工作将重点关注豌豆植株与更复杂的微生物群落（类似于它们在田间土壤中所遇到的微生物）互动时，是否仍会表现出基因差异。该实验室还将扩大研究范围，对豇豆植物进行类似研究。豇豆是撒哈拉以南非洲地区重要的豆类作物。

该论文的标题是"宿主对共生关系的投入因豆科植物豌豆的基因型而异，但宿主惩罚措施是一致的"。除了萨克斯和温德兰特之外，其他作者还有加州大学河滨分校的约翰·里格斯（John Regus）、科赛·科恩（Kelsey Gano-Cohen）、阿曼达·克洛威尔（Amanda Hollowell）、肯吉洛·奎德斯（Kenjiro Quides）、乔纳森·吕（Jonathan Lyu）和恩尼西·阿迪娜塔（Eunice Adinata）。这项工作获得了美国国家科学基金会资助。

（来源：加州大学河滨分校）

研究人员发现叶分子可充当菌根联合体的标记物

大自然中的大部分植物都会和其根部的真菌建立一种共生关系，即所谓的菌根。菌根关系中的真菌能够促进植物摄取营养，让植物在极端的环境条件下茁壮生长。德国耶拿（Jena）的马克斯普朗克化学生态学研究所（Max Planck Institute for Chemical Ecology）的研究人员发现，某些树叶的代谢物可以用来标记菌根联合体。这种叶标记物的发现让科学家们掌握了一种易于操作的工具，能够让植物在保持完好无损的情况下进行大规模筛选，寻找菌根联合体。这种新工具能够帮助科学家培育更多经济实用、能够承受压力的作物品种，为可持续的农业发展作出贡献。

在陆生植物的演化进程中，最为重要的一个因素是植物与所谓的丛枝菌根的真菌之间形成的关系。70%以上的维管植物都会与这些真菌建立联合关系，而这些真菌据说已存在了4亿多年。这种共生联合关系不仅能让植物更好地吸收磷酸盐等营养物，还能增强植物的抗生物胁迫、非生物胁迫的能力，诸如抵御昆虫、病原体、干旱的侵袭。

对于植物栽培者来说，菌根关系中的真菌也非常重要，因为全球的磷酸盐资源都十分有限。然而，直到现在为止，如果要对真菌联合体进行分析，就必须把植物根部挖出来。这种方法不仅耗费时间，也会摧毁植物本身。

现在，马克斯·普朗克化学生态学研究所的科学家们和他们的合作伙伴发现了当丛枝菌根关系中的真菌成功侵染了植物根部之时，在树叶中会积聚起来的物质。这种名为布卢门醇 C（BluMenol C）衍生物的物质已经为人所知了一段时间，只有当共生关系中的真菌侵染植物根部之后才会产生。不过迄今为止，还没有科学家能成功找到一种明确可靠的叶标记物。

在研究中，研究人员利用一种高度灵敏的技术分析树叶中积聚的物质，并与无法建立真菌联合体的植物的树叶化合物进行比较。马克斯普朗克研究所的王明在描述意料之外的发现时这样说道："通过有针对性、高度灵敏的质谱法，我们在植物的地上部分也可以找到菌根特异的变化。"进一步的试验证实了这种观察到的变化与菌根关系中的真菌侵染根部有关。马丁·舍费尔（Martin Schäfer）解释道："根部是最有可能产生布卢门醇的部位，然后会运送到植物的其他部位"。

大多数生态间的相互作用都和生物种类紧密相关。不过，以前科学家们还是能够在其他植物种类，包括一些重要的作物品种和蔬菜的树叶组织上展示出布卢门醇的积聚过程。标记物在远缘植物科的树苗上无处不在，这很有可能是因为菌根真菌和植物间由来已久的渊源，也表明了这些标记物对于被丛枝菌根真菌侵染的植物至关重要。

不论这些物质的作用究竟为何，这一方法提供了一种稳健、易操作的工具，有可能从根本上改变菌根研究和植物育种的未来。分子生态学系（Department of Molecular Ecology）的负责人伊恩·鲍德温（Ian Baldwin）对这些新的可能性总结说："我们有关丛枝菌根真菌侵染的诊断标记物对于研究菌根联合体十分有用，不论是依赖于高通量筛选的育种项目，还是有关一些根本问题的基础研究如植物间通过真菌网络传输信息都十分有用。"由于磷酸盐是化肥的主要成分，因此，对于农业和粮食生产来说都必不可少。但是，鉴于磷酸盐沉积物有限且通常位于冲突多发地带，专家已经表示可能会出现磷酸盐短缺的现象并导致化肥短缺，由此可能会造成全球粮食危机。新的筛选方法也许能让植物在与菌根真菌的关系中获得一些优势地位，从而更为有效地获取磷酸盐。

此外，研究人员还想弄清由真菌侵染引起的布卢门醇积聚起到的作用：布卢门醇是否在植物根部与树叶之间担当着信号分子的角色。他们还计划利用这一新方法来调查一些根本问题，如共享一个真菌网络的同一品种的不同植物和不同品种的植物间的沟通问题。

（来源：马克斯普朗克化学生态学研究所）

植物促生细菌方面的研究可提高农作物的耐盐性

土壤盐分是影响农业生产力的非生物胁迫因子之一。农业应对土壤盐渍化的选择十分有限，特别是对盐敏感的作物，如水稻和小麦，土壤盐渍化对其产量有严重影响。植物促生细菌（plant growth-promotion bacteria, PGPB）具有在土壤盐渍化条件下提高作物生产力的巨大潜力，但由于缺乏非侵入性方法检测不同细菌提高植物抵抗盐渍化的效率，PGPB 的应用进展十分缓慢。目前，韩国国立忠北大学（Chungbuk National University）和爱沙尼亚生命科学大学（Estonian University of Life Sciences）的科研人员开展的合作研究将叶片挥发性排放和光合特性作为潜在的非侵入性标记，以评估水稻在接种植物根际促生细菌（PGPR）亚麻短杆菌 RS16 之后耐盐度的改善情况。

该团队主要研究了植物的挥发性有机化合物（VOC）的排放控制。VOC是植物防御的一部分，但是对环境和气候变化的影响很大。土壤盐度增加会引发植物中的氧化应激，最终导致光合作用显著降低。盐胁迫对光合特性和挥发性排放有很强的影响，因此，可以在盐胁迫条件下筛选出光合特性和挥发性排放作为非侵入性工具。

本研究以 IR29（盐敏感型）和 FL478（中度耐盐型）两个水稻品种为材料，研究了盐胁迫下接种耐盐 PGPB 亚麻短杆菌 RS16 后，对叶片碳同化速率和应激挥发物排放速率的影响。水稻植株接种亚麻短杆菌 RS16 可以缓解盐胁迫程度，其特点是增强叶片光合特性，减少胁迫下的挥发性排放。盐敏感型品种 IR29 比中度耐盐基因型 FL478 检测到的变化更大。研究结果表明，盐胁迫对 2 种水稻品种的叶片光合特性均有不利影响。此外，盐度提高了叶片胁迫挥发的排放率。因此，与对照植物相比，亚麻短杆菌 RS16 能显著改善盐胁迫水稻品种的光合特性，减少挥发性排放。

（来源：www.sciencedaily.com）

其他可持续研究

研究揭示土壤干旱致全球河流日渐干涸

一项由澳大利亚新南威尔士大学（University of New South Wales，UNSW）的研究团队完成的研究揭示了一个自相矛盾的现状：气候变化导致越来越频繁的降水，但全球水资源却在不断减少，罪魁祸首就是干旱的土壤。

这项研究采用了 160 个国家 43 000 个降水站点和 5 300 个河流监测点的真实数据，是对全球降水和河流最为透彻的 1 次分析。

由于暖空气会带来更多湿气，研究人员最初预期降水量会增加，这也是气候模型预测的情况。但出人意料的是，尽管全世界各地的降水量都有所增加，大型河流却日渐干涸。研究认为其中的原因在于流域内的土壤日益干旱。之前，土壤在暴雨来临之前是湿润的，多余的降水就能流入河流；如今土壤却越来越干，吸收的雨水也越来越多，流入河流的水也就越来越少。这就意味着城市、农田获得的水也越来越少。土壤越干旱，农民种植同样的作物就需要灌溉更多的水。之前美国的研究也表明，发生极端降水事件时，如果土壤是湿润的，那么 62% 的雨水量会形成洪水；而如果土壤是干旱的，则仅有13% 的雨水会形成洪水。

自然降水中仅有 36% 为"蓝水"（流入湖泊、河流、蓄水层的降水），这部分水资源可被抽提以满足人类需求。剩下 2/3 的降水大部分会成为土壤含水量（即"绿水"），即景观用水和生态用水。由于温度升高，越来越多的水分从土壤中蒸发出去，干旱的土壤就会在降水时吸收更多的雨水，于是人类所需的"蓝水"也就越来越少。

虽然证据显示，全世界极端强降水事件频频发生，却并无证据显示洪水泛滥事件有所增加，相反，中等洪灾风险事件的洪峰有所减少，而这是水库蓄水的关键所在。虽然极端洪水事件因大型暴雨的出现而可能增加，但因水量太大，无法作为水资源存储。总的来说，洪水量级呈下降趋势。

这一结果似乎和过去政府间气候变化专门委员会（IPCC）有关洪水增加的报道相悖，但可能却揭示了一个更为糟糕的情况：小流域洪水发生的频率越来越低。即便有一场大的暴雨，干旱的土壤也会吸收更多的水分，而使流入河流和水库的水变少。

研究还指出干旱将成为全球新常态，对于那些已然干旱的地区来说尤其如此。为适应这一新常态，需要制定新的政策，并完善水利基础设施。水资源不断缩减的地区要减少耗水型农业活动，或者转移到别处，同时，加大水库蓄水容量。

（来源：www. eurekalert. org）

美国科学家评估都市农业全球生态系统服务

了无生气的社区空地上涌现出一排排整齐的植物，这些都是周围住户种下的。他们尽心尽力照顾这小片土地，于是一片外观单调的建筑物中点缀出一片绿色。他们耕种这片土地可能最初只是想团结邻里，为土地带来生机；或者，这可能是本地学校的土地管理教学项目。

都市农业现象这些年来的发展有很多原因，在地面或屋顶进行耕种的原因各不相同。虽然耕种带来的大部分效益似乎很有限，且局限于当地，但是从整体上考虑，耕种所带来的环境影响是巨大的。

亚利桑那州立大学（Arizona State University，ASU）和谷歌公司牵头的一个研究小组对都市农业的价值进行了评估，并对其在全球范围内的效益进行了量化。他们的论文《都市农业全球地理空间生态系统服务评估》（A Global Geospatial Ecosystems Services Estimate of Urban Agriculture）发表在近期的《地球未来》（*Earth's Future*）杂志上。

"我们第一次用一种数据驱动的方式对都市农业的生态系统效益进行了量化。"ASU 地理科学和都市规划专业副教授、论文通信作者马泰·乔治斯库（Matei Georgescu）表示，"我们对生态系统服务的评估显示，都市地区的农业可能带来数百万吨的食物产量，封存数千吨的氮，节约数十亿千瓦时的能源，避免数十亿立方米的暴雨径流"。

研究人员分析了谷歌地球引擎（Google Earth Engine）中的全球人口、都市、气象、地形以及联合国粮农组织（Food and Agricultural Organization，FAO）的数据集，得出全球范围内的评估结果，然后按国别汇总数据。

总体上，研究人员估计，都市地区现有植被提供的 4 种生态系统服务每年的价值在 330 亿美元左右。鉴于此，他们预测每年粮食产量为 1 亿~1.8 亿吨，节约的能源量为 140 亿~150 亿千瓦时（屋顶土壤提供的绝缘性能），氮封存量为 10 万~17 万吨，避免的暴雨径流量为 450 亿~570 亿立方米。

都市农业实施力度加大后，研究人员估计年度总值可升至 800 亿~1 600 亿美元。重要的是，由于气候变化，工业化农业未来可能会面临诸多挑战，都市农业有助于为世界提供额外的食物来源。

"我们知道，都市里留出这些小块土地有很多好处，但我们发现，这些好处远不止可以让消费者亲手种植新鲜食物。"论文首席作者、谷歌公司的尼古拉斯·克林顿（Nicholas Clinton）解释道。

"通过将构成食物—能源—水链的各种要素进行整合，我们对各生态系统服务的异质性进行了特点归纳。这是一次全球范围内的标志性评估。"乔治斯库补充道。他还是 ASU 朱丽叶·安·瑞格利全球可持续研究所（Julie Ann Wrigley Global Institute of Sustainability）的一位资深科学家。

除乔治斯库和克林顿之外，论文的共同作者还有夏威夷大学（University of Hawaii）的埃尔比·米尔斯（Albie Miles），北京清华大学的龚鹏（Peng Gong），ASU 研究生米歇尔·斯图马彻尔（Michelle Stuhlmacher）、纳兹利·乌鲁德尔（Nazli Uludere）和梅利萨·瓦格纳（Melissa Wagner）以及谷歌公司的克里斯·赫威格（Chris Herwig）。

"都市农业最显著的好处是它能够带来更多的健康食品。"论文共同作者米歇尔·斯图马彻尔表示，"除考虑产出之外，我们的分析还对潜在的生态系统服务进行了评估，例如，在城区固氮，授粉，害虫的生物控制，对具有破坏性的暴雨径流的控制以及节能，这些都源自都市农业"。

研究人员称，该研究不仅只对一个方案中的都市农业的影响进行评估，未来还可用于评估不断变化的都市农业情况，以便更好地了解不同都市设计方案之间的权衡取舍。

"研究方法的价值在于，包括研究界、政府机构、政治团体等在内的国际社会给当地利益攸关方提供了可以使用的量化框架。例如，根据当前的或预计的都市面积，当前的或预计的建筑物高度和门面，不同的产出等等（这些都是因地而异的），他们可以对各种都市农业实施方案在当地可能产生的影响进行评估"。

"我们提供的全球预测数据是很有用的，因为它们为其他研究人员提供了一个标尺，但是，随着谷歌地球引擎平台的启用，我们的研究带来的社会效益远不止于此。"乔治斯库补充道，"地球上的任何人，只要想知道都市农业是否可以为他们当地提供粮食以及粮食的产量，现在就可以利用这篇论文所提供的公开数据和代码"。

克林顿表示，从都市农业的前景来看，那些最支持都市农业的国家有 2 个主要的共同特点——足够的都市面积和全国范围内适合都市耕种的农作物。

"我们预计，气候相对温和、有合适农作物的发达国家或是发展中国家实施都市农业的动力最强。"他表示，"这些国家包括中国、日本、德国和美国"。

"对食物—能源—水这一链条的分析有时会让人觉得效益集中于一处，而成本集中于另一处，两者分割开来。"支持研究的美国国家科学基金会（National Science Foundation，NSF）水、可持续性与气候（Water，Sustainability and Climate）项目主任汤姆·托格森（Tom Torgersen）表示，"但情况并不总是这样。比如，都市农业是一项尚未开发的产业，可以生产粮食、封存城区的氮、节约能源、有助于调节都市气候、减少暴雨径流，还能提供更多有营养的食物"。

除 NSF 外，美国农业部（U. S. Department of Agriculture）、中国国家高科技研究基金（National High Technology Grant）和谷歌公司也为该项目提供了资金。

（来源：亚利桑那州立大学）

研究发现高效植物源天然食品防腐剂

新加坡南洋理工大学（Nanyang Technological University，NTU）的科学家们发现了一种比人工合成防腐剂更有效的植物源食品防腐剂。

这种有机防腐剂含有天然物质"类黄酮"。类黄酮是一类植物营养素，形式多样，存在于几乎所有蔬菜水果中。NTU 科学家研制出的类黄酮具有强大的抗微生物性和抗氧化性，这两者是防腐剂得以抑制细菌生长、防止食品变质的关键特性。

在针对肉类和果汁样本的试验中，与使用商品级人工合成防腐剂的样本相比，使用有机防腐剂的样本即使没有冷藏也能保鲜两天。

试验是在室温（约23℃）下进行的，用人工合成防腐剂保存的食品样本在6小时内就会受到细菌污染。

领导研究团队的是NTU食品科技（Food Science & Technology）项目负责人威廉·陈（William Chen）教授，其团队已经在和几家跨国公司商讨进一步研发这种新型食品防腐剂的事宜。

研究成果于上月发表在科学期刊《食品化学》（Food Chemistry）上。《食品化学》是食品科学领域三大研究型刊物之一。

陈教授说："这种有机食品防腐剂是从植物中提取的，并且从食品级微生物中产生，因此是纯天然的。这种防腐剂比人工合成防腐剂更加有效，不需要进一步加工就能给食品保鲜"。

"本研究在食品保存技术方面开辟了新领域，给食品行业提供低成本的解决方案，反过来也将支持可持续食品生产系统生产出保质期更长、更健康的食品"。

利用大自然的馈赠

类黄酮是植物里的天然化合物，负责抵御病原菌、食草动物、害虫，甚至环境胁迫因素，如日照时间过长产生的强紫外线。

类黄酮分布于几乎所有水果蔬菜中，赋予植物亮丽的色彩。典型植物包括洋葱、茶树、草莓、羽衣甘蓝和葡萄。

虽然有研究表明类黄酮具有抗微生物潜能，但这种潜能并没有被用于食品防腐剂的生产，因为类黄酮需要进一步加工才能抑制细菌。加工过程称为"异戊烯化"，需要在蛋白质上添加疏水性分子以促进细胞附着，这一过程性价比不高，也不可持续。

NTU研究人员不仅发现了如何生产出抗微生物性和抗氧化性强的类黄酮，还探索出了一种天然可持续的生产方式——把植物中的类黄酮生成机制植入酿酒酵母（学名 Saccharomyces cerevisiae）中。

研究人员发现，就像利用酵母产生疫苗一样，也能利用酵母产生类黄酮，且由此产生的类黄酮具有强抗氧化性，而这一性质甚至连直接从植物中提取的纯类黄酮也不具备。

陈教授表示："抗微生物性和抗氧化性是食品保存的关键元素。从植物中直接提取的类黄酮需要进一步加工才能起到抗微生物的作用，而我们这种从酵母中产生的类黄酮却不需要加工。此外，没有研究表明类黄酮具有抗氧化性，而我们这种源于酵母的类黄酮天生就具备这种性质"。

国际社会对人工合成防腐剂越来越担忧

目前，越来越多科学证据表明人工合成防腐剂会影响人体长期发育，进行这项研究正当其时。

2018 年 7 月 23 日，代表美国 6 万 7 千名儿科医师的美国儿科学会（American Academy of Pediatrics）发布声明，表达了对食品防腐剂，尤其是肉类防腐剂中使用化学制品的担忧。这些化学制品包括硝酸盐和亚硝酸盐，会干扰甲状腺激素的产生，而甲状腺素对调节新陈代谢十分关键，也与胃肠和神经系统癌症有关。

伊丽莎白医院（Mount Elizabeth Hospital）肿瘤科顾问温忠仁（Oon Chong Jin）（加布里埃尔 Gabriel）博士对该研究有自己的观点，他说："NTU 利用酵母生成类黄酮作为天然食品防腐剂的新来源，非常高明。这种酵母已经被用来酿酒和生产乙肝疫苗"。

温博士曾在世界卫生组织（World Health Organisation）担任顾问医生，也率先在新加坡实行全面疫苗接种项目。他补充道："类黄酮是重要的天然维生素营养品，但也可用于食品添加剂，对人体无害。相反，当前用于大部分加工食品的人工合成防腐剂阿斯巴甜、硝酸盐等可能导致癌症等不良影响，危害健康"。

NTU 研究团队计划与食品行业合作开展进一步研究，加强该防腐剂的效力和安全性，使其能够用于各种包装食品。

（来源：新加坡南洋理工大学）

生物炭可替代温室产业中不可持续利用的泥炭

植物爱好者很熟悉盆栽混合土的主要成分—泥炭，但是获得这种物质的方式越来越不可持续。不仅泥炭的开采速度大于再生速度，而且泥炭在盆栽土中的使用还会导致二氧化碳温室气体排放。

泥炭自然而然地储存碳。采集泥炭的时候，全球碳汇就转化成净排放。这是因为在一些生长季内，大多数来自盆栽土的泥炭要么被微生物矿化，要么被扔掉然后分解，都会释放二氧化碳。

在最近研究中，加利福尼亚大学戴维斯分校的 Andrew Margenot 和同事研究了一种生物炭，可替代盆栽土中的泥炭。和木炭一样，生物炭是通过热解过程形成的，即在无氧环境下将生物炭加热到高温使其分解。生物炭也和木炭一样可以从几乎任何一种有机物中产生。

研究中他们采用选择性伐木获得的软木生成生物炭。但是生物炭也可以由玉米秸秆、柳枝稷等很多有机废弃物产生。生物炭甚至可以由温室产业本身的废弃物产生，例如，植物的细枝碎叶或用过的泥炭。Andrew Margenot 强调，生物炭的范围十分广泛，由于热解温度和原料不同，这些物质的性质也大相径庭。

有机物自然分解会释放二氧化碳。但生物炭分解十分缓慢，可能要几个世纪，因此有机物转化为生物炭时，碳就会被封存，不会再次游离到大气层。

但是生物炭在盆栽土中的效果如何？为了找到答案，Andrew Margenot 和团队成员在一些实验盆栽土中种下金盏花种子，用已上市的软木生物炭代替泥炭，几盆生物炭对泥炭的替代量呈增加趋势。

在生物炭盆栽土中，pH 值迅速上升。含有大量生物炭盆栽土的 pH 值高达 10.9，完全不适合植物生长。但研究人员使用这类生物炭时已经预料到会出现这种情况。

尽管如此，金盏花生长良好，顺利开花，甚至在生物炭代替了全部泥炭的盆栽土中也茁壮生长。不过，在生物炭含量高的土壤中，植物在生长初期，更加矮小，叶绿素也更少，说明缺乏氮，这在高 pH 值环境中也是意料之中的。但是这些植物最后生长良好。到了开花阶段，和泥炭相比，生物炭没有任何副作用。

不仅植物没有长期受到生物炭的负面影响，盆栽的 pH 值在研究末期也得到了中和。Andrew Margenot 认为原因可能是植物根和盆栽土之间自然的离子交换过程，这一过程会在灌溉水中产生碳，也可能是在实验中运用了滴灌施肥法。

虽然 Andrew Margenot 只在 1 种植物上检验了 1 种类型的生物炭，但他对生物炭在苗圃中的应用十分乐观。因为他试验的是 pH 值很高的软木生物炭，是检验了最坏的情况。既然在最坏的情况中也能成功，那么在其他情况下可行性值得期待。

（来源：www.eurekalert.org）

美国科学家首次量化研究了 Bt 玉米的
生态与经济效益

在一项大规模的创新合作研究中，University of Maryland 的研究人员将 40 年的数据汇集在一起，用于定量研究 Bt 玉米的影响。Bt 技术是一项成功的高度市场化基因工程技术。其他研究已经证明，种植 Bt 玉米或棉花对玉米或棉花本身的虫害控制有好处，这些害虫包括玉米螟或棉铃虫。但这是首个调查种植 Bt 作物对北美其他异地作物影响的研究。通过跟踪欧洲玉米螟数量，该研究表明，Bt 玉米种植控制了 90% 的害虫，降低了喷洒农药和对作物的损害，成虫的活动、推荐的农药喷洒方案以及诸如甜玉米、辣椒和青豆之类的蔬菜作物的总体作物损失均有明显下降。这些益处之前从未被记录下来，也表明转基因作物可作为一种强有力的手段来减少区域内的害虫种群，从而让农业景观内的其他作物受益。

Bt 玉米于 1996 年首次引入美国种植，是一种经基因工程处理过的作物。这种作物占到美国目前玉米种植面积的 80% 以上。在这项研究中，昆虫学系虫害综合治理专家 Galen Dively 和 Dilip Venugopal 博士利用 1976—2016 年的数据，研究 Bt 玉米种植 20 年前和 20 年后的趋势。Bt 玉米的安全性已经过广泛的测试和验证，但这项研究是关于 Bt 玉米作为害虫治理策略的有效性，特别是其种植对异地作物的益处，或者说对 Bt 玉米田以外其他区域的其他作物的好处。

研究证明种植 Bt 玉米可为异地宿主植物带来益处，帮助控制像玉米螟这样的害虫。玉米螟是青豆和辣椒等许多其他作物的主要害虫，种植 Bt 玉米对危害这些作物的玉米螟的抑制率在 90% 以上，效果显著。

研究者利用害虫诱捕器捕获的害虫数量来估计种群数量，并检验针对玉米螟等虫害的推荐农药喷洒方案，他们观察到种群数量显著减少，喷洒量也随着时间推移大量减少。鉴于玉米螟目前的数量，不建议喷洒农药，而可以将此归功于 Bt 玉米的种植。而且，通过研究 40 年数据中反映的实际虫害感染情况和对农作物的实际危害情况，他们进一步发现了 Bt 玉米种植对各种作物的益处，观察到了实际害虫数量的减少。掌握了长时间内 Bt 玉米种植在理论上和实践上对作物和实际害虫数量的影响。

研究者接下来要做的就是将在这里看到的可能有数百万美元的经济效益以一种具体的方式进行量化，证明在农药喷洒、虫害治理、降低作物损失以及环保效益方面所节约的金钱和时间。然而，要将 Bt 作物视为虫害治理综合措施中的众多手段之一，这一点很重要。Bt 作物的益处是不可否认的，但必须始终权衡其他手段，运用多种手段，在将效益最大化的同时，也将害虫产生 Bt 抗性等潜在风险降到最低。

这项研究最终证明了超出种植田地范围对基因工程作物进行评估的重要性。这些即将开发出的产品和新进展有可能抑制大部分害虫，就像 Bt 玉米一样。

（来源：University of Maryland）

研究发现在农作物周围种植野花可提高其产量

由于蜜蜂传粉媒介数量正在减少，而作物害虫又导致作物产量降低，秉持可持续和有机农业发展理念的农民如今需要寻求环保的解决方案。

有一种策略是在作物周围种植野花，以吸引传粉媒介和害虫捕食者。但科学家们认为，只有当农田周边的自然栖息地和农业用地比例恰当时，这种种植方法才会有效。

康奈尔大学（Cornell University）对纽约农田上的草莓作物进行了一次研究，首次对这一理论进行了测试，发现当农田位于"金发姑娘区"（Goldilocks zone）内时，农田上的野花带会增加传粉者。在"金发姑娘区"的周边地区中，有 25%~55% 是天然土地。在这个区域之外种植野花则会吸引更多的草莓害虫，但无法吸引到能够杀死这些害虫的蜜蜂。

但是，由于这一理想景观区能够吸引到更多的传粉媒介，草莓产量总体上仍然得到了提高。目前，美国和其他国家正在开展许多不同类型的州和联邦项目，旨在促进建立传粉媒介农田栖息地，而这一研究分析将对这些计划具有启示意义。

"我们正在为这些项目投入大量资金，而现在，项目内容还并没有包括对这些栖息地所在处的景观背景进行分析，" 2017 届博士希瑟·格拉布

（Heather Grab）说，她是该论文的第一作者，也是昆虫学副教授卡迪亚·博维达（Katja Poveda）实验室的博士后研究员，卡迪亚是该研究的一名共同作者。

该论文名为《景观背景会改变多种生态系统服务中野花带的成本收益平衡》（"Landscape Context Shifts the Balance of Costs and Benefits From Wildflower Border on Multiple Ecosystem Services"），2018 年 8 月 1 日发表在《英国皇家学会报告 B 系列》（Proceedings of the Royal Society B）上。此文建议将野花带种植方法运用于具有适当条件的农田上，并表示通过改变野生植物的种类，能够将成效最大化。

金发姑娘区理论背后的理由是：一方面，如果野花带周围的自然土地太多，那么农田并不会吸引到更多的益虫，因为栖息地面积过大会淹没面积过小的野花带。另一方面，如果一块农田被其他农田包围，那么这块农田本身就缺乏自然栖息地和益虫，即使种植了一块小小的野花带，也依然无法吸引到更多的昆虫。

格拉布说，"金发姑娘区则处在以上两种农田类型的中间，周围有足够的自然栖息地，也有一些益虫，我们可以将它们（昆虫）从自然栖息地吸引到作物栖息地来，这样能够真正帮助农民提高作物产量"。

在这项研究中，研究人员在 12 个位于纽约州的小型农田上种植了草莓地块，这些农田的景观各不相同，有的农田被自然栖息地环绕，有的农田被农业用地包围。每个农田都设有两块草莓种植区，研究人员在其中一个地块周围种上野花带，将另一个地块作为对照区设在同一片农田的另一边，周围环绕着割好的草地。

在过去三年中，研究人员对传粉媒介、害虫、寄生于害虫的蜜蜂、果实产量和果实受损情况开展了研究。体型极小的寄生蜂会把卵产在牧草盲蝽（*tarnished plant bug*）的蛹中，这种害虫会使纽约草莓种植者的年产量减少30%。当卵孵化时，寄生蜂幼虫便以蛹为食。

随着时间的推移，野花条种植方法在吸引传粉媒介方面变得越来越有效。格拉布表示，"在吸引蜜蜂方面，25% ~ 55%（的周边自然景观比例）是最佳范围"，这一研究结果与金发姑娘区理论的预测高度匹配。

而在害虫方面，金发姑娘区以外的野花带吸引的害虫数目最多，并且还不会吸引更多的蜜蜂。格拉布说，"这表明寄生蜂对野花带根本没有反应"。要探寻个中原因，他们还需要进行更多的研究。

这些研究分析显示，许多野花品种会同时吸引害虫和蜜蜂，但某些品种，例如，飞蓬属植物（一年蓬），吸引到的害虫数目最多，而吸引的蜜蜂数目最少。

格拉布说，"如果要想优化野花斑块，我建议从种植推荐清单中删掉一些植物品种"。

未来，研究人员将研究野花栖息地如何影响蜜蜂的病原体传播，这是蜜蜂数量减少的主要驱动因素。

康奈尔大学昆虫学教授布莱恩·丹佛斯（Bryan Danforth）和格雷格·罗伊布（Greg Loeb）也参与了这项研究论文的撰写。该研究的部分资金来自东北可持续农业研究和教育（Northeast Sustainable Agriculture Research and Education，NE-SARE）项目基金。

（来源：康奈尔大学）

用土地规划巧妙化解农业与自然之间的冲突

巧妙的用地规划可以缓解农业生产与自然保护之间的冲突。来自哥廷根大学（University of Göttingen）、德国综合生物多样性研究中心（German Centre for Integrative Biodiversity Research，iDiv）、亥姆霍兹环境研究中心（Helmholtz Centre for Environmental Research，UFZ）和明斯特大学（University of Münster）的研究小组综合了数千种动物物种地理分布和生态需求的全球数据和世界主要农作物生产情况的详细信息。他们的研究结果发表在《全球变化生物学》（*Global Change Biology*）杂志上。

农业生产的增加通常会对农业景观造成各种负面影响，如野生动物的地区数量下降和生态系统功能的丧失。但是，如果农业增长集中于世界上只有少数物种会受到影响的地区，会有怎样的结果呢？研究人员评估了这样的规划能将全球生物多样性的损失降低到何种程度。他们发现，如果全球土地利用空间优化，未来农业集约化可能造成的生物多样性损失中有88%可以避免。

来自哥廷根大学（Göttingen University）和 UFZ 的主要作者卢克斯·艾格力（Lukas Egli）说："然而，全球优化意味着主要集中在热带地区的物种丰富的国家对于保护世界自然资源有着更大的责任，而这要以牺牲本国的生产机会和经济发展为代价，"这主要适用于高度依赖农业的国家，"除非在国际可持续性政策中能够以某种方式包容这种相互冲突的国家利益，否则，全球合作不太可能成功，还可能产生新的社会经济依赖"。

如果有 10 个国家在国家层面实行研究人员提出的建议，就可以将预期的全球生物多样性损失减少 1/3。如果每个国家都实行，那么将可避免多达 61% 的预期全球生物多样性损失。来自 iDiv 和莱比锡大学（Leipzig University）的卡斯滕·迈耶说（Carsten Meyer）："一些热带国家，包括印度、巴西和印度尼西亚，将能够在提升全球农业生产可持续性上发挥最大作用。可惜的是，这些国家也常常面临国内的土地使用冲突问题，且土地管理机构相对薄弱，目前这两者都阻碍了土地利用的优化。需要有针对性地努力提高这些国家进行综合可持续土地利用规划的能力"。

（来源：德国亥姆霍兹〈Helmholtz〉环境研究中心）

基于投资的五大最有前途的农业技术

一位来自 TechAccel 科技投资公司的总裁兼首席执行官 Michael Helmstetter 近期表明，人工智能、云计算、大数据与基因编辑技术的整合，加上从土壤到植物、食品到药品、农场到餐桌的各种应用，正在推动农业投资。他基于科技商业投资的角度，提出了农业和动物健康领域 5 种最有前途的技术以及看到的与这些技术相关的最佳创业机会。具体如下。

基因编辑和云生物学

植物育种并不新鲜，但是应用于植物科学的基因编辑技术 CRISPR 正在基因编辑领域掀起一场新革命。

基因编辑不同于创造一种转基因生物，后者是引入另一个生物体的基因。可以把基因编辑看成文章处理中的"剪切和粘贴"功能，只是基因编辑是重新排列或删除基因组的序列。该技术已经变得非常普遍，以至于我们经常能看到基因编辑项目。

尽管 CRISPR-Cas9 是目前领先的基因编辑工具，但真核多重基因组工程（eMage）、锌指蛋白（Zinc Finger Proteins，ZNF）、转录激活剂样效应核酸酶（Transcription Activator-Like Effector Nucleases，TALEN）等替代技术也争取在

市场上大规模运用。市场有容纳多种技术的空间，精确性、准确性和易用性方面的竞争仍在继续。到 2030 年全球人口预计将达到 85 亿，气候变化的压力使作物和动物面临病害和退化，基因编辑对开发更具耐受力的高产量作物而言变得至关重要。

另一项被称为云生物学的创新可与基因编辑联手使用。云生物学将人工智能、DNA 数据、机器学习和分析结合起来，以缩短培育新作物所需的时间。正如安德森·霍罗维兹（Andreessen Horowitz）（云生物学的早期风险投资者）所指出的那样，这是像编程一样的生物学，通过软件进行实验。有了云生物学，寻找理想遗传特征的过程可以从数年缩短到几周。有了云生物学来为基因编辑过程提供信息，我们即将迎来一波新的绿色作物，来应对病害、气候变化、瘟疫以及限制粮食生产的其他因素。

抗生素替代品

不仅是人类健康受到抗生素耐药菌的威胁，动物也面临着超级细菌的威胁，这些超级细菌已经进化，能够抵抗用来治疗或预防疾病的药物。随着消费者意识到抗生素耐药性已经成为一个公共卫生性问题，他们的购物习惯开始发生变化，满是抗生素的家禽、鸡蛋、奶制品和肉类就不在选择之列。

人类和动物健康研究界正在研究抗生素替代品，包括各种利用动物先天免疫力的方法。抗生素是把有益和有害的细菌都摧毁了，而这种替代品是强化动物现有的免疫系统来抵御入侵的病原体。一些前景不错的技术包括噬菌体技术，在作物植株中生成蛋白质和酶来改善饲料以及进行微生物研究来开发新疗法。

土壤生物制剂

农民长期以来一直使用化学品来增加土壤养分或防治害虫和杂草。但标准的农用化学品造成了径流损失、水污染和表层土壤流失。随着对人类微生物组的理解不断深入，对土壤微生物组的研究也在不断深入。检查人类肠道细菌的器械同样可用于微调那些有利于发芽、根系生长和保护植物免受病害或干旱威胁的微生物。

与人类基因组研究的进步一样，这一切都始于土壤解码。追踪基因组（Trace Genomics）公司堪称土壤领域的一家基因测序公司，它帮助农民了解他们现有土壤微生物组的成分。这些成分因区域和作物而异，而解码是重要的第一步。下一步是使作物与土壤匹配或是调整土壤微生物种群以适应特定作物的需要。预计将会有大量生物肥料、除草剂、杀真菌剂和杀虫剂进入市场。地球微生物项目（Earth Microbiome Project）的普及可能会促成更多的初创企业和投资。

水产养殖

从牡蛎捕收到罗非鱼养殖，人类通过水产养殖获得食物的历史已长达数十个世纪。不过，水产养殖创新的历史还相对较短。2016 年，水产养殖初创公司目标领域包括水培养技术、数据分析、鱼饲料昆虫养殖、藻类生产和供应链技术。创新重点是优化生产、减少损失和垃圾副产品，同时，满足人们对健康海鲜日益增长的需求。这一领域的知名创业公司包括 ShellBond、Vaksea、NovoNutrients 和 OneforNeptune。

开发口服疫苗或基于饲料的疫苗是一个重要的机会。目前，需要手动将每条鱼一一浸泡或接种。注射不是一个特别经济的过程，由于注射部位变色，可能会有损最终产品的质量。将免疫元素和营养物质放入饲料将大大有助于保持鱼类健康并减少损失。由于水产养殖已经落后于创新发展，因此，显著提高海产品质量和产量的变革性技术的使用时机已经成熟。

收获后技术

收获后技术包括农产品在采摘、收割或采集后可能发生的所有情况。在这个领域进行创新的公司正在考虑食品安全监控器和包装，增加保质期和可追溯性，了解每种水果、蔬菜、肉类或家禽从农场到餐桌的每一步。可追溯性和透明度要求符合满足消费者和监管的需求，是区块链技术的首要应用场景。

由于科学进步正在创造上述机遇，我们现在只触及到皮毛。农业科技发展前景广阔，深入挖掘后，农业技术生态系统也将创造出各种创新产品和服务，为人类提供粮食并培育出新市场。

（来源：www.agropages.com）

海外项目与计划

美国项目与计划

小麦、大麦真菌病害研究

研究所属：谷物研究所（Cereal Crops Research）

项目编号：3060-22000-050-00-D

项目类型：内部拨款资助

开始日期：2017 年 3 月 15 日

结束日期：2022 年 3 月 14 日

研究目标

目标 1：识别并描述颖枯壳针孢（*Parastagonospora nodorum*）产生的死体营养型效应蛋白，描述小麦颖枯病（*Septoria nodorum blotch*）。子目标 1. A. 使用（1）具有存在/缺失变异（presence-absence variation，PAV）的预测的小型分泌型蛋白基因和（2）从春小麦、冬小麦和硬粒小麦中采集到的美国颖枯壳针孢分离菌的全基因组重测序数据，生成高饱和的全基因组单核苷酸多态性（single nucleotide polymorphism，SNP）和 PAV 标记集。子目标 1. B. 从挑选自春小麦、冬小麦和硬粒小麦等类别的小麦品系中收集病害数据，在完成子目标 1. A. 的基础上用这些数据通过全基因组关联分析（genome-wide association study，GWAS）找到包含致病基因的基因组区。子目标 1. C. 找到并激活用子目标 1. B. 的数据发现的标记—性状关联（marker-trait association，MTA）区域中的候选致病基因。

目标 2：从基因角度描述圆核腔菌网状网斑病菌（*Pyrenophora teres f. teres*）和圆核腔菌点状网斑病菌（*P. teres f. maculata*）分别造成大麦网状网斑病和点状网斑病的致病机理。子目标 2. A. 使用圆核腔菌网状网斑病菌的双亲遗传作图群体来找出和大麦品系 Rika 和 Kombar 的致病性相关的基因。子目标 2. B. 对一组来自美国、北非和欧洲的 124 个圆核腔菌网状网斑病菌分离菌进行全基因组测序，结合表型数据，通过 GWAS 确定并描述和致病性/无致病性相关的基因组区。子目标 2. C. 使用圆核腔菌点状网斑病菌双亲遗传作图群体来确定并描述和致病性相关的基因组区和基因。

研究方法

小粒谷类作物的真菌病害威胁全球的小粒谷类作物产量，造成经济损失。本项目将针对两种真菌病原体进行研究，以更好地了解其病原性、致病性和宿主抗性。项目的目标是明确并描述圆核腔菌网状网斑病菌（造成大麦网状网斑病）、圆核腔菌点状网斑病菌（造成和点状网斑病）和颖枯壳针孢（造成小麦颖枯病）的病原性/致病性因子，评估这几种病菌在病害互作的重要性。

具体研究方法：一是找出颖枯壳针孢—小麦互作中发挥重要作用的死体营养型效应蛋白和其他致病因子，使用 GWAS，对来自全球的颖枯壳针孢分离菌进行全基因组测序。二是使用采集自美国大麦产区（北达科他州、蒙大拿州）、北欧大麦产区和北非大麦产区（摩洛哥）的圆核腔菌网状网斑病菌样本，通过 GWAS，明确圆核腔菌网状网斑病菌—大麦互作中的致病性和非致病性因子。三是使用圆核腔菌网状网斑病菌和圆核腔菌点状网斑病菌已知性状的双亲遗传作图群体来识别并激活和主要致病性/非致病性数量性状基因座（quantitative trait locus，QTL）相关的候选基因。

理解病原体感染宿主和宿主抵抗病原体的机理对应对病害至关重要。通过这些方法，研究人员将能从基因角度描述这些相互作用，找出导致每个病原体的致病性基因，从而更好地理解病原体在植物上的寄生方式。

（来源：美国农业部网站）

饲料中添加蛋氨酸螯合锌和无机锌以缓解牛呼吸道疾病

研究所属：畜牧研究所（Livestock Issues Research）

项目编号：3096-32000-008-13-T

项目类型：信托基金合作协议

开始日期：2016 年 6 月 16 日

结束日期：2019 年 6 月 1 日

研究目标

本项目主要目标是通过控制变量的免疫应答激发试验，研究在生长期肉牛的饲料中添加蛋氨酸螯合锌（ZinMet）或无机锌（Zn）能否缓解牛呼吸道疾病，促进肉牛健康。

研究方法

该研究的牛呼吸道疾病免疫应答激发试验将在得克萨斯州卢博克市（Lubbock）美国农业部（USDA）农业研究局（ARS）牲畜问题研究所（Livestock Issues Research Unit，LIRU）进行。USDA 研究人员每日给 32 头小母牛补充蛋氨酸螯合锌或无机锌，持续补充不低于 30 日，然后用运输设备将小母牛送到 LIRU 的牛免疫研究和开发中心（Bovine Immunology Research and Development Facility）。到达中心后，牛群将在牛舍里停留一天一夜，饲料与之前相同（每间牛舍有 8 头牛，共 4 间），每日进食两次。第二天，研究人员在饲喂牛群之前，先给牛群称体重，然后装上留置体温记录计。从牛群身上采集血样并分析牛疱疹病毒 I 型（BHV-1）效价和血清锌浓度，向牛群鼻内注射 $4.0×10^8$ 个 BHV-1 疱斑形成单位。

研究人员用和注射器相连的雾化喷嘴将 1 毫升 BHV-1 培养菌喷到每头牛的鼻孔里，此时先对鼻腔病变程度进行评分，然后牛群回到室外牛舍，饲料与之前相同。这时训练有素的观察员再次对鼻腔病变程度进行评分。开始 BHV-1 免疫应答激发后，研究人员监控牛群的临床疾病症状，72 小时内每日进行病变程度评分。BHV-1 病毒注射 3 天后，研究人员将牛群带进实验用拴牛栏，用绞索拴住，插入留置颈静脉导管，采集一系列血样和鼻拭子样本以测量病毒脱落程度。之后，评估鼻腔病变程度，在牛气管内注射 50 毫升 $1×10^7$ 个溶血曼海姆菌（*Mannheimia haemolytica*，MH）菌落形成单位。MH 免疫应答激发开始后 48 小时，实时监控牛群反应，进行临床检查，包括病症状况评估和呼吸率检测。牛群每日进食 2 次，分别是上午 8:00 和下午 16:00，每日上午进食时接受临床检查。每日记录牛群饮水量。免疫应答激发实验结束后，记录投饲量和剩余饲料量。分别在免疫应答激发 0 小时（即 MH 免疫应答激发快要实施之前）以及 1 小时、2 小时、3 小时、4 小时、5 小时、6 小时、7 小时、8 小时、12 小时、24 小时、36 小时、48 小时、60 小时、72 小时后，采集 9 毫升血清样。此外，用含有乙二胺四乙酸（EDTA）的真空采血管采集 4 毫升全血样本，以测量在 BHV-1 和 MH 免疫应答激发实施之前的全血计数，以及在 MH 免疫应答激发 0 小时、2 小时、4 小时、6 小时、8 小时、12 小时、24 小时、36 小时、48 小时、60 小时、72 小时的全血计数。

采集到 72 小时样本后，研究人员将牛群带离拴牛栏，取下牛身上的颈静脉导管和体温记录计。采集鼻拭子，评估鼻腔病变程度。用针对 MH 的抗生素氟苯尼考（Nuflor）治疗病牛，把牛群送回室外牛舍。第二天，研究人员把牛群及其健康记录一并送到合作场地。2 周内，饲喂前先称体重，每周采集 1 次鼻拭子样本。之后，研究员将牛群归还原主。

（来源：美国农业部网站）

通过管理和土壤资源评估增强农业系统适应性和可持续性

研究所属：农业生态系统管理研究所
项目编号：3042-11210-002-00-D
项目类型：内部拨款资助
开始日期：2016 年 5 月 31 日
结束日期：2018 年 8 月 1 日

研究目标

目标 1：描述保护措施和作物多样化对土壤物理性质和微生物群的影响。
目标 2：评估多种气候条件下玉米—大豆轮作体系中冬季含油种子产量潜力。
目标 3：评估针对作物、原料生产及土壤性质的水和养分管理措施。

研究途径

需要综合的方法来改良耕种体系，使其更可持续，以满足社会对粮食、饲料、纤维和燃料的需求。土壤和作物管理策略可以优化农业土壤固碳能力，同时，将氮肥使用和管理措施导致的温室气体排放降到最小。过去的研究通过最佳管理实践和更多耐热耐旱种质的开发提高了作物养分和水利用效率；如今还需要更多改进以适应气候变化，缓解对有限水资源日益激烈的竞争，并满足人口增加和生活水平提高导致的不断增加的社会需求。此外，需要更深入地认识管理如何影响土壤有机碳动态变化，如何影响土壤微生物结构和功能，以便改良或保持土壤关键功能以及相关生态系统服务。

该项目将使用以下方法：（1）评估保护性耕作措施和作物多样性对土壤资源的影响。（2）制定管理指南，以提高使用冬季含油种子的当前玉米—大豆轮作体系的可持续性。（3）改善对作物和原料生产的水和养分管理措施。

研究结果将和农户、农业顾问、推广教育工作者、州和联邦监管机构人员以及科学家分享。该项目成果将有利于改良土壤和作物管理，从而提高农业生态系统土壤功能的可持续性。

（来源：美国农业部网站）

酸樱桃血清代谢物对压力诱发的脑细胞
神经中毒的影响研究

研究所属：吉恩·迈耶人类老年营养研究中心（Jean Mayer Human Nutrition Research Center On Aging）

项目编号：8050-51000-084-10-I

开始日期：2016年2月1日

结束日期：2017年9月30日

研究目标

酸樱桃富含花青素，具有潜在的高度抗氧化和消炎能力。以往的研究表明，在压力因素出现之前，用蓝莓或从已服用补充营养物质的动物中采集血清等其他富含花青素的化合物来治疗细胞，能够抑制细胞炎症水平和氧化压力水平的增加。由于该研究团队无法在实验室里分析出血清中的代谢物物质，遂和抗氧化研究实验室（Antioxidants Research Lab）合作进行该项研究。从食用酸樱桃的被试者处提取血清，并对该血清进行预处理，预计该血清将可以防止多巴胺诱导的 HT22 海马神经元钙离子调节异常，以及脂多糖（LPS）诱导的 BV-2 小胶质细胞炎症。预防程度可能与特定血清黄酮类代谢物或血清数量有关。

研究目标是考察酸樱桃的潜在作用机制，通过试验达到如下目的：一是说明在循环血液中发现的、具有生物可利用性和生物活性的酸樱桃化合物的影响；二是检验已服用酸樱桃提取物的被试者血清中的代谢物是否具有先前试验中的预防作用；三是检验被试者的抗氧化能力和代谢物情况从基线水平到服用后的变化。

研究方法

在马里兰州贝塞斯达（Bethesda）国立卫生研究院（NIH）护理医学研究

· 273 ·

所（NINR），30 名健康老年白人［年龄：55~70 岁，身体质量指数（BMI）：18.5~25］将参与随机、双盲、安慰剂对照的交叉临床实验。被试者将被随机分到两组，分别服用 1 粒酸樱桃提取物胶囊或安慰剂，每日 3 次，连续 3 周。每日剂量相当于 1 800 毫克的酸樱桃。3 周洗脱期后，两组被试者交换服用药物。要求被试者在实验过程中保持日常饮食和活动水平。研究人员将采集被试者血清，检验在氧化和炎症状况出现以前，用血清来预治疗细胞能否起到预防作用。

（来源：美国农业部网站）

对蔬菜作物病害和线虫感染的生物学、病原学、宿主抗性研究

研究所属：蔬菜研究所（Vegetable Research）

项目编号：6080-22000-029-00-D

项目类型：内部拨款资助

开始日期：2017 年 5 月 1 日

结束日期：2022 年 4 月 30 日

研究目标

明确病害和线虫抗性的遗传学原理，以葫芦科和茄科蔬菜为主，开发与蔬菜作物抗性基因有关的分子标记。子目标 1. A. 明确西瓜对白粉菌（学名 *Podosphaera xanthii*）抗性的遗传机理，找出和抗性基因密切相关的分子标记。子目标 1. B. 确定对西瓜疫霉果腐病抗性的遗传基础。子目标 1. C. 确定瓜类脉黄化病毒（*Squash vein yellowing virus*，SqVYV）引起的西瓜藤枯病的抗性遗传，找出和抗性基因密切相关的分子标记。子目标 1. D. 确定辣椒中对北方根瘤线虫（学名 *Meloidogyne hapla*）抗性的遗传基础。

培育并推出对病害和线虫感染具有抗性的葫芦科和茄科种质。子目标 2. A. 培育并推出抗病（疫霉果腐病和白粉病）的西瓜育种品系。子目标 2. B. 培育对南方根瘤线虫（学名 *Meloidogyne incognita*）具有抗性的甜辣椒（甜香蕉辣椒和小古巴椒）。子目标 2. C. 培育南方根瘤线虫抗性更强的黄瓜种质资源。

监测、收集、描述新兴葫芦科真菌病原体，帮助改善农户和加工商的管理实践。

研究方法

该项目将研究并培育对真菌、病毒和其他植物病原体引起的病害具有更强抗性的葫芦科、茄科种质和育种品系。具体而言，该研究将培育抗性种质和育种品系，以治理限制作物生长的主要病害，包括疫霉果腐病、白粉病、西瓜藤枯病、根瘤线虫（root-knot nematodes，RKN）病害等。

研究人员将使用传统和现代的抗性表型分析和作物改良技术来完成目标。用栽培西瓜品系（*Citrullus lanatus var. lanatus*）培育出高抗性精选品种，将其与感性栽培种杂交，培育出对白粉病具有抗性的西瓜种群。对培育出的种群进行表型分析，研究种群对白粉菌的反应，明确抗性遗传。找出和抗性有关的分子标记，用于分子标记辅助育种，以培育抗性育种品系。将疫霉果腐病抗性和感性品系杂交，培育出重组近交系（recombinant inbred line，RIL）并对其抗性进行表型分析，分析结果将用于确定抗性遗传。对疫霉—西瓜互作后产生的差异表达转录物组进行 RNA 测序，分析结果将用于进一步阐释果腐病抗性的遗传特性。具有抗性的红瓤 RIL 将用于培育抗疫霉的品系。用野生西瓜品种中的已知种质资源和纯种来培育能够抵抗由粉虱传播的 SqVYV 导致的藤枯病的高级西瓜品系。之前培育的抗西瓜藤枯病（*watermelon vine decline*，WVD）的品系（392291–VDR）将和感性商业品种杂交，培育出分离种群，评估其对病害的反应来确定 SqVYV 抗性的遗传。用传统的反复回交育种技术把主导的抗性"N"基因从灯笼椒转移到不同的甜椒中，培育出能抵抗南方 RKN 的甜香蕉辣椒和小古巴椒。把高抗性的辣椒和感性辣椒栽培种杂交，培育出抵抗北方 RKN 的辣椒分离品种。对这些品种进行表型分析，研究其对北方 RKN 的抗性，研究数据将被用于确定遗传模式。筛查精选黄瓜品种对南方 RKN 的抗性。抗性精选种将得到进一步改良，通过自交和抗性筛查的多次循环，培育出抗南方 RKN 的黄瓜品系。从全美国收集葫芦白粉菌的分离菌，让分离菌感染葫芦科作物的不同品种，以确定特定白粉菌种类的普遍性。

（来源：美国农业部网站）

基于生物、遗传和基因组学的蔬菜作物病害管理

研究所属：蔬菜研究所（Vegetable Research）

项目编号：6080-22000-028-00-D

项目类型：内部拨款资助

开始日期：2017 年 5 月 1 日

结束日期：2022 年 4 月 30 日

研究目标

1. 研发灵敏、可靠的血清和分子层面的病原体探测方法，治理蔬菜作物新兴和流行的病毒性感染。子目标 1.1. 培育黄瓜绿斑驳花叶病毒（*Cucumber green mottle mosaic virus*，CGMMV）的可溯源克隆体，研究种子传毒机制，改良对西瓜种子的种子健康检测。子目标 1.2. 培育马铃薯纺锤形块茎类病毒属（番茄雄性株类病毒和马铃薯纺锤形块茎类病毒）的可溯源克隆体，将克隆体用于研究种子传毒机制，研发一种可靠的番茄种子健康检测方法。

2. 应用 RNA 干扰（RNAi）来减少番茄中的粉虱病毒和木薯中的其他病毒。子目标 2.1. 开发双链 RNA（dsRNA）结构作为喷雾杀虫剂，评估其 RNAi 对粉虱（烟粉虱）的影响。子目标 2.2. 培育对粉虱有 RNAi 作用的转基因番茄植物，概念验证如何控制粉虱传播的病毒。

3. 开发和宿主对蔬菜病毒感染和西瓜镰刀菌枯萎病的抗性有关的分子标记。子目标 3.1. 用基因分型测序找出和新型番茄斑驳花叶病毒引发的番茄病害抗性损坏有关的单核苷酸多态性（single nucleotide polymorphisms，SNP）。子目标 3.2. 开发和西瓜镰刀菌枯萎病抗性有关的分子标记。

4. 制定环保的病害管理战略，治理蔬菜作物病害。子目标 4.1. 培育芜菁的白叶枯病抗性种质。子目标 4.2. 开发能够有效减少或消灭茄科作物青枯菌的厌氧土壤灭虫系统。

研究方法

为实现研究目标 1，研究人员将培育出黄瓜绿斑驳花叶病毒的传染性克隆体，研究西瓜种子传毒机制。制定敏感指标，改良检测西瓜种子是否带有 CGMMV 的健康检测方法。培育番茄雄性株类病毒和马铃薯纺锤形块茎类病毒

的传染性克隆体，用于研究番茄中马铃薯纺锤形块茎类病毒属的种子传毒机制。制定敏感指标，进行可靠的番茄种子健康检测，根据种子传毒机制使用幼苗芽或通过种子提取物的摩擦接种来进行检测。

为实现研究目标 2，根据粉虱基因组和转录组分析的结果，将制造出双链核糖核酸（dsRNA）结构，评估对植株局部喷洒杀虫剂后 RNAi 对粉虱存活的影响。培育转基因番茄植株，评估对粉虱的 RNAi 作用，概念验证如何控制作物植物上粉虱传播的病毒。

为实现研究目标 3，用基因组测序技术找出和新兴番茄斑驳花叶病毒引发的番茄病害抗性损坏有关的 SNP。在其他试验中，对 USVL246-FR2 育种品系产生的种群测序，找出和导致尖孢镰刀菌抗性有关的基因，该品系被证明对转化型尖孢镰刀菌（*Fusarium oxysporum f. sp.* Niveum，Fon）1 号和 2 号生理小种具有抗性。

为实现研究目标 4，使用传统的育种技术，通过与适应当地、遗传相关的绿色芜菁栽培种回交和额外杂交，改良抗白叶枯病、表型类似大白菜的芜菁种质。在其他试验中开发出有效减少或消灭茄科作物青枯菌的厌氧土壤灭虫系统。可以实施厌氧土壤灭虫策略以减少或消灭受感染土壤中的青枯病病原体。

（来源：美国农业部网站）

运用基因育种技术提高小麦收获指数

小麦是全球最重要的三大禾谷类作物之一，种植面积达 2.18 亿公顷，平均籽粒产量为 3.27 吨/公顷。要避免重大粮食危机，小麦产量需在未来 30 年内翻 1 倍。关于增强小麦光合作用的研究可能会促进潜在生物量的增长，但除非能够区分"有用"而非"无用"的生物量并将其最大化，否则，产量效益可能很小。

小麦收获指数（harvest index，HI，籽粒干物重/地上部干物重）的上限为 65%，而绿色革命后，春小麦 HI 的最大表达量已达 45%～51%，冬小麦 HI 的最大表达量已达 50%～55%，至今却未能取得明显进步。

国际玉米小麦改良中心（International Maize and Wheat Improvement

Center，CIMMYT）于墨西哥西北部亚基峡谷（Yaqui Valley）播种的春小麦产量最近有所提升，这与地上部分生物量和籽粒重量的增加均有关联，同时，也与植株高度的增加和 HI 的减少有关。如果 HI 能稳定表达在 55% 及以上，就可以让产量潜力大幅提升（约 20%）（考虑到 HI 平均表达量接近 45%），然而，如果对遗传基因认识不足，则会限制改善 HI 的能力。有明确证据表明，在灌浆期内，由于籽粒的碳固存能力会限制其碳积累，小麦产量潜力则会受到碳库的限制。因此，增加每单位面积籽粒产量的策略，是进行 HI 和产量潜力基因改良最重要的途径之一。

项目信息

项目登记号：1011251。

项目编号：FLA-AGR-005549。

研究机构：美国国家食品和农业研究所（National Institute of Food and Agriculture，NIFA）佛罗里达州（Florida，FLA）。

项目类型：农业与食品研究计划（Agricultureand Food Research Initiative，AFRI）竞争性补助项目。

合同/补助/协议编号：2017-67007-25929。

项目建议书编号：2016-06700。

起始日期：2016 年 12 月 1 日。

终止日期：2018 年 11 月 30 日。

补助数额：33.5 万美元。

补助发放年份：2018 年。

拨款总额：58.5 万美元。

首次拨款年份：2017 年。

研究目的

该项目将通过在新遗传变异中寻找相关性状以及与这些性状有关联的遗传标记，专注于开发最佳理想株型，这种理想株型能够将增强的碳捕获能力和生物量增长尽可能地转化为籽粒产量。如果将小麦 HI 从目前的 0.48 左右提高至 0.60，其产量将增加 25%。该项目的主要目标是：通过在高生物量背景下对两个关联小组进行全基因组关联分析（genome-wide association study，GWAS），新开发一种方便育种专家查询的籽粒分配性状分子标记，这种性状能将光合作用产物持续转化为籽粒产量，其中，一组关联小组由美国南部、东部和东南部软小麦组成，另一组由 CIMMYT 的春小麦组成；筛查多组不同基因资源，包括 CIMMYT 初级合成品系和美国软小麦，寻找高生物量背景下决定籽粒分配的籽粒性状标记；通过对小麦基因型的子集进行生理解剖，确定籽粒分配性状以及基因型–环境交互作用的决定机制；设计最佳理想株型，在美国和 CIMMYT 小麦育种项目中建立预育种杂交组合。

研究方法

项目将通过以下方法来达成目标。

分析 2 个关联小组的小麦特性，分别为 CIMMYT 的春小麦和美国的软小麦，分析的特性包括光合作用能力、HI、籽粒产量和籽粒分配性状，该性状包括穗型分配、结实效率及其决定因素——茎、节间、外稃分配以及穗轴比重。

通过序列—单核苷酸多态性（single nucleotide polymorphism，SNP）标记，使用基因型来分析这 2 个关联小组的小麦基因特征，并在将小组转化为竞争性等位基因特异性 PCR（Kompetitive Allele Specific PCR，KASP）–SNP 后，在双亲种群中进行验证。

扩大基因资源的筛查范围，更好地了解潜在影响这些籽粒性状及其与环境的交互作用的等位基因的范围。

设计理想株型，建立育种前杂交组合。

研究者表示，如果能成功确定等位基因和籽粒分配性状之间的关联，就可以更好地了解增产机制，并极大推动产量增加。

（来源：美国农业部网站）

玉米对黄曲霉菌污染及食穗虫害的抵抗力

项目名称：通过筛选、培育和生物技术强化玉米对黄曲霉菌、黄曲霉污染及食穗虫害的抵抗力。

项目来源：美国农业部。

研究领域：作物保护与管理研究。

项目编号：6048–21000–028–03–T。

开始日期：2018 年 1 月 1 日。

结束日期：2019 年 12 月 31 日。

研究目的

继续利用热带、亚热带胚质对近交系进行评估和筛选，从而强化作物的抗病性和耐旱性。

对近乎培植完全的近交系进行现场评估，例如 AM1（P43）和 TUN61，并将评估结果用于杂交培育，为投放市场做准备。

进行实验室和温室研究，对 11 个黄曲霉隔离群与 4 个玉米近交系进行全基因重新排列，并过度表达使用基因工程技术生产的玉米的抗氧化基因，从而理解黄曲霉、黄曲霉素产毒过程、活性氧（reactive oxygen species，ROS）在玉米–黄曲霉相互作用时的特点，并了解它们在抗病信号传导中可能产生的作用。

研究方案

通过目视检验和实验室测试筛选出部分品种，将其置于冬季培育室及夏季培育室内培植，用于再合成与重组，其中，最好的系别在自交后用于近交系筛选。对 5 个合成群体进行改良，结合对食穗虫类和黄曲霉素的抵抗力，使该试验得以延续至下一年。多年来，这一举措已培育多个自交系别。上述被改良的合成群体源自美国抗黄曲霉素表现最佳的系和 CIMMYT 的亚热带、热带地区胚质。

多个自交系已取得进展，进入早期测试阶段，并将投放市场，例如，Syn-AM1（P43）和 TUN61。项目的目标是培育出包裹完好、抗旱、抗虫、抗黄曲霉素的"南方品种"玉米，保证品种产量令人满意，随后将其投放市场。2018 年，研究人员将对 11 个黄曲霉隔离群及 4 个玉米近交系进行全基因组重新排列，并使用基因工程技术对玉米抗氧化基因进行过度表达。

（来源：美国农业部网站）

利用无人机实现小麦产量预测、优化新品筛选过程

植物育种项目通常须评估上千个候选品种，以筛选出最优的高产新品种，而后将其推广至实际应用。为加速上述过程，满足日益增长的粮食、饲料及纤维生产需求，有必要开发创新型工具。近来发展迅速的无人机（UAV）技术正可为此所用。因此，美国农业部在其农业与食品研究计划中进行了相关

的项目研究。

项目信息

项目登记号：1011391。

项目编号：KS1011847。

项目来源：美国农业部。

研究机构：堪萨斯州立大学（KANSAS STATE UNIVERSITY）。

项目类型：农业与食品研究计划（Agriculture and Food Research Initiative, AFRI）竞争性补助项目。

合同/补助/协议编号：2017-67007-25933。

项目建议书编号：2016-06713。

起始日期：2016 年 11 月 15 日。

终止日期：2018 年 11 月 14 日。

拨款总额：63.5 万美元。

首次拨款年份：2017 年。

非技术性摘要

研究人员将在小麦育种过程中使用配备有尖端成像工具的无人机，对与植株健康和产量情况息息相关的重要特性进行拍摄成像，并据此航空图像进行精准测量。研究人员还将对堪萨斯州立大学和国际小麦研究中心（CIMMYT）的育种项目下数千块农田中的候选品种进行评估，利用据此获取的"大数据"开发产量预测模型，帮助育种人员快速选出最优品种。还将利用深度学习，模拟育种专家进行田间测量的过程，基于无人机图像实现对植株重要特性的自动测量。上述新方法有望为育种人员开启"天眼"，为在大量农田中快速选出最优品种提供有效帮助。此外，项目开发出的利用无人机对大规模小麦育种田进行快速测量的方法还将实现软件化，育种人员将可通过功能强大、操作便捷的软件，更加迅速有效地选出优质新品种，并将之推广至实际农业生产。高产品种的快速育种与推广将为确保稳定粮食供给、维护全球粮食安全提供关键助力。

项目目标及主要进展：2016/11—2017/11

开发并部署稳健且可拓展的无人机系统，配备光谱成像和红外热成像等相关功能；包括在大型小麦育种苗圃，利用无人机实现日常数据采集的标准化协议，用于基于田间的高通量表型分型（HTP）测量。已测试并部署了一种先进的无人机飞行平台——大疆经纬 M100，并完成了对 Micasense

RedEdge、近红外转换的大疆禅思 X3 等不同相机的测试。今年，多台配备 RedEdge 相机的大疆经纬 M100 已投入应用，在堪萨斯、印度及墨西哥的项目地点进行了数百次飞行。由此，项目组成功生成了涵盖逾 10 万个田间小区的大样本量级别综合观测结果。项目组的研究人员还测试了更大型的大疆经纬 M600 无人机飞行平台，为之配备了集成差分校正 GPS（RTK-GPS）以实现精准定位和长时间飞行，并承载更大重量的相机。已完成对 Headwall Hyper-spectral 高光谱成像仪（400~1 000 nm）的初步测试。已测试包括大疆禅思 XT 和 FLIR Vue 在内的热成像相机，并获取初步数据集。至此，已生成完整的热成像数据集，可用于下一阶段的数据处理。

完成相关基础工作，以便开发和验证用于产量预测的基因组学和生理学综合模型；包括利用此前有人机所收集的数据，对高光谱数据进行创新型统计建模。为将光谱测量有机融入基因组筛选模型之中，项目组人员已对多种建模方式进行了测试。已开发并验证了一种利用无人机成像和数字高程模型（DEM）测量田间小区内倒伏情况的方法，该方法所得出的倒伏情况及其对产量的影响已得到有效验证。

采取创新手段，利用育种数据集训练深度学习系统，对植物生长发育和其他重要农业经济特性进行评分。利用此前地面表型分型平台所收集的图像数据集，项目组人员训练卷积神经网络直接凭借图像信息对小麦有芒无芒和抽穗率（0~100%）进行评分。将针对抽穗率的神经网络评分手段与时间序列成像技术相结合，可判定某特定田间小区抽穗率达到 50% 中点的日期。利用配备超高清（4K）摄影机大疆禅思 X5R 的 M600 平台，项目组已收集数十万张抽穗期小麦小区的图像，可用于下一阶段的深度学习。

建立稳健有效的分析流程，促进基于田间的 HTP 技术的实际应用，支持农业生产进行当季筛选决策。研究致力于建立全自动流程，处理新型无人机图像数据，自动得出田间小区层面的测量结果。为此，项目组人员完善了数据库性能，成功实现所有小区级信息向空间地理类信息的转换；初步实现 RedEdge 相机图像数据预处理的自动化；初步实现自动地面控制点识别、图像注册、一手图像信息向正射影像的转换，并结合田间小区坐标叠加手段，生成小区级分析数据。

（来源：美国农业部网站）

为提高农场盈利对抗病性栽培品种进行培育和评估

研究所属：作物遗传和育种研究所（Crop Genetics and Breeding Research）

项目编号：6048-21000-026-13-R

开始日期：2017 年 7 月 1 日

结束日期：2018 年 6 月 30 日

研究目标

继续进行杂交配种，将对花生根结线虫（peanut root-knot nematode，PRN）的抗性和高油酸以及对其他疾病（番茄斑萎病毒（*tomato spotted wilt virus*，TSWV）、花生黑腐病（*Cylindrocladium black rot*，CBR）、叶斑病、白霉病）的抗性等重要特征结合起来。

继续进行杂交配种，将叶斑病抗性和 TSWV 抗性与高产量、高质量等性状相结合。

继续进行选种和评估，找到兼备抗性和优良农艺性状的理想后代。

在不同播种率和抗真菌喷剂使用情况下评估晚生代育种品系，找到能使农场收益最大化的杂交品种。

研究方法

继续进行杂交配种，将 PRN 抗性、TSWV 抗性、叶斑病抗性、CBR 抗性和白绢病抗性与其他理想性状（如高产量、高质量、高油酸）相结合。使用单子传代法，快速将种质进化到 F4 代。用温室筛查技术评估后代 F4∶5 的 PRN 抗性。在过去几年中，研究人员已经使用分子遗传标记来提高线虫抗性和高油酸种质选种效率，并在田间对这些精选种的 TSWV 抗性、产量、质量和其他农艺性状进行了评估。在田间试验中，实施不同的播种量和杀菌喷剂施放方案，评估叶斑病和 TSWV 抗性强的育种品系。根据分析所得数据，找出净产量最大的杂交品种。

（来源：美国农业部网站）

开展碳纳米材料在作物育种中的应用与风险评估研究

最近的研究证实，碳纳米材料可用于种子发芽和植物生长，这为从农业作物到生物能源和太空种植作物的诸多领域打开了新的研究视角。但是，将碳纳米材料作为植物生长的调节器，仍需重点评估其潜在的环境风险。

美国农业部就此开展了相关的项目研究。研究的主要目标是评估碳纳米材料作为植物生长或排泄物的调节器时不断累积的对环境造成的潜在风险。该研究提出通常使用类型的碳纳米材料在植物器官积累的浓度较低，因此，受到污染的番茄器官对于动物造成的毒性较低甚至无毒性。期望可以将研究中用以评估碳纳米材料环境风险的方法作为未来研究的平台，致力于研发净化方法，以应对业已发现的或新的纳米材料可能造成的环境风险。

为了达成第一个目标，研究提出先要确定植物器官摄取碳纳米管（carbon-based nanotubes，CNTs）是否会对暴露的番茄作物的代谢物组造成巨大影响。基于研究团队之前的基因表达谱数据，认为番茄作物吸收的CNTs会对单枝作物的新陈代谢造成影响，但是不会造成可能有毒的番茄代谢物的急剧增加。研究将利用一种全新的、先进的磁感应热疗（MIH）CNT测量技术把代谢组学研究与评估纳米材料摄取联系在一起。有资料证明，使用碳纳米材料会加速发芽过程、促进植物生长（Khodakovskaya et al.，2011；Lahiani et al.，2016），这能为许多颇有价值的应用提供更多选择，如农业作物、生物燃料作物、太空种植作物等。

然而，项目必须就CNTs对食物链污染的风险进行评估。因此，本项目的第二个目标即利用小鼠模型评估积累了CNTs的番茄果实/叶片的潜在毒性。研究假设将CNTs作为植物生长调节器使用时，在植物器官上累积的少量人造CNTs不会对动物（小鼠）造成巨大的负面影响。对受到CNT污染的番茄果实进行毒物学试验就变得至关重要，研究可借此了解有意或无意地将碳纳米材料结合到食物链后引起的后果。

项目登记号：1015353。

项目编号：ARKW-2017-07886。

项目所属机构：美国农业部。

项目类型：农业与食品研究计划竞争性补助项目。

合同/补助/协议编号：2018-67021-27971。

项目建议书编号：2017-07886。

起始日期：2018 年 4 月 1 日。

终止日期：2021 年 3 月 31 日。

补助发放年份：2018 年。

拨款总额：46.4 万美元。

首次拨款年份：2018 年。

调研员：Khodakovskaya，M。

执行机构：Univ of Arkansas Little Rock，Ualr，Arkansas 72201。

（来源：美国农业部网站）

聚焦改良花生耐旱性和水源使用效率

花生是世界五大油料作物之一，是食用、榨油兼用的经济作物，在世界农业生产和贸易中占有重要地位。美国是世界主要花生主产国之一，是世界领先的花生出口国之一。花生是美国第七大最有价值的经济作物，已在美国的 13 个州进行了商业化种植。

随着农业用水需求的日益增加，水资源日趋紧张，干旱频发，水资源争夺加剧，作物水源不足问题愈演愈烈。受干旱影响的作物更容易遭受病虫害的侵袭。特别是水资源及酷热气候压力、昆虫活动加剧了收获前黄曲霉毒素污染（PAC），扩大了经济损失。尽管花生相对其他农艺作物而言具有一定的抗旱性，但仍然容易受到干旱侵袭。美国农业部在其农业与食品研究计划中开展了相关的项目研究。

项目信息

项目登记号：1011714。

项目编号：ALA011-4-16032。

项目来源：美国农业部。

研究机构：堪萨斯州立大学（KANSAS STATE UNIV）。

项目类型：农业与食品研究计划（Agriculture and Food Research Initiative，

AFRI）竞争性补助项目。

合同/补助/协议编号：2017-68008-26305。

项目建议书编号：2016-08472。

起始日期：2017 年 5 月 1 日。

终止日期：2020 年 4 月 30 日。

拨款总额：29.4 万美元。

首次拨款年份：2017 年。

执 行 机 构：Auburn University, 108 M. White Smith Hall, Auburn, Alabama 36849。

非技术性摘要

研究的总体目标是制定花生生产商能够落地的近期解决方案，从而减缓干旱影响，提高水资源利用效率，减少花生生产的环境足迹。

研究目标包括：一是描绘美国花生微核心种质的生理及分子特性，选择育种品系识别耐旱基因型；二是运用 RNA 测序技术识别花生干旱响应控制体系的关键组成部分；三是制定灌溉方案，强化水资源使用效率，补足营养获取，保持或提高单产及质量，创造耐旱作物品种/品系的最大经济收益。

AFRI（农业与食品研究计划）认为，上述目标紧扣农业法案重点领域内容："植物健康及生产和植物产品""食品安全、营养及健康""生物能源、自然资源及环境"等项目。

预期研究结果：一是培育并发布改良耐旱性的花生种质；二是识别耐旱性状的分子标记或基因；三是针对顶级耐旱品系制定管理规划，实现少投入多产出。

本阶段主要进展：2017/05 至 2018/04

对 162 份花生种质，包括美国微核心种质在美国农业部农业研究局（USDA-ARS）道森市（Dawson）国家花生研究实验室（National Peanut Research Laboratory）的环境控制遮雨地块进行了评估。评估先施加 30 天中旱，之后旱情因种植季全面灌溉得到缓解。旱期每周（并于旱情缓解后一周）测量生理指标比叶面积（SLA）、相对含水量（RWC）、叶片干物质含量（LD-MC）。旱情评定在干旱实验强度最大时进行。种植季结束时测量单产。根据干旱压力下单产表现情况，可看出被测基因型差异较大。初步认定源于"Georgia Green x C76-16"的少数先进品系为耐旱源。

研究包括 4 种耐旱特性不同的花生基因型，其中，2 种为父本品系

（Tifrunner 和 C76-16），2 种为重组近交品系（AU-587 和 AU-506）。遮雨棚应用了两套供水方案（灌溉控制和中旱），使用分区设计，内部随机完全区组。旱期后，每种供水方案下每个基因型取 3 片叶片样本，并立刻放入液氮中存储，提取 RNA。运用改良的溴化十六烷基三甲铵（CTAB）法提取全部RNA，之后使用 Zymo Direct-Zol 套件纯化 RNA。共 24 件样本在北京基因组学研究所（BGI）使用 Illumina HiSeq 4000 进行测序。品系 Tifrunner、C76-16、AU-587、AU-506 分别组装基因 73 575、73 610、73 898、73 900 个，其中，分别有 66 437、66 445、66 373、66 378 个基因已经通过注释文件进行了注释。因此，每个基因型分别识别出了 7 138、7 165、7 525、7 522 个新基因。进一步分析仍在进行。

3）在位于纽曼农场（Newman farm，N 31°47′02″ W 84°29′16″）的研究场地，使用佐治亚州 Tifton 土（细壤土、高岭土、热网纹高岭湿润老成土/thermic Plinthic Kandiudults），采用顶部喷淋灌溉系统，花生和玉米 3 年轮种。4 种花生品种和 4 种灌溉方案重复 3 次，按随机完全区组排列。花生品种包括GA06G、AU-NPL-17、TifNV-High O/L、TUF297。灌溉方案包括 100%、66%、33%、0%灌溉量，其中，100%即土壤湿度传感器读数为-60kPa（下文说明）时的 1 次灌溉。2017 年雨水充沛，降水及时，因此，无灌溉处理。没有了灌溉处理，单产的唯一变量差异就是基因遗传因素。唯一的单产差异出现在 GA06G 与 TifNV-High O/L 之间。品种间不存在等级差异。在阿拉巴马州奥本大学（Auburn University）威尔格拉斯农业研究及教育试验站（Wiregrass Agricultural Research and Education Station，N 31°21′15.8″ W 85°18′56.0″）也进行了重复试验。由于降水充沛，灌溉无差异，但 4 种基因型存在差异。AU-NPL-17 与 GA06G 无差异，但单产高于 TifNV-High O/L 和 TUF297。

（来源：美国农业部网站）

支持紫花苜蓿饲料研究计划

美国农业部食品与农业研究所近日宣布了对紫花苜蓿饲料研究计划的支持。该项目为各种研究与技术推广项目提供资助，帮助种植户采取最佳实践，以提高紫花苜蓿饲料和种子产量。

研究紫花苜蓿有助于保障可靠、廉价的饲料供应，供全国的奶农以及其他牲畜养殖户使用。该作物也是自然资源保护生产体系的一部分，有助于保护土地免受水的侵蚀，且能为土壤提供天然的氮，供其他作物利用。

紫花苜蓿饲料研究计划支持开展综合性和协作性研究并进行技术转让，以提高传统有机饲料生产体系的效率和可持续性。该计划鼓励成立各种项目来建立多学科网络，解决紫花苜蓿业界在全国或地区范围内的首要科研需求。通过汇聚各机构、各州的专长，产生更大的影响，提升地方、联邦政府以及业界有限资源的利用效率。

以往项目包括亚利桑那大学的一个项目，该项目旨在研究虫害综合管理措施的经济门槛，这些管理措施致力于限制苜蓿蚜虫造成的损害。该项目团队已经成功发现了多种有效杀虫剂，包括一种可明显提升苜蓿产量的生物杀虫剂。此外，该团队的工作还方便了相关数据的收集，为一种新的选择性杀虫剂"Sivanto"的注册工作提供了便利；另外一个弗吉尼亚理工大学的项目除对高降水量环境下生产优质干草的各种方法进行了探索之外，还对各种推广材料和机遇进行了研究，以了解苜蓿的生产方式。该团队对使用丙酸在低湿度环境下减少发霉的能力进行了试验，发现在湿度低于15%的情况下，使用丙酸是无效的。此外，该团队组织了一个美国中大西洋地区的苜蓿宣传项目，项目于2018年2月启动。团队还成立了苜蓿生产公共信息交流中心。

紫花苜蓿饲料研究计划的目标是增加紫花苜蓿的产量和质量；改良收割和仓储系统；研发饲料产量与质量评估手段，以支持市场销售，降低种植户的风险；开发紫花苜蓿的新用途。

（来源：美国农业部网站）

植物基因组研究计划 2014—2018

美国植物基因组计划（National Plant Genome Initiative，NPGI）于1998年正式启动，该计划在美国国家科学基金会（NSF）的支持下，成立了由美国农业部（USDA）、能源部（DOE）、国立卫生研究院（NIH）、国家科学基金（NSF）、科学与技术政策办公室（OSTP）、管理与预算办公室（OMB）和美国国际开发署（USAID）等组成的植物基因组跨机构工作组（Interagency

Working Group in Plant Genome，IWG），IWG 每 5 年制定一项 5 年计划来指导协调基因组研究工作。该计划旨在建立对植物基因组结构和功能的基本认知，并在此基础上形成对重要经济作物和具有潜在经济价值的植物的生长发育调控机制的全面理解。

美国植物基因组计划（NPGI）2014—2018 年的 5 年计划，强调进一步促进信息开放、数据共享和提高研究工具和数据库的交互性，以改善农业生产实践、减少对环境资源的依赖、应对全球气候变化带来的挑战。通过计划的实施将实现以下目标：

目标 1：建立新一代数据库和工具，以支持创新链上从基础研究到广泛应用的各个环节。内容包括：建立新一代植物数据库体系；完善数据可视化工具和分析工具；提升高通量基因分型技术的可获取性；开展作物表型的实地测试；促进基因组工程工具的开发与应用；完善生化筛查工具。

目标 2：构建植物种质资源网络，以满足 21 世纪国家研究和育种的需求。内容包括：扩展新群体，促进基因组研究、形状分析和作物改良；促进基因资源库和遗传多样性的有效管理，保证研究和育种顺利开展；生成经表型分型和序列索引处理的遗传资源；推动信息资源互联化、网络化，扩大种质的利用。

目标 3：研发并运用先进工具，以增进对植物生物学的理解，促进精确植物育种，支持建立涵盖食物供给、生物能源、工业化原料生产在内的可持续体系。内容包括：贯穿植物体生长发育全过程，建立生命周期系统观；创立新一代表观基因组研究，解读表观基因组代码；深入认识植物矿物质代谢，研究植物对氮和磷的利用效率；加深对代谢分区的认识；深挖植物微生物相互作用，探索植物育种的系统性方法；研发新作物模型，整合变异、生理学和环境信息用于预测模型；开发利用高通量表型分型新工具和新方法；分析和评估不同环境中植物的遗传多样性；深入认识基因功能和蛋白质功能。

目标 4：为劳动力配备新一代工具和资源。加大对跨学科研究生教育项目的支持，培养新一代植物科研和育种人才，支持下一代数据库系统的设计构建，iPlant、KBase 及国家作物基因组和基因数据库系统将为新一代植物科研和育种人员提供坚实支持。

目标 5：增进公私部门合作，促进基础研究成果向实际应用的转换，支持生产实践中的创新。协调公私部门投入，促进基础研究成果向下游应用转化。

目标 6：加强国际合作，广泛分享研究成果。支持发展基因组研究公共资源和分析工具，协调各方努力，发展完善通用数据集，促进核心基因组注释工作，促进种质资源的国际共享。

（来源：美国国家科学技术委员会）

植物基因资源、基因组学及遗传改良行动计划 2018—2022

美国农业部农业研究局（ARS）发布了国家计划"植物遗传资源、基因组学和遗传改良"行动计划 2018—2022 年（以下简称计划），其使命是利用植物遗传潜力改变美国农业，通过提供知识、技术和产品，提高作物产量和产品质量，保障全球食品安全，并降低全球农业遭受毁灭性病害、虫害和恶劣环境的风险，使美国在植物遗传资源、基因组学和遗传改良研究方面成为全球领先者。

计划旨在：建立顶级基因库，妥善保管国家植物和微生物基因资源及相关信息数据；发现并弥补植物及微生物基因库的不足，为研究人员、育种人员、生产商和消费者提供优质基因及信息资源；开发新方法，利用基因库中的遗传变异体资源，快速发现新特性，并通过高效表型分型及基因分型方法进行验证；使用创新手段，实现基因组重组和有效特性基因渗入，并利用生产系统信息辅助植物育种；研发多种高产作物，提高作物对水和其他资源的利用率，强化作物抗病虫害及耐极端环境条件的遗传保护机制；将生物技术和基因工程方法应用于更多作物品种，并开发新方法来应对其可能对生产系统产生的非预期影响；进一步研究了解植物生长发育的调控机制，微生物群系对作物性状表现的影响，以及在基因、分子、生理各层面提升粮食质量和营养价值的方法；在分子层面、基因组层面及系统层面，深入了解作物体与环境因素如何相互作用；妥善管理和维护信息资源，对接先进数据库，从而有效保护并输出大量基因和性状信息；研究并利用高通量表型分型和基因分型技术，开发高效生物信息工具，推动数据分析和挖掘。

"计划"包含 4 个方面的研究内容。

第一部分：作物遗传改良

问题陈述 1：性状的发现、分析及高级育种方法。

预期成果：通过识别和分析现有遗传变异发现新性状；认识和设计遗传图谱群体、突变系及其他种质，促进性状的发现和分析，提升作物的遗传多样性；通过诱变、生物技术、基因组编辑和/或其他手段创造具有重要农业价值的新变体；通过功能基因组分析和基于基因图谱的基因识别，打造加速性状发现的新渠道；针对重要性状开发新的表型分型方法；研发提升基因分型效率的新方法；对优先级基因和基因组进行测序和功能分析；运用专门设计的培育群体，整合跨学科数据和生物知识，改进预测性分析方法；改善植物育种技术，有效利用基因与环境及管理因素的交互作用；开发新方法，实现有效的基因组重组和有益等位基因渗入，提升多样性。

问题陈述 2：新作物、新品种及具有优异性状的增强型种质。

预期成果：开发具有遗传多样性的高产作物；开发抗病虫害作物；开发耐环境变化或极端气候作物；开发高效利用水及其他资源投入的作物；开发结构优化、适合高效生产的作物；开发种子/繁殖体品质优化、适合生产体系的作物；开发具备满足消费者及生产者需求的优异品质的作物；开发具备更优营养品质的作物；开发具备经济价值、适于生产生物能源及相关产品的作物；开发新作物及具备新性状、满足新应用需求的传统作物。

第二部分：植物及微生物基因资源及信息管理

问题陈述：植物及微生物基因资源及信息管理。

预期成果：建立先进基因库和信息管理系统，妥善保管高质量植物及微生物基因资源及相关信息；开发更高效、更有效的基因资源及信息管理方法；认识基因资源收集方面的不足，获取优质基因资源（尤其是作物野生近缘种资源）以弥补以上不足；认识基因资源，评估关键性状，并将相关数据导入信息管理系统；为客户提供优质基因资源及相关信息；通过合作强化基因资源及信息管理能力。

第三部分：作物的生物过程及分子过程

问题陈述 1：对植物生物及分子过程的基本认知。

预期成果：进一步了解现有作物在分子、基因组及系统层面与生命及非生命环境因素的相互作用；进一步了解植物微生物群在基因、分子及生理层面对作物表现的正负面影响；进一步了解基因、分子及生理层面的作物生长发育调控机制；进一步理解影响作物性状及改良的生化途径及代谢过程；进一步从基因、分子及生理层面了解食物（种子、果实、块茎等）品质及营养价值；开发新的生物技术工具来测试基因功能，并应用于作物品种改良；开发新工具将以上基本认知有效应用到作物改良中。

问题陈述 2：作物生物技术风险评估及共存策略。

预期成果：改进公共工具，促进基因工程在作物生产中的应用；改善相关方法，促进生物技术在更广泛作物品种中的应用；运用基因工程技术改善传统作物育种效率；运用创新方式识别并减缓生物技术改良对作物、农业生产及环境的非预期影响。

第四部分：以信息资源及工具助推作物遗传学、基因组学及遗传改良发展

问题陈述：以信息资源及工具助推作物遗传学、基因组学及遗传改良发展。

预期成果：妥善管理维护作物研究及育种信息和工具，便于建立互联和进行搜索；开发信息工具，实现基因、基因组和代谢性状与特定种质样本的连接匹配；开发新的生物技术工具推动数据分析及挖掘，处理高通量表型分析及基因分型数据信息；保持并强化与用户群和利益相关方的战略伙伴关系。

（来源：美国农业部农业研究局）

跨国项目与计划

2019 年 BBSRC 国际生物技术和生物能源项目征集

概览

英国生物技术与生物科学研究委员会（BBSRC）宣布将拨备 500 万英镑资金，用于"发展中国家生物技术与生物能源"项目，为多个合作研究项目提供支持，应对发展中国家与工业生物技术及生物能源相关的挑战。

将不同生物源原料（例如，农作物残留物），运用生物技术以可持续化的方式生产出多种（有价值的）产品（例如，能源、药品/化学前体及净水），支持发展中国家的经济和民生。本次征集活动有实现上述目标的潜力。

本次征集活动的资金来自英国政府的全球挑战研究基金（Global Challenges Research Fund，GCRF）。获得资助的项目不仅应具备较高的科学水平，还须满足官方发展援助（Official Development Assistance，ODA）经费类别的标准。

资金申请可长达三年。所申请项目必须在 2022 年 2 月 1 日前完成。申请金额上限为 200 万英镑（项目的全部经济成本）。

背景

GCRF 资金总额为 15 亿英镑，由英国政府于 2015 年年末宣布设立，旨为前沿研究提供支持，将其成果用于应对发展中国家面临的挑战。与其他 GCRF 的合作伙伴相比，该组织所创造的项目在与其他项目互补的同时还具备以下特点。

推动以挑战为引领的单一学科以及跨学科研究，有的研究人员此前可能从未考虑其研究成果对于发展问题的适用性，这部分研究人员也可参与。

通过与英国顶尖研究部门合作，强化在英国及发展中国家开展研究、实现创新和交流知识的能力。

在项目研究出现紧急需求时，可迅速予以回应。

目的与目标

工业生物技术即把生物资源生产加工为材料、化学品及能源的技术。这类生物资源包括动物细胞、植物、藻类、海洋生物、菌类及微生物。

本次方案征集所支持的合作研究项目具备以下特点。

通过涵盖生物系统的卓越研究，解决发展中国家的关键问题。

通过对生物系统的运用，将普遍可及的生物源原料转化为多种（有价值的）产品。

将获得的产品用于改善资源国的经济和民生。

为确保流程有效发挥作用，除运用生物学机制外，恰当的化学与工程途径对于本次征集活动也很重要。

在发展中国家，包括非粮食、非临床领域的大量需求尚未得到满足，而工业生物技术可帮助满足其中的诸多需求，从而创造财富，促进经济发展。

工业生物技术可帮助修复土地、空气和水，实现能源安全，创造就业，促进收入多元化，推动农村发展，整体改善居民健康状况，影响碳排放，减轻气候变化的后果；在此过程中可能得以打破贫困的循环。

本次 GCRF 资助的征集活动将推动英国世界级的工业生物技术界与发展中国家有关专业人士及机构的合作研究项目。这些合作研究项目料将培育出新一代研究员和技术，从而保障项目给 DAC 伙伴国带来的利好将得以延续。

范围

本次征集令支持的项目，能运用工业生物技术从生物质原料中提取多种产品，为资源国或社区带来可持续的经济和民生利好。

因此，参与本次征集活动的方案应明确体现，通过运用工业生物技术为伙伴国实现健康、繁荣和可持续的未来。方案需达到工业生物技术定义的要求：申请者需明确指出项目所采用的原料、生物流程和产品（材料、化学品及能源）。请申请人注意，食物和动物饲料不计为工业生物技术研究的产物。

研究方案应包括基因组、系统与合成生物学等方面的相关活动，并考虑所选研究方法的道德、法律社会及环境影响。

可选研究方案类型如下。

研究得出对被污染的土地和水进行净化和恢复的方法，使土地可以为当地社区所用，甚至利用生物系统对废弃物进行回收，使其重新获得价值，例如，有价金属（通常可将其制成生物纳米材料）。

将生长于边际用地的植物制成人类药品或兽类药品，或制成前体，并从植物材料中挖掘出最大价值，制成纤维、肥料和能源载体（燃料）。

用微生物加工废水等余料，生产出能源载体（如甲烷）及净水。

将庄稼和食物余料转为生物气，为当地社区甚至更大的区域提供可持续能源。

每个项目的预期产出将是开发出一个概念性的生物材料，包含的内容不应只有科学研究，还应包括合作研究的社会经济价值。

所提交的方案应具备以下特点。

所提交的研究方案是具有较高科学水平的。

发现一个具体问题，并予以解决，或寻求一个具体结果，能够即期或未来更长时期内影响 DAC 名单内发展中国家的经济发展和民生状况。

所提供论据的规模，应与所针对的发展中国家问题的规模相当。

所提交的研究项目是英国学者与相关 DAC 伙伴国的学者为解决问题而合作研究的项目，需体现出联合设计的内容。

通过一个清晰具体的案例阐明该研究项目的主要利好，并说明项目与 DAC 国家的相关性。

思考切实影响发展的途径（即使所需时间超出项目规定的时间范围）。

官方发展援助（ODA）

本次方案征集活动的资金来自 BBSRC 为 GCRF 拨备的资金，是英国 ODA 的组成部分。获得资助的项目，不仅具备较高的科学造诣，还必须满足 OECD 所属 DAC 界定的 ODA 经费类别标准。

申请人必须表明其研究的目的是促进相应 DAC 伙伴国的经济发展和人民福祉。项目潜在影响的广度将成为项目评估中的重要考量。

项目规模与持续时间

项目资金金额共 500 万英镑，实际申请所得金额取决于研究方案的质量，在本次征集活动适用范围内，为已均衡的项目组合（3~5 个项目）提供支持。

征集时间表

表　征集时间

项目开放时间	2018 年 4 月 16 日
报名截止时间	2018 年 6 月 6 日 16:00
资助决定公布时间	2018 年 11 月／12 月
项目开始时间	2019 年 1 月 3 日

联系人：Roderick Westrop and Alexandra Winn

电子邮件：ibbedw@bbsrc.ac.uk

（来源：英国生物技术和生物科学研究理事会）

美英推进农作物育种的突破性技术项目征集

摘要

美国国家科学基金会（NSF）生物科学理事会（BIO），美国农业部（US-DA）国家粮食和农业研究所（NIFA）以及生物技术和生物科学研究理事会（BBSRC）已建立一个联合项目，用于支持突破性技术的发展，这将使作物育种取得重大进展。这一契机旨在提高植物基因组学的基本知识转化为实际成果的能力，尤其是对参与国具有重要经济价值的作物。

背景

NSF-BIO，USDA-NIFA 和 BBSRC 联合举办此次活动，征集"早期探索性研究的研究经费"（EAGER）提案，以支持突破性创新理念和技术的发展，加速新作物品种的开发。即使确定了作物的新性状或自然变异品种，改善作物品种的重大瓶颈依然存在于研究当中，例如，对杂交品种的培育、对遗传重组和表观遗传学的深入研究。因此，基因组学知识将有助于快速有效地开发关键技术，从而加速基础知识向现实成果的转化。EAGER 借此机会诚邀各方提案，以高度创新和变革的方式攻克这些作物育种难题。准备参与申请的研究人员应阐明将如何利用技术改善作物育种。

科学范畴

等待着突破性进展并适合 EAGER 大会的研究领域（包括但不限于以下方面）。

- 推进基因组编辑技术，生成新的表型以获得更大的遗传增益；
- 从目前难以染色体加倍的基因型中获得可靠而高产量的双单倍体，以加速谷物和其他作物的育种进程；
- 控制和理解减数分裂重组，利用低重组领域不可访问的遗传资源，推动全基因组操作；
- 修改表观遗传，促进与环境反应有关的表型变化；

- 了解杂交优势的机械基础，从而为作物改良创造和开发杂交优势。

对于本次 EAGER 项目资助的重点是发展能够影响农作物或示范作物系统的技术。只关注测序的项目将不被考虑在内。将邀请与国际小麦产量伙伴关系（International Wheat Yield Partnership，IWYP）目标相关的资金项目成立 IWYP 联盟项目（IWYP Aligned Projects）。拟议的研究应该具有潜在的变革性，必须考虑到"高风险、高回报"，以实现技术突破，从而实现作物育种的目标。

资格要求

研究项目的预算（美国部分 30 万美元，英国部分 20 万英镑）和时限（2年）应与 EAGER 资助机制一致。英国的申请人必须与美国研究人员合作。

如我们在拨款指南的第三节所述，标准的 BBSRC 资格标准将适用于申请的英国部分。通常有资格申请研究补助金的高等教育机构（Higher Education Institutions，HEIs）和研究理事会机构（Research Council Institutes，RCIs）均有资格申请。与无申请资格的英国合作伙伴联合申请将不予考虑。

申请的英国部分应根据全额经济费用（full economic costs，FEC）进行成本核算。如果授予资助，BBSRC 将按照 fEC 的 80% 提供资金。申请的英国部分仅限于一名英国主要调查员（UK Principal Investigator），金额限定为 20 万英镑（FEC 的 80%），期限为 2 年。英国的主要研究人员可能每人只参与一项申请。

BBSRC 将提供 250 万英镑用于资助英国申请者。

本次项目征集由 NSF-BIO 管理。完整申请（仅限邀请）截止日期为 2018年 7 月。

（来源：英国生物技术和生物科学研究理事会）

美英联合在重点领域进行项目合作

美国国家科学基金会（National Science Foundation，NSF）和英国生物技术与生物科学研究委员会（Biotechnology and Biological Sciences Research Council，BBSRC）已签署了一份研究合作谅解备忘录。该谅解备忘录提供了一个鼓励美英两国研究团体之间合作的总体框架，并规定了开展联合资助活动的原则。该谅解备忘录对牵头机构作出了安排，根据这一安排，申请方可以将研究提案提交到 NSF 或 BBSRC 进行项目申请。

经过 2 年的试点计划，NSF 生物科学理事会（Directorate for Biological Sciences，BIO）（NSF/BIO）和 BBSRC 宣布，双方将在一个新的 5 年管理计划下继续进行有关牵头机构的安排。牵头机构计划允许双方通过各种主动机制接受彼此的同行评审，帮助减少目前存在的障碍，实现国际化运作。

2018 年牵头机构计划允许美国和英国的研究人员只提交一份合作提案，交由牵头机构代表 NSF/BIO 和 BBSRC 进行 1 次审核。2018 年意向通知书规定，NSF/BIO 和 BBSRC 交叉领域内的英美合作项目提案将被接受，提案必须与 BBSRC 和 NSF/BIO 参与部门确定的优先事项相关，提案人员必须为开展美英合作的必要性提供明确的理由，包括说明成立合作小组将为项目带来的独特专业知识和合作效果。审核机构会将提案与正常征集提交的其他所有提案进行竞争评比，结果将取决于同行评审是否成功以及 BBSRC 和 NSF/BIO 是否持有相应资金。2018 年的完整提案提交时间为格林尼治标准时间 2018 年 9 月 25 日 16 时。

2018 年项目申请方向，与以下重点领域和机构项目相关的提案均有资格申请加入 2018 年美英牵头机构计划。

生物信息学

开发新颖的信息学方法和网络基础设施资源，以便在生物研究中以新颖的方式有效地使用数据，解决研究人员面临的主要挑战，帮助从生物数据中获得新知识。提案必须与 NSF 的"生物信息学进展"项目和 BBSRC 的"数据驱动生物学"响应模式重点保持一致。

解决生物学基本问题的综合方法

合成生物学：探索生命基本规则的新型合成生物学方法。提案必须解决与支撑生物系统的原则有关的基本问题，例如：组织的稳健性和生物调节网络的特性、极微基因组设计原则、合成原始细胞构建与健康、生命起源、生物进程的进化限制以及突现行为。希望提案能采用创新的合成生物学方法，并且提案可能需要用到数学或计算建模来解决复杂的系统层面的挑战。仅关注应用基因组编辑工具来探索个别基因或个别通道的作用，或仅关注生产附加值化学品而不涉及合成生物学工具的创新，或未涉及对基本生命规则的探索的提案将不被接受。

合成微生物群落：在可控环境中运用人工构建的或明确划定的复杂微生

物群落，解决与微生物群落间交流机制相关的基本问题以及这些群落与非人类宿主间的交流机制相关的基本问题。这些研究应阐明那些决定微生物组的聚集、动态、稳定性和受干扰脆弱性，包括生物和非生物因素（病毒、微生物、宿主、环境）的影响的原则。希望这些提案能有助于辨认微生物组的功能特性，包括稀有和丰富微生物物种之间的关系、微生物群内以及微生物群与宿主之间的代谢交流和信号交流以及推动微生物—宿主关系的基因和分子。关注以工业应用为目标的合成微生物群落的设计、培育和测试，或关注人类健康的提案将不被接受。

（来源：英国生物技术和生物科学研究理事会）

英国巴西联合布局微生物耐药性和害虫抗性领域研究

概要

英国生物科技与生物科学研究委员会（BBSRC）和巴西的圣保罗研究基金会（FAPESP）于 2017 年下半年联合宣布了一个牛顿基金注资合作研究提案，重点关注农业和畜牧业中的微生物耐药性（AMR）和害虫抗性研究。完整的项目研究提案将于 2018 年 10 月公布，并于 2019 年 4 月正式启动项目研究。

资金来源

该项目征集目标为短期项目，周期最长为 12 个月，申请方从 BBSRC 方面最高可获得 80 000 英镑补助，FAPESP 将提供巴西方面的配套资源。BBSRC 和 FAPESP 将最终收录约 10 个项目。

项目征集范围

拟议的项目应旨在通过调查以下一个或多个重点领域，在巴西更广泛的农业生态系统背景下，针对抵御微生物耐药性（AMR）和害虫抗性进行研究。

宿主病原体/害虫互作。

了解宿主-病原体宿主-害虫相互作用在抗性发展和传播中的作用，包括养殖动物，作物和土壤微生物组在充当载体，药物靶标或替代防治策略中的作用。

了解减少抗生素和杀虫剂使用不当的影响，例如，作为生长促进剂，预防性使用、过量使用抗性转基因作物的不良影响。

基础机制。

了解与相关抗性病原体/害虫或抗性基因的出现、持久性、传播、进化、共同选择相关的基础机制。

了解抗菌药/杀虫剂的作用机制。

鉴定/验证新型抗微生物剂和杀虫剂的新靶标。

流行病学。

确定关键的农业相关驱动因素和载体。

了解流行率，致病性和传播动态（遗传，生物体和宿主水平），包括农业管理实践对疾病流行病学的生物学影响。

在 AMR 和/或杀虫剂抗性环境中采用数学建模计算研究。

疾病管控。

针对病原体和/或害虫的诊断方法，特别是在种养殖中能够提供的快速诊断方法以及能够支持诊断决策的其他生物工具和技术。

对病原体控制的新替代手段，包括免疫刺激法和生物防治。

用于病原体和/或昆虫防治的新型试剂，包括抗微生物剂、杀虫剂、治疗剂和疫苗。

项目研究的重点将放在与巴西可耕作物，家畜和农业土壤中的微生物载体以及以他们为研究对象的药剂，包括杀菌剂、杀真菌剂、广谱抗菌剂和杀虫剂。

研究还需要把具有人畜共患潜力的病原体考虑在内，重点是养殖动物的健康。

其他

此次项目征集是 BBSRC 牛顿基金活动的一部分，需要项目申请方把科研目标和海外发展援助（ODA）目标统一作为项目目标予以实现。

牛顿基金介绍

牛顿基金于 2014 年由英国政府成立，旨在与 16 个伙伴国家建立研究和创新伙伴关系，以支持其经济发展和社会福利，并发展其研究和创新能力，实现长期可持续增长。从 2014—2021 年，英国政府对牛顿基金的预算总投资为 7.35 亿英镑，合作伙伴国家在基金内提供匹配的资源。

该基金是英国官方发展援助（ODA）承诺的一部分，由经济合作与发展组织（OECD）监督。官方发展援助资助的活动侧重于促进经合组织发展援助委员会名单上各国长期可持续增长的成果。牛顿基金国家代表该名单的一个子集。

（来源：英国生物技术和生物科学研究理事会）